ものと人間の文化史 161

白鳥

赤羽正春

法政大学出版局

飛来する白鳥（10月）

帰北する白鳥（3 月）

刈田嶺神社に掲げられた白鳥大明神
（同社の別名）の額

白鳥のダンス

飛び立つ白鳥

刈田嶺神社の白鳥古墳の碑

チャイコフスキー没後100年記念『白鳥の湖』の切手（ドイツ 1993年）

白鳥をトーテムとする人々が住むアリャティ村

「レーダーと白鳥」（ルーベンス）の切手（旧東ドイツ 1977年）.

アリャティ村の生活は牧畜が中心である

「白鳥の湖」の切手（アメリカ 1998年）

アリャティ村の聖なる泉

能楽『羽衣』の切手（日本 1972年）

標柱に白，黄，青の布が結ばれたブリヤートの聖地

目次

第Ⅱ部　シベリアの白鳥族 209

序章　鳥への想い

朝日連峰竜門山へ日暮沢から登っていく道はブナの巨木に囲まれ静寂に包まれる。鬱蒼たる山のほのかな沢音と香りの中で山翡翠《やませみ》が大仰な声を立てて樅《もみ》の松毬《まつかさ》から種を穿り出している場面に出合った。めったに観られない鳥が、人の容喙《ようかい》を許さぬ大自然の中で取っている行動を飽かず眺めた。野鳥は人と離れてめったに現れぬことで、その行動に神秘性が備わる。

山麓大鳥の旧家で、雪消えの進んだ山から鳩くらいの大きさで全身薄緑色の鳥が妻入側から納屋に飛び込むのを観た。緑啄木鳥《あおげら》であった。はじめて眺めた美しい鳥が、冬眠を終えたカメムシを漁っていた。翡翠《かわせみ》も此の世のものと思われぬほど美しい鳥である。宝石ヒスイの謂いであり、翡翠の字で表現されてきた。宝石のように美しい姿を古人は美人の魂で表現した。帝《みかど》の殯《もがり》に美しい萌葱色《もえぎいろ》の鳥を供え、帝の魂を大空に飛ばし、解き放したのではないかと私は空想する。西洋でも賢者の魂として描かれた。緑啄木鳥にしろ翡翠にしろ、若草色や群青色が宝物の色として古代日本では特に尊重されてきた歴史がある。ヒスイは縄文時代からつながる美の伝統である。墳墓からの出土も多い。

宝飾の特殊な美に引き替え、毎年来訪する純白の動物に対する畏敬の念もあった。「白」に対する特別な想いである。

日本武尊《やまとたけるのみこと》が死後白鳥となって飛び去ったように、帝の魂は鳥となって此岸から彼岸に渡る。鳥の「渡り」は魂の渡りも意味した。

白鳥はその姿の美しさ、秀麗な形ゆえに世界的な伝説や物語の主人公となってきた。中でも白鳥処女説話（Swan-maiden）はユーラシア大陸各地ばかりか世界中で語り伝えられてきた。中国の『捜神記』、アラビアの『千一夜物語』等は有名であるが、北欧、シベリア、インド、そして日本各地で表れる。

動物界の分類では、カモ目（Anseriformes）カモ科（Anatidae）の水鳥を総称してハクチョウとしているが、コブハクチョウ、コクチョウ、クロエリハクチョウ、オオハクチョウ、コハクチョウ、カモハクチョウの六者がハクチョウ亜科（Cygninae）とされている（図1〜2参照）。

世界に広がる白鳥処女説話の主人公はオオハクチョウとコハクチョウ、コブハクチョウを指すことが多い。北極圏のツンドラ地帯、シベリアやオホーツク海沿岸で繁殖して冬の間暖かい地方に渡ってくる冬鳥である。

白鳥処女説話は各地の芸術家に多くの想像力を与えた。白鳥の本場ロシアではチャイコフスキー作曲のバレエ組曲『白鳥の湖』が、極東の島国では謡曲『羽衣』が舞台芸術となっていく。アンデルセンの「白鳥の王子」、日本昔話の「天人女房」など、文芸の世界でも枚挙に暇がないほど豊かな想像力を人に与え続けている。

朝鮮半島の聖地・白頭山の中国側斜面樹海の中に院池という小さい湖がある。湖畔に降りた天女が赤い実を摘んで食べると身ごもり、生まれたのが清朝の開祖ヌルハチ（太祖）になったという神話がある。民族の起源にも白鳥処女説話が関係して語られている。

図1　コハクチョウ（上）とオオハクチョウ（下）．オオハクチョウは嘴の黄色い部分が鼻孔の先まで伸びる．

図２　ハクチョウの切手．一段目はオオハクチョウ（右側右端の一羽はコブハクチョウ），二段目と三段目はコブハクチョウ，四段目はコクチョウが描かれている．

世界に広がる白鳥処女説話は次の語りを備えている。

白鳥の集団が水辺に降りてきて衣を脱ぎ、美しい処女に替わり、水浴びする。一人の男がこっそり一枚の衣を隠す。降りてきた白鳥から替わった娘の一人が、衣をなくしたために天に帰れなくなり、男と結婚して此の世で家庭を持ち、子供をもうける。

天と地をつなぐ語りの中心に白鳥が配置されている。人の世に、驚くほど深く、広く語り伝えられてきた伝承の一つであることは間違いない。白鳥処女説話を手掛かりに人と白鳥の文化史を紡いでいく。白鳥がどのように人と生きてきたのか追い求めながら。

1　野鳥と人

白鳥に限らず、多くの野鳥はかつて人であったという話が、わが国では伝承されている。時鳥《ほととぎす》の激しく鳴く姿に触発された山の薯《いも》の話が現在でも語られることがある。北陸から東北地方にかけては初夏、山の薯が芽を吹く頃に時鳥が渡って来る。独特の鳴き方にさまざまな解釈が伝えられている。

兄弟が山里で暮らしていた。弟は心素直で思いやりがあり、掘ってきた山の薯の旨くない蔓《つる》の部分を自分で食べ、旨いところは病身の兄のために食べさせていた。兄はこんなに旨いものであれば、弟はもっと美味しいところを沢山食べているに違いないと邪推し、帰ってきた弟を殺し、喉を包丁で開くと、蔓の塊が出てくる。殺された弟は鳥となりホウチョカケタカと鳴き、同じく鳥となった兄も、百万遍の懺悔をしなければ弟の供養ができないからと、喉から血が出るほど鳴き続けているのだという。

類話は広く日本各地で聞き出すことができる。時鳥《ほととぎす》は前世で人の生活をおくっていたものであり、今現れている姿は死後冥界から来た姿なのである。

鶫《つぐみ》は早春、渡りの前に人里で夜中、赤ん坊のような声で鳴くことがある。異常な様子に鵺《ぬえ》の名前が付されているが、これも冥界の使者であった。

烏《からす》の羽があのように黒くなったのは、梟《ふくろう》の染物屋が流行の色にといって黒くしてしまったのだという話は子供心に焼きついている。前世には職業を堂々と営んでいた。

一方、天上界から人間の地上界に降りてくる鳥もある。神の使いとして彼岸に住む。鵲《かささぎ》や白鳥である。白鳥は『古事記』で日本武尊《やまとたけるのみこと》の御姿・霊魂という注釈つきで前世は人であるが、神聖で高貴な魂の姿である。

青森県小湊は白鳥の渡来地として天然記念物になっている。ここの白鳥は当地雷電神社の使姫《つかいひめ》として祀られている。神の使いであるから、多くの奇瑞《きずい》を顕し、武運に長《た》け戦の道を助けた。

白鳥は天上界に住んでいるために、地上界に現れる時は人や村を助ける。白鳥処女説話は冥界の野鳥とこの点で異なる。野鳥には、前世の営みが隠されている。この中に、はじめから天上界に配置された鳥がいたのである（図３）。

一方、鳥と人の関係を見続けてきたこの国の文芸や文学、そしてこれと関連づけて論じた自然科学的著述は数多い。鳥が人に与える想像力は多岐にわたり、人がこれに費やすエネルギーの大きいことをみてとれる。

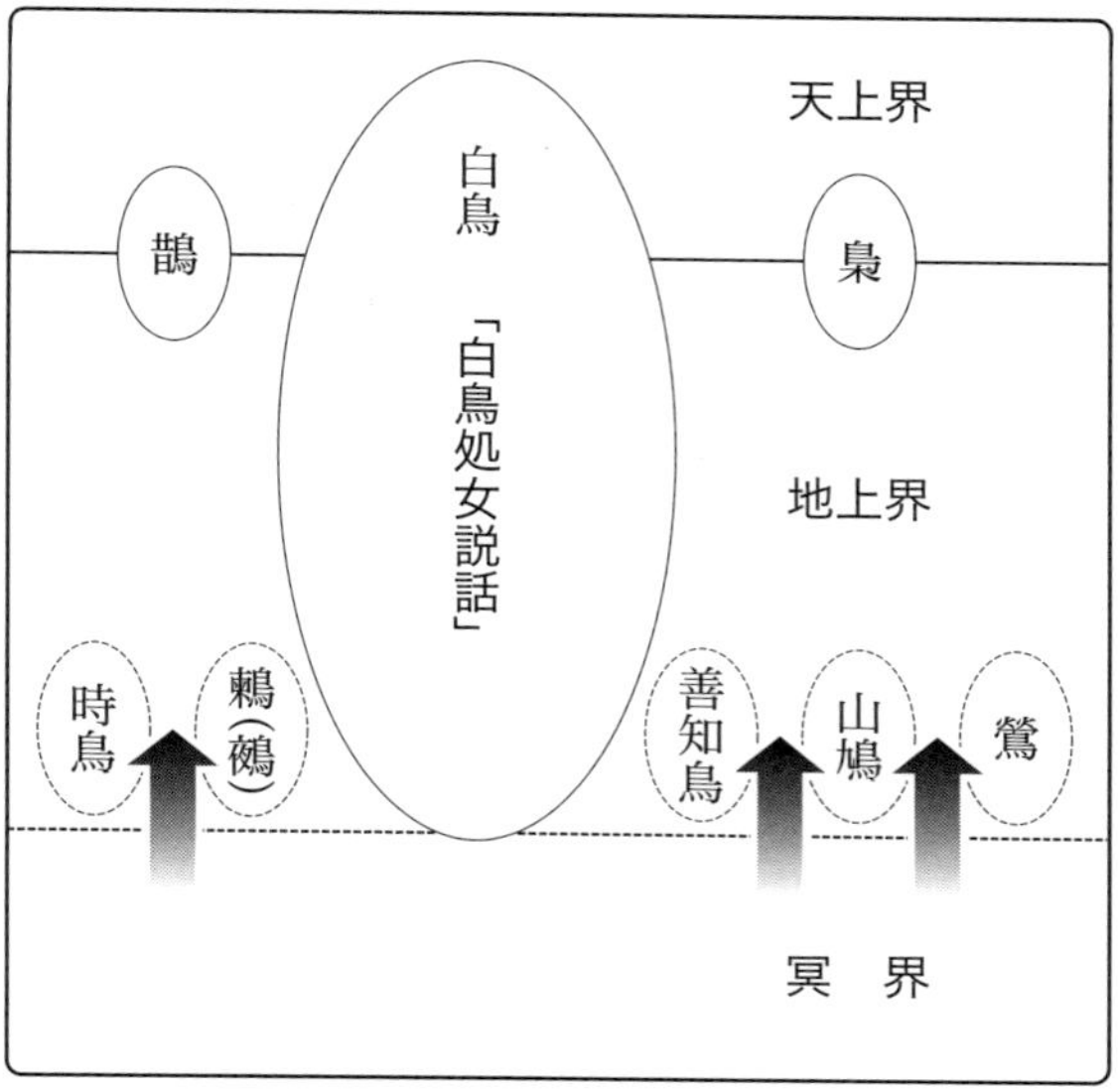

図３　天上界とつながる白鳥.

柳田國男の『野鳥雑記』(1)、武藤鉄城『鳥・木の民俗』(2)、仁部富之助『野鳥八十三話』(3)、福本和夫『唯物論者のみた梟』(4)などは観察眼の鋭さと人の心の動きを巧みに捉えた関係論でまとめられている。


鳥を人が認識する過程には、人の心の動きや願望が強く影響しており、人が天や冥界をどのように把握するか、その仕方によって鳥の種類を違えて把握するなどの試行が行われてきた。そして参与観察の徹底による鳥の行動把握が進んで鳥の習性が人の運命の予兆ではなくなっていく筋道が、整えられてきた。

このような流れの中にあっても、白鳥はその行動範囲（渡り）の広大さと人に馴染みにくい習性があり、神秘性が保たれ続けている。

レイチェル・カーソンが著した『沈黙の春』(5)は、農薬汚染による自然環境破壊を告発した書として環境問題に屹立する記念碑である。農薬汚染が自然界への残留も含めて生態系に障害を及ぼし、春先に鳥の鳴かない春が来ることを予言、告発した。自然保護運動のさきがけとなる。鳥を指標とする傾向が強まり、各地に鳥を保護する運動や活動が活性化していく。

福島県昭和村では菅家博明たちが生態系の頂点に君臨する犬鷲の保護を訴えて山麓のブナ林を守った。一方、『日本書紀』仁徳紀からみえる鷹狩については、近世大名の贅沢な遊びという側面でのとらえ方を離れ、生態系と文化の問題としてとらえる方向が新たに開かれた。食物連鎖の頂部に位置する鷹の捕獲、鷹を育てる鷹匠の育成等裾野の広い民俗文化を提供している。人が猛禽類を飼い慣らし、兎を捕獲させて山の木を守るといった自然と人が織りなす循環を民俗の連鎖や生態の保全としてまとめる。燕《つばめ》と人の相渉も民俗文化のなかに溢れていたことを説く(6)。

鶯《うぐいす》の好む生息環境は原生林ではなく人が手を加えた二次林であることを突き止め、人と鶯の細やかなつながりを指摘されたことがある。人とより近くで関係を保ちながら生きる鳥がいる。

鳥と人が種に応じてそれぞれ適切な距離を保ちながらお互いに生存を持続していく関係は、現代社会では自然界の生物多様性維持の観点から必要性が説かれている。そして、生物多様性を維持させるために、これを根っ子で支える生息場所の保護に踏み込む。白鳥の飛来する湿地は鳥の保護のみならず、その湿地の持つ価値を現代に提示している。鸛《こうのとり》も朱鷺《とき》も同様である。絶滅を回避するために人が行ったことは、対象の個体を保護するだけではなく、その生息環境の回復保護にも莫大な力を注ぐことだった。

私たちの住む現代社会は、個体を持続的に生息させていくためには、その環境を維持し、持続的に利用させていくことが必要であることに気づいた。人が保全の対象としなければならないものは人と鳥の関係する、周りの自然環境であることに気づいたのである。

同時に、動物行動学の業績は、弱い雛が一斉に攻撃される残虐性などにも、一定の法則性があることを明らかにし、その行動を人が改めて信号として見つめるきっかけを作っている。コンラート・ローレンツ『ソロモンの指輪』(7)が発表された時、鳥に対する人の観念が変わったと思われた。

インプリンティングという概念は、「刷り込み」という言葉で後に広く表現されるようになるが、雛が卵から孵化して最初に見る動くものが親と認識されることである。発見を、私たちは衝撃的事実として受け止めた。ローレンツはノーベル生理学賞を受賞し、インプリンティングの概念は、動物行動学の範囲を超えて、学際的に理解されるまでになった。何よりも個々人が自らを振り返った時、どれほどの刷り込みを受けて人が生活していたのかということに気づかされた。今まで無意識としていた精神世界にまで刷り込みが入り込んできたのである。

白鳥から人が受ける刷り込みが人と白鳥の文化を創っているはずである。

鳥の個体が、一つの法則性に沿って行動しているという事実は、鳥の行動を偶然性で考えていた人の奢りを打ち砕くに十分な効果をもたらしたのである。しかも、鳥の行動でさえこれだけの法則性を持つのなら、多くの生物にはもっと解明されていないさまざまな行動原理があるだろうという希望を抱かせた。魚類では鮭・鱒の回帰の原因となる川の匂い物質の刷り込みなどの研究にも共通するものを感得する。

日本野鳥の会、日本白鳥の会、各地にある特定の鳥を守ろうとする会、野鳥を大切にしようという愛鳥週間など、その活動の多くが鳥の個体だけではなく、鳥の生息環境の保護にまで力を入れつつある時代になってきた。行政側も、「野鳥保護センター」「愛鳥センター」等の施設で保護に取り組む状況は、鳥の持続的な生存を維持する環境が人の生存を支えるものであることを了解したからである。

このように、人が鳥に対して持つ認識は少しずつ変わってきたが、現代思潮としては、以上の諸事実を統合して環境問題に対処しようとする動きが広がっている。

つまり、人が環境を管理し、保全していく主体であるとする驕った観点から距離を取り、個々の鳥が持続的に生き続けられる環境の実体を学びとろうとし始めた。

一つには朱鷺《とき》や鸛《こうのとり》のように、種ごとにそれぞれの生態を深く斟酌して、その行動を環境も含めて研究すること。そして鶏や軽鴨《かるがも》の親子関係という、人が神聖に捉えたがる事柄をも単純化し、生存の持続に必要な法則性を優先的に採用しようとすること。また一つには、人が目的とする快適な生活では鳥の生存の持続に決定的な齟齬・障害が生じるため、人の生活が過度に快適となる風潮を控えようとすること。実際には洗濯水による水質汚染や宅地造成による森林破壊、農地への化学薬品投下などが鳥の生息環境を奪っている。人間中心主義では多くの種を滅ぼしてしまうということに人が気づき、人は自然と対峙したものではなく、そのまま自然の一部として自然の厳しさ不便さも受け入れて、我慢を続ける必要性があることに気づかせた。

従来、人は熊や馬など特定の動物に神性を認め、神への畏《おそ》れ故に自らを振り返り、自然との共生などを学んできた。しかし、鳥の場合、鳥の行動や存在に対する神性を認識するばかりではなく、美しくけなげな小さい鳥の行動をも人が忖度《そんたく》して読み取り、自身の行動に反映する必要が生まれてきた。小さな鷦鷯《みそさざい》の囀《さえず》りに人の宿命の予兆をみたり、運気の前触れを感得した結果である。

今後は、日常ありふれた雀のような鳥にも、激減しているという原因を人の生活に引き寄せて解釈するばかりではなく、雀が生き続けられる環境にするための方策を打たなければならなくなっている。人の一段と高い精神性を導いてきたのが野鳥の生であったといえる。

新潟市の鳥屋野潟《とやのがた》では昭和五〇年代、埋め立てと宅地造成による改変の波が押し寄せた。これを止めたのが日本白鳥の会の本田清(8)らであった。白鳥が飛来できないまでに水質が汚染された状況を改めさせ、開発一辺倒の資本の論理を、住民運動によって止めた。白鳥に戻ってきて欲しいという意識の裏側には、潟を残すことは鳥にとっても人にとっても必要だという、総合的な判断が働いた。当時は開発こそが善である雰囲気を持った時代であった。現代思潮として鳥と人が生き続けていくためには、その環境を変えないこと、変わろうとしないこと、悪化させないこと、こそが生命をはぐくむ上で大切なことといえるようになった。社会は進歩するとする思潮に潜む危うさを鳥が身をもって告発しているのである。

日本の古俗では、野鳥はかつて人であった。小さな鷦鷯にも大きな白鳥にも前世は人であった物語が残る。

意識を受け継ぐ文芸にも、豊かな作品が残されてきた。

宮沢賢治『セロひきのゴーシュ(9)』は、楽団の中でいつも音が合わなくて迷惑をかけているゴーシュがセロを抱えて水車小屋に帰ってくる。三毛猫が訪ねた次の晩、郭公《かっこう》が訪れる。「先生どうかドレミファをおしえてください。わたしはついてうたいますから」と頼まれ、ゴーシュはかっこうの音を出してや

る。かっこうは一緒に鳴いていたが、

「どうかもういっぺんひいてください。あなたのはいいようだけれどもすこしちがうんです。」

……

ゴーシュははじめはむしゃくしゃしていましたが、いつまでもつづけてひいているうちに、ふっとなんだかこれは鳥の方がほんとうのドレミファにはまっているかなという気がしてきました。どうもひけばひくほど、かっこうの方がいいような気がするのでした。

宮沢賢治が認めたのは、人の感覚は自然のものに及ばない、ということだったろう。人にとって絶対的な自然・天然は規範である。人は思い上がっていても自然の前では郭公《かっこう》の音色を出せない。変わらない自然の方が人の感覚や人の営みを超えたものであるという意識が日本人の中には以前から脈打っていたのである。変化の激しい現代社会の中で、変化することの大切さを強調する論があるが、人や鳥にとって絶対的な自然は変わらないものであったし、変わっては困る規範なのであった。

越後平野の溜め池の一つに過ぎなかった瓢湖がラムサール条約に登録される白鳥渡来地になった経緯は後で論じるが、戦後わずかに来訪した白鳥に安らぎの地を与え、世界的な白鳥渡来地に育て上げた人たち（本田清ら）の営為には宮沢賢治の思いと通底するものがあった。吉川重三郎とその子・繁男が白鳥の餌付けを成功させるまでの血の滲むような努力にも、学ぶ必要がある。餌付けを始めた重三郎はこの仕事を引き継いだ繁男に「白鳥の気持になりきれ」と、繰り返し教示したという。

白鳥と人を同じ水準に置く。餌付けをもてなしの行為とさえ、考えていた節がある。この思惟は柳田國男が『野鳥雑記』で力説している「野鳥はかつて人間であった」考えとも深層で結ばれる。鳥を研究することは、一つに天然・自然の規範を人が学び極めることであり、鳥と人が棲み続けられる環境への人の適切な行為を追究し続けることではなかろうか。

このように、鳥によって人が発見させられた貴重な事実がある。人を含む動物の行動には刷り込まれた一定の法則性があること。これに学ぶ生き方が人にも必要であること。また、人を含む動物の生存の持続には環境をいたずらに改変することなく、壊れたら補修し従前の状態かそれに近い状態で規範として持続的に維持し続けることが好ましいということ。そして、日本の古俗にある精神構造として、鳥と人の関係を同一水準に置き、鳥が人の先祖（トーテミズム）であったり、人が鳥の先祖であったりする入れ替わりの認識（相対的互換性）があった、ということである。

2　中国『捜神記』の鳥たち

わが国の古俗に強い影響を及ぼした中国の文化も鳥と人の関係を学ぶ上では重要である。

中国後漢末から三国時代・六朝時代（三〜六世紀）は各地に豪族が出現し、動乱の時代であった。この時代を背景に志怪小説が著された(10)。巷間語られている怪異や予兆を書き記している。日本の昔話や伝説の元となる話が数多く語られる。口承文芸の源泉である。

蚕の起源譚としてわが国で語られる馬娘婚姻譚《ばくろうこんいんたん》や人身御供を救う犬の話、幽霊との婚姻譚など、日本の口承文芸とのつながりが顕著にみられる。

中でも、「鳥の女房」「董永《とうえい》とその妻」「羽衣の人」などは広くユーラシア大陸に分布する白鳥処女説話の原型の一つとされてきた。

鳥や幽霊、動物の妖怪には人がどのように対象物を見ていたかの具体的な心情や畏《おそ》れ、信心が描かれている。

自身の病気の原因である憑き物を探すために供える鵞鳥《がちょう》の頭は供犠としての家畜である。「鵲巣《じゃくそう》鳩居《きゅうきょ》」では燕《つばめ》の巣に鷹が生まれ、城に鵲《かささぎ》が巣を架けたことを、主の宮殿が完成せず住むことができない予兆として語られる。「石に変わった鳥」では鵲のような鳥が街で落ちて石に変わる。この石の中から金印が出てくる。これを帝に届けた者が出世する。「白鳩郎」では、誠意を尽くして人を哀悼した人の家に白鳩が巣を架ける。これが奇瑞《きずい》となって出世する。

一方、木菟《みみずく》など野鳥が家に飛び込んでくることを不吉なこととして、自身の行動を控える。

鳥は、人が未来を予測できない代わりに、未来を暗示し意識化する動物であったのだ。そのことから、鵞鳥のような家畜は供犠の動物として人のために犠牲となり、野鳥やめったに見られない鳥の出現は未来や彼岸との通信役となった。

鳥に抱くこのような心情は中国のみならず全世界で共通している。予見できる能力は此岸と彼岸の両方を往き来するものの特権であり、過去と未来を自由に往来する霊と同様の動物であった。

ロシアには雲雀《ひばり》について、次のような話があるという。

東スラヴの詩的表現によると、雪解けが始まると、春の使者である雲雀が大地を冬の凍結から解放するための金の鍵をもって飛来する。……春の暖気は冬眠から醒めた「祖先の深呼吸」によってもたらされる。春の息吹は祖霊の息吹である。春になれば鳥たちがそこから帰ってくる彼らの天国「イーレイ」は、祖先のいる天国のイメージと重なるのである。(11)

彼岸は先祖の国。温暖と富の象徴、歴史の集積場としても語り伝えられる。

燕《つばめ》も春の使者であった。『雪国の春』で述べる柳田國男の心情も中国やヨーロッパと類似する精神性がわが国にも営まれていたことを述べて共感する。

燕を春の神の使いとして歓迎する中部欧羅巴などの村人の心持ちは、似たる境遇に育った者で無いと解しにくい。雪が融けて始めて黒い大地が処々に現れると、すぐに色々の新しい歌の声が起こり、黙して叢の中や枝の蔭ばかりを飛び跳ねて居たものが、悉く皆急いで空に騰がり、又は高い樹の頂上にとまって四方を見るのだが、……軽快な燕がわざわざ駆け廻って、……明るい青空を仰がしめるのを……緑が此の鳥に導かれて戻って来るものの如く考えたのである。(12)

中国の『捜神記』に記された鳥たちは人に対して兆しを語り、供犠の生贄となって人に尽くす。主として人間中心主義の世界観で鳥たちが存在する。そして、天から遣わされる鳥は人の幸福のために一肌脱ぐことで、天は人のための豊饒の地・人々の精神の集積場として意識されてもいる。

ロシアや日本でもこれらの世界観を保持していて、鳥は前世、人であるとする考え方が顕著に見られるのである。動物の中で、なぜ鳥類ばかりが前世、人として遇されたのか。多くの動物は人の世界・特定の種族や特定の家系などに先祖として位置づけられて、トーテミズムで解釈されてきた。鳥はこれと逆の立場をも担わされているのである。もしかしたら、鳥は人の先祖であり、人が鳥の先祖でもあるというように、絶えず入れ替わることのできる精神性（相対的互換性）が備わっていたのではないか。

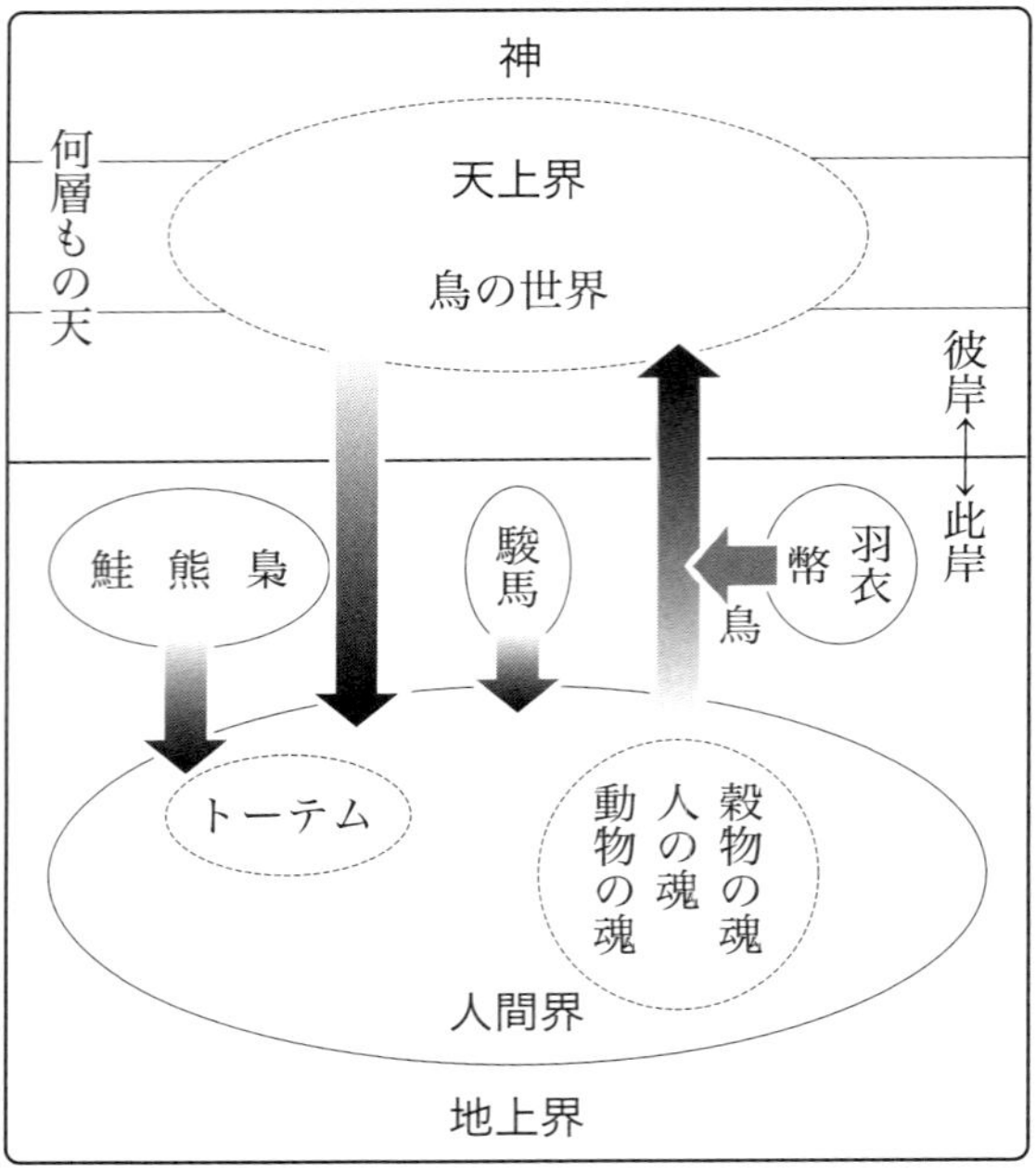

図４　白鳥の彼岸と此岸の渡り．

　世界に広く語り伝えられてきた白鳥処女説話は、その典型的な語りを世界中に示している。

　鳥は天と同一か、あるいは天の使いであり、動物や人の地上界とは、一段隔絶された世界の存在であると認識されたのではなかろうか。ロシアの少数民族の人たちには、何層もの天があるという信念がある。「諸々の天は神の栄光を顕す」というキリスト教会の思惟と同じ考え方があった。天と地・何層もの天の間を自由に往き来できたのが鳥であった。中でも白鳥は帝の魂を運び、女人を遣わして人を殖やし（羽衣伝説）、大切な人やものを天に運ぶ役割を担った（図4）。

3　白鳥処女説話の世界

『捜神記』に記された「鳥の女房」と「董永《とうえい》とその妻」二話が、文書記録されている白鳥処女説話の最も古い形の一つとされてきた。

「鳥の女房」

豫章郡新喩県（江西省）に住む男が、田の中で六、七人の娘を見かけた。みな毛の衣を着ていて、鳥か人間かわからない。そばまではって行き、一人の娘のぬいでおいた毛の衣をかくしてから、さっと近寄ってつかまえようとした。鳥たちはみな飛び去ったが、一羽だけは逃げることができない。男はそれを家に連れ帰って女房にし、三人の娘を生ませた。その後、女房は娘たちに言いつけて父親にたずねさせ、毛の衣が稲束を積んだ下にかくしてあることを知ると、それを見つけ出し、身につけて飛び去った。

それからまた時がたって、母親は三人の娘を迎えに帰ってきた。すると娘たちも飛べるようになり、みな飛び去ってしまった(13)。

「董永《とうえい》とその妻」

漢の董永は千乗（山東省）のひとである。子供のころ母を亡くしたため、父親と町に住んで畑仕事に精を出し、父を小さい車に乗せて、自分はその後からついて歩いた。そのうちに父親も亡くなったが、葬式をする金がない。そこで自分の身を奴隷に売り、その金を葬式の費用にあてた。すると彼を買った主人が孝行息子だと知ったので、一万貫の銭を与えたうえ、家へ帰してくれた。董永は家に帰り、三年の喪をすませると、主人の家へ引き返して奴隷のつとめを果たそうと出かけた。するとその途中で出会った一人の女が、

「どうぞ、あなたの妻にして下さい」

と言うので、連れだって主人の屋敷へ行った。

主人は、

「あの銭はあなたにあげたものですが」

と言ったが、永は、

「旦那のお恵みを受けて、父の葬儀もすませました。わたしは卑しい身分の者ではありますが、ぜひとも働いてあなたのお役に立ち、ご恩返しをしたいと思います」

そこで主人が

「奥さんはなにができるのです」

とたずねると、永は、

「機織りができます」

「では、どうしても働いてくださるのなら、奥さんに百疋の絹を織らせていただければけっこうです」

そこで永の妻は、主人のために機を織り始めたが、十日で百疋を織りあげてしまった。

さて、主人の家を出てから、妻は永に向かって言った。

「わたしは天上の織女です。あなたのこの上ない孝行をめでて、天帝様があなたのお手伝いをし、借金を返してあげるようにと、わたくしへお命じになったのです」

言い終わると空へ舞いあがって行き、姿は見えなくなってしまった。(14)


唐代後期の写本『敦煌零拾《とんこうれいしゅう》』第二三巻に「田崑崙の話」として、貧しい男が池で水浴する三人の美女を見かけ、その中の一人の衣服を隠して妻とする話がある。『酉陽雑俎《ゆうようざっそ》』にも段成式が類似の話を記述している。(15)

六朝時代から唐代にかけて、甘粛省敦煌の砂漠とオアシスの織りなす乾燥地帯でこの話が天女の話になっていったと推測されている。

敦煌の石窟で観た飛天の姿が私には重なってみえる(二〇五頁参照)。いずれも女性の妖艶な姿を描いて天空を舞っていたが、烈しく厳しい砂漠地帯であれだけの精神文化が花開いた不思議を感じていた。天から舞い降りる豊満な美女、彼女を天に戻す羽衣、この二つがともに語られて白鳥処女説話が構成されたものか。じりじり照りつける敦煌の空は青く、遠くに崑崙山脈が輝いていた。空にあるのはくらくらするほど白く輝く太陽ばかりであった。その太陽さえも白鳥に見立て、飛天に見立ててしまう人の想像力。

4　白鳥処女説話を育んだもの

フィンランドの叙事詩『カレワラ』に、天地創造が描かれている。

「大気の娘は処女だった、自然の娘、優美な女性は。」

そして、「風が吹いて身ごもらせ、海が彼女を身重にした。」

産みの苦しみの中で水鳥（鴨）が飛来し、水の母の膝の上で卵を生む。「卵の上の部分は大空に、黄味の上のほうは太陽に、下のほうは月となって輝いた。[16]」

処女である大気の娘が水の母との交渉で子供を生み、育てる。水鳥が仲立ちしていく。鴨が宇宙の創造を担う。

水鳥が大気（天）と水（地）を仲立ちして世界を創る。

白鳥処女説話の基層には命をはぐくむ水、そして水鳥がいる。

中東イラクでは美しい女性を水辺の精として『千一夜物語』が謳った。灼熱の砂漠に潤いのある水辺。この対照が物語をはぐくむ。水辺には美しい処女が想定されたのである。水辺は命の源であった。

金細工師ハサンは、あるとき、魔界から鳥の羽根の衣をまとった十人の美女たちが飛んできて、衣を脱いで水浴びをしているところをのぞき見てしまう。その中の長をつとめる乙女に一目惚れしてしまったハサンは、彼女の衣を盗んで魔界に帰れないようにし、自分の妻としてしまった。ハサンは妻や母とともにバグダッドに移り住み、妻はハサンのこどもを二人もうける。ところがあるとき、ハサンがたまたま家を留守にしていたところへ、時のカリフの正室であるズバイダ妃が、ハサンの妻の美貌の噂を聞きつけ、彼女を宮廷に呼び出した。すると彼女は、ズバイダ妃を巧みに言いくるめて、ハサンの母から衣を取り返し、こどもたちを連れて魔界へと飛び去ってしまう。このとき彼女は姑に向かって、

「私に親しく会いたくなられたなら、恋にあこがれるそよ風に誘われて、ワークの島じまに私をお訪ね下さるようハサンにお伝え下さい」

と言い残す。ハサンは妻とこどもたちを取り戻すため、命がけでワークの島々へと乗り込む[17]……。

白鳥処女説話が水辺にはぐくまれた命の物語であることが世界的に共通している。灼熱の砂漠から、極寒の水辺まで、人の大地への広がり、始祖を白鳥が務める。

くらくらする敦煌の白い太陽も北の水辺に佇む白い鳥も、命の表象であった。

この論考では、白鳥と人の関係を白鳥処女説話（第Ⅰ部第一章）の具体的な語りを手がかりに解明していく。

世界的に分布するこの説話を手がかりに、人が白鳥の行動や姿形から何らかの刷り込みを受けている

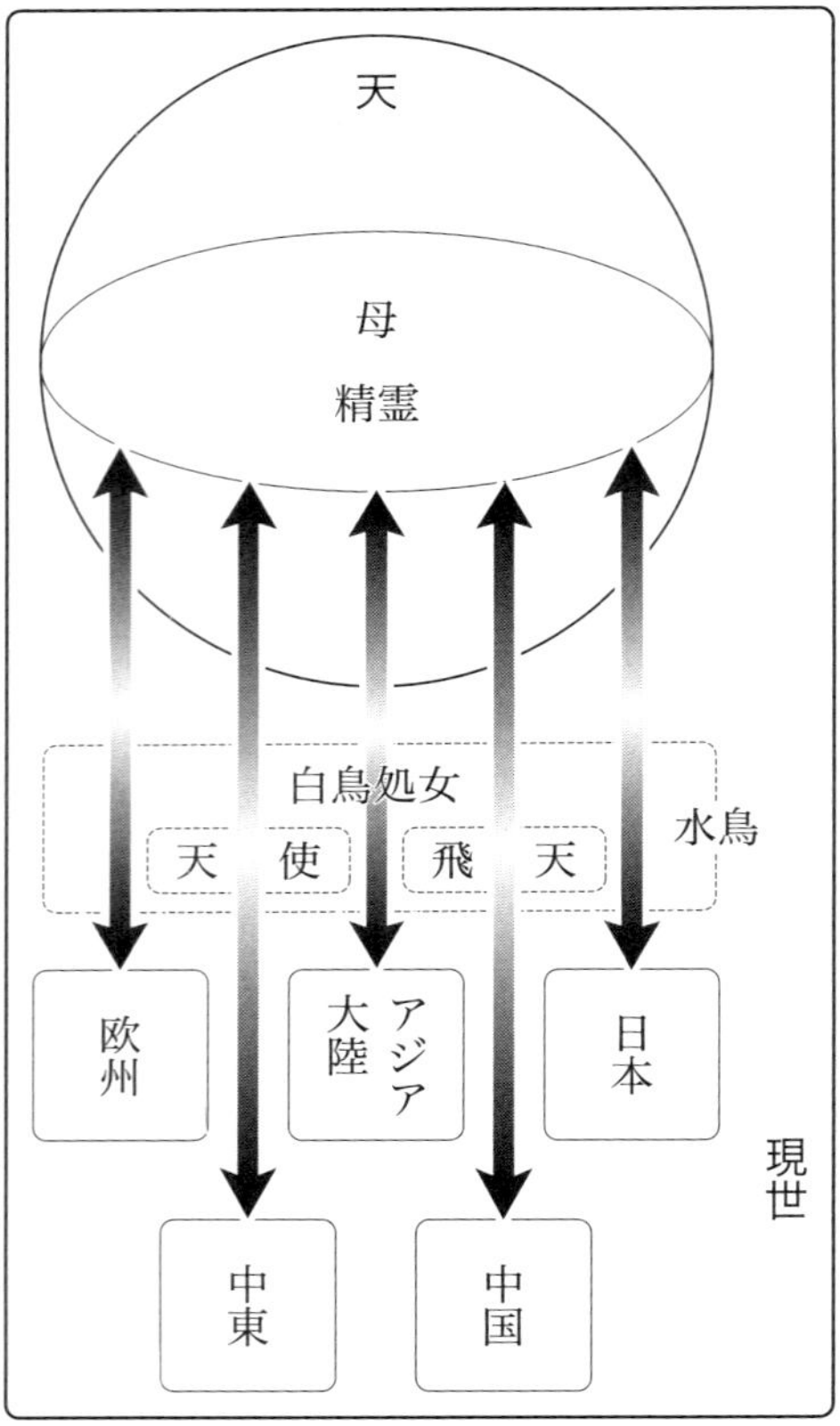

図５　白鳥処女説話の構造.

のではないかという仮説を提示する。白鳥の「白」に対し、説話は羽衣を白で象徴させていく。羽衣が羽毛の替わりであっても一枚の「布」で象徴されていく文化がある。白鳥の羽毛であった白がどのように人の文化に刷り込まれ、取り込まれていったのか。また、家族の紐帯を模範典型として語られる白鳥の家族愛は説話でどのように語られ、私たちの日常生活にどのように取り込まれていったのか追究する。(18)

『捜神記』に記された二つの話、「鳥の女房」および「董永《とうえい》とその妻」は、前者が天から降りてくる「羽衣」、後者が天上の「布と家族」を中心に語られる。白鳥処女説話はこの二つの要素を統合した人類創世神話であるとする仮説を私は抱き続けてきた。天から降《くだ》る道筋と天に昇る道程が人の世界にもたらしたものが宗教となっていく。つまり、白鳥処女説話は人の世界に天の存在を示し、神への畏《おそ》れや祈りによる癒しを提供した最初の寓話であったという仮説を提供する。当然のように、キリスト教会での精霊や天使、仏教意匠の飛天なども研究の対象としなければならない。しかも、天から降り天にはぐくまれる羽衣は女性原理が支配する。天は母なる国であり、精霊の集まるところであった。このような温かい家庭原理をもたらしたのも、白鳥処女説話の寓話であったと考えるのである。

天は海と一体となって母なる国を形作っていた。この中に永劫の時間軸に沿った精霊の宿り場があり、精霊は白鳥や鴨などの水鳥が担い手となって現世と交渉した（図5）。

このように、人が鳥から教えられ、刷り込まれたことが、現代社会で人の文化となっていく。

そして現在、白鳥が生きていける環境を人が再認識した時、白鳥処女説話の寓話は渡りや越冬地の生活に都合よく解釈される。白鳥が産土《うぶすな》様となり地域社会の象徴となっていくのである。そこで本書では、第Ⅰ部で人の生存との密接なつながりを述べ、渡りが生存の持続のための漂泊であることまで敷衍する。

第Ⅱ部では、白鳥の習性から人が刷り込みを受け、人の生存の持続を学んだ中央シベリア、ブリヤートの人々の生活を報告する。白鳥をトーテムとし、民族の始祖とした人たちの生活から、白鳥の習性と白鳥処女説話の密接な結びつきを描きだし、神話以前から人が動物と交渉してきた一つの姿を提示する。

これを受けて、第Ⅲ部では白鳥の渡りの姿が白鳥処女説話を拡散させていくことを示す。インド、中国、地中海世界との渡りの過程で多くの文化が輻輳して拡大していく姿を描写する。

白鳥から人が受けた刷り込みは、その習性であったり美しい姿であったりしても、人の生存の持続に大きく関わっていたことは提示できるであろう。

注

(1) 柳田國男『野草雑記・野鳥雑記』(甲鳥書林、一九四〇年)、『柳田國男集』第二二巻(筑摩書房、一九七〇年、所収)。

(2) 武藤鉄城『鳥・木の民俗』(秋田文化出版社、一九八四年)、『日本民俗文化資料集成一二巻　動植物のフォークロアII』(三一書房、一九九三年、所収)。

(3) 仁部富之助『野鳥八十三話』瑞木の会、一九六四年)、『日本民俗文化資料集成一一巻　動植物のフォークロアI』(三一書房、一九九二年、所収)。

(4) 福本和夫『唯物論者のみた梟』(出版東京、一九五二年)、同前書、所収。

(5) レイチェル・カーソン/青樹簗一訳『沈黙の春』(新潮社、一九七〇年)。

(6) 野本寛一「鷹狩からの連鎖」(『季刊しずおかの文化』九三号、二〇〇八年、静岡文化財団)、土田章彦・野沢博美『鷹匠ものがたり』(無明舎、二〇〇六年)、野本寛一『生態と民俗——人と動植物の相渉譜』(講談社学術文庫、二〇〇八年)。

(7) コンラート・ローレンツ/日高敏隆訳『ソロモンの指輪』(早川書房、一九九八年)。

(8) 本田清『白鳥の湖』(新潟日報事業社、二〇〇一年)。

(9) 宮沢賢治『セロひきのゴーシュ』(『宮沢賢治童話全集』八、岩崎書店、一九七八年、所収)。

(10) 干宝/竹田晃訳『捜神記』(平凡社東洋文庫一〇、一九六四年、三九二頁)。

(11) 栗原茂郎『ロシア異界幻想』(岩波新書、二〇〇二年、一五三頁)。

(12) 柳田國男「雪国の春」(『柳田國男集』第二巻、筑摩書房、一九六八年、一一頁)。

(13) 前掲注(10)『捜神記』二七〇頁。

(14) 前掲注(10)『捜神記』二八頁。

(15) 稲田浩二ほか編『日本昔話事典』(弘文堂、一九九四年、所収)。段成式/今村与志雄訳注『酉陽雑俎』(平凡社東洋文庫、一九八一年)に記述されているのは「夜行遊女」という話で、「毛を衣として鳥になって飛び、毛を脱いで婦人となる。子供はない。人の子供を取ることをこのむ。……」というものである。

(16) リョンロット編/小泉保訳『カレワラ』(岩波文庫、一九七六年、一三〜一五頁)。

(17) 前嶋信次・池田修訳『アラビアン・ナイト』(平凡社東洋文庫、一九六六年、所収)。

(18) 荒木博之「白鳥処女」(『日本昔話事典』弘文堂、一九九四年)では、ヨーロッパの白鳥処女を分類し、「婿の逃走を助ける女」(アアルネとトンプソンによる分類・AT三一三)と、「未知のものの探求」(AT四六五)などの挿話として、水辺の白鳥処女が位置づけられている。これに対し、日本の「天人女房」を一つの柱に世界の白鳥処女説話(AT四〇〇)を追究する立場で研究する、篠田知和基「天人女房と世界の類話」(『広島国際研究』一三、二〇〇七年。http://harp.lib.hiroshima-u.ac.jp/handle/harp/671)も、ある。

第Ⅰ部　白鳥をめぐる文化史

第一章　白鳥処女説話の啓示

世界に広く語り伝えられてきた白鳥処女説話の文献で辿ることのできる原初の形は、中国六朝時代の『捜神記』に範があるとされてきた。それは、一つには鳥の羽を着た処女の地上への降臨であり、自分の衣をまとって天に帰る循環性である。「鳥はかつて人であったし、人もかつて鳥であった」とする思惟の発露はこの説話の重大な要素である。

また一つには、天から遣わされた処女が機織りをするということである。天と地を結ぶ要素に布が関わっている。敦煌の石窟にある壁画には、天に長い布をなびかせた飛天が数多く描かれている（二〇五頁図36－2）。女性が苦労して織り上げた白く長い布こそが羽衣の元であったろう。

この二つの要素、「羽衣」と「布と家族」が説話の核となる。そして、「布と家族」は降りかかる三つほどの難題（試練）を克服する主題ともなっている。

同時に、天と地の循環は仏教界・キリスト教界をはじめ、世界的宗教のもれなく説くところである。白鳥処女説話には宗教の教えを導く天の世界や地獄の責め苦などが語られている。人が天を意識し、神を見出すための寓話であったのではないかと想像する。

1　白鳥処女説話

アジアからヨーロッパを貫くユーラシア大陸の隅々にまで濃く分布するこの説話には、多くのバリエーションがある。

日本では羽衣伝説として、「天女が地上の男に隠された羽衣を発見し、天上に戻るモチーフのある伝説を『羽衣伝説』といい、昔話として語られると『天人女房』となる」(1)、と定説化されている。

しかし、世界の白鳥処女説話には膨大な語りが伴っているのが普通である。少し長くなるが少数民族ブリヤートの伝える「白鳥女房」の内容を簡略にして抄録する。この種族はバイカル湖周辺に暮らす先住民でシベリアでは最も大きな民族であるとされている。バイカル湖周辺からアムールランド、中央シベリアにかけて生活を営み、注目すべき「語り」の宝庫の一翼を担ってきた。ロシア民俗学が大きな犠牲を払って書き留めてきた伝承の集積地でもある。『捜神記』のように簡略化されていない重厚な語りが記録されている。

第II部でアリャティ村で聞き書きした白鳥伝説を記すが、ブリヤートの語りも伝説と昔話に分けられる。昔話の方に「羽衣」と「布と家族（難題の克服）」が色濃く出ている。そして、中国に住むブリヤートの人々は、布を中国特産の絹として語る。

ブリヤートの昔話「白鳥女房」が採取された現地は、シベリア高地の森林ステップ地帯にある。湿地に白鳥が家族で逗留し、この白鳥を始祖とし、トーテムとするブリヤートの人々がいる。シベリアは白鳥の故郷である。

ある村に身寄りのない若者が貧乏暮らしをしていた。金持ちの家に雇われ一年で馬一頭もらう約束をするが馬は狼に食われてしまう。次に薪割りの仕事にありつくが約束した量に僅かに足らないことで一年間ただ働きをさせられる。ここで畑を作っても雹《ひょう》にうたれて収穫をなくす。ついていない人生を変えようと海の近くに小屋を建てて漁師になる。

何年かたったころ、小屋の傍らに寝そべっていると、白鳥の群が騒がしく飛んできて岸辺に舞いおりた。

そっと近寄って眺めていると、七羽の白鳥が服を脱いで美しい娘になる。娘たちが水浴びをしている間に白鳥の一番美しい服を選んで隠してしまう。七人の娘たちは岸辺に戻ってくるとそのうち六人は服を着て白鳥の姿に戻ると飛んで行ってしまう。ところが一人の娘だけは服が見つからない。困った娘は夫婦になるから服を返してくれるよう頼む。若者は出ていって服を返してやり格子縞の絹の布だけは手元に残した。若者は娘を家に連れ帰ると夫婦になる。

若者は美しい妻の顔ばかり見ていて仕事をしないので妻が似顔絵を描き持たせる。ところが強い風に似顔絵が吹き飛ばされてしまう。

似顔絵は王宮の前に落ちる。これを見た王（ハン）は兵を率いて美しい娘を捜しに出かけてくる。食糧調達の兵が鴨を捕る。若者の小屋に来て焼かせてくれるように頼むが、美しい女房に見とれて黒こげにしてしまう。困っていると女房が兵から事情を聞いて理解し、自分のことをハンに伝えない約束で黒こげの鴨を程よい焼き具合に戻してやる。

この鳥を食べたハンと兵全員が満腹になった。ところが、この兵に再び同じ鳥を捕るよう命じる。兵は再び若者の家で鳥を焼かせてもらうが、今度は美しい女房に見とれないようにしたために程よく焼けた。ところがこの鳥を食べたハンと兵は満腹にならなかった。怒ったハンは兵を鞭で叩き事情を説明させる。兵は美しい女房のことを喋ってしまう。

ハンは兵を率いて小屋へ行き、若者と美しい女房を縛り上げて宮殿に戻り鉄の物置に閉じこめてしまう。

ハンは若者を亡き者にするために難題を出す。東の果てに恐ろしく猛々しい黄色い犬がいるので連れて来いと言う。女房に相談すると、柄のついた鉤を渡し、犬が飛んできたら犬の喉に鉤を突っ込んでハンのところに連れていくよう言われる。そして、その通りに実行する。

ハンの次の難題は地獄へ降りていって底を綺麗に掃除しろ、というものであった。女房は赤い絹糸を渡し、地獄から出る時にはこの糸を上に投げてこれに伝わって帰ってくるように話す。そして、ここでも命を捨てずに帰ってくる。

次の難題は星の息子と太陽の息子の所へ行って、貢ぎ物を受け取って来いというものであった。女房に相談すると非常に長い赤い絹糸と格子縞の布を夫に渡して、赤い絹糸を投げ上げて天に行き、ここで女房の母が住む家に行って格子縞の布を見せるように指示される。後は天の身内がすべてをやってくれるという。

若者が天にある妻の母親が住む立派な家に着くと、格子縞の布を見せて婿であることを示す。歓迎を受けるが星の息子の宮殿に出かける。ここでも格子縞の絹布を見せると婿殿であることに気づいて星の息子との仲を取り持ってくれる。

ここを一泊して太陽の息子のところへ向かう。途中、赤と白の雄鶏が喧嘩をしていたり、牛の角の上で泣いている女性や、水を受けながら横たわる女性に出合ったりして旅を続け、太陽の息子のところにたどり着く。格子縞の絹布を見せるとここでも婿殿を歓迎してくれる。太陽の息子は今までの話を聞いて、ハンが若者を亡き者にしようと躍起になっていることを語る。そして、若者は太陽の息子が大地を温める仕事に行く時、世の中を見させて欲しいと頼み、今までの自分の苦労の原因などを天で見つけ、仇を取る。そして帰る日に金の杖を渡される。

天から帰った若者はハンの元へ行き、金の杖を振る。ハンも兵士も倒してしまう。多くの民衆に私たちのハンになって下さいといわれ、美しい女房とともにこの国で幸せに暮らした。(2)

膨大な語りの中には各地域で語られる白鳥処女説話に共通する事柄が含まれている。『捜神記』に記された「鳥の女房」と「董永《とうえい》とその妻」の二要素、「羽衣」と「布と家族（難題の克服）」が統合された形でまとまった伝承となっている。

①天の娘たちが白鳥の衣を脱いで水浴びする。
②若者が白鳥の衣を盗んで隠す。
③天に帰れなくなった娘は男と夫婦になる。

④娘を欲しがる悪者（鬼や王）から難題を三つほど出されるが、娘の国である天上を訪ねるなど、娘の智恵・神の指示によって無事解決する「難題の克服」。
⑤若者と娘は幸せに暮らす。

わが国に大陸から伝わった白鳥処女説話が秋田県でも昔話の「天人女房」として語り継がれてきた。

まじめな若者が美しい娘と出合い夫婦になる。若者が妻の美しい顔ばかり見ているので娘は絵を描き持たせる。この絵が村の肝煎《きもいり》の目に留まり嫁として取られそうになる。これを逃れるために試練が三つ預けられるが嫁の機転で解決する。それでも村に置いておけないという嫌がらせを受けるが、これを解決するために産土《うぶすな》様の厚意で神馬に乗って娘が来た天上の国を訪ねる。ここでも鬼に出合って試練を受けながらも神に助けられ、天上から戻ることが出来る。そして、娘と幸せに暮らすことが出来た。

①②は抜け落ちているが③④⑤はブリヤート「白鳥女房」の類話である。「布と家族」は難題の克服になっているが、細長い島国にも北からの語りが流れてきている。

大陸アムールランドに戻る。ハバロフスク地方を中心に生活する少数民族オロチの人々の白鳥処女説話「ヌゲティルカ」は次のように語られている。(3)

①ヌゲティルカが猟師の兄と住んでいる家に七羽の白鳥が訪れる。
②兄は一羽の白鳥をつかまえて羽衣をはぎ取り、狩りの道具の中に入れる。
③兄と夫婦になった白鳥の嫁はヌゲティルカと三人で生活するが、子供が生まれる。子供が泣きやまないのでヌゲティルカが「母の羽衣は狩りの道具の中にある」ことを喋ってしまう。子供の母親は羽衣を見つけ出し、子供を抱いて空に舞いあがる。狩りに行っていた夫はこれを見つけ、自分の妻目がけて弓を射る。矢は息子の指を一つ落とす。兄は妻の後を追う。
④途中でおばあさんに出合い、もらった鴨の背中に乗って女房が住んでいるところまで行く。鴨が呼ぶと女房の白鳥が来る。若者は女房に飛びかかって羽衣をはぎ取る。
⑤若者は妻とともに家に帰って家族と仲良く暮らす。

④の部分は天上を訪問して難題を克服する型と分類できる。「白鳥女房」も、「ヌゲティルカ」も天に解決の糸口を求め、最後は白鳥の妻と仲良く暮らすのである。

大西洋岸ではスコットランドに人魚の衣を隠して夫婦になる「波間の少女」という白鳥処女説話に類似した物語がある。夫婦となって誕生した子どもが、人魚の衣のありかを教えて母親は海に戻るが、子供たちが船乗りとなってもこれを守り抜く家族愛が語られている。

「樺太アイヌの説話」(4)にも、シベリア先住民族の間で語られてきたものと類似の話がある。①②③⑤の要素を満たしており、種族再興の物語である。金田一京助が「樺太アイヌの羽衣説話」として紹介した。

「鷲神に育てられた少年（ルルバの首領自ら語る）」

鷲神の夫婦に育てられたルルバは、神々が降り、舞遊ぶ場所を聞いてしまい、ここに出かけていく。

①②うら若い姫神が着物を脱いで岩陰に隠してあるのを取って自分の身にまとう。

③姫神を捕らえて小舟に乗せ、沖を通って自分の草の家に連れて帰る。

⑤ルルバを養ってきた夫婦の鷲神は、死に絶えた村を再興するために育ててきたルルバが家庭を持ったことを喜び、村の再興ができることを喜ぶ。

バチェラーが採集した『アイヌの炉辺物語』の中に、ルルバの説話と類似する話が出ている。「白鳥の子孫[5]」である。

新冠《にいかっぷ》町のタカイサラに昔大きな村があった。ある時他国から攻め入った夜盗のために皆殺しにされ、家は焼き払われ、村は草むらに逃れた一人の男の子を除いて皆殺しにされた。

生きるあてもない子供のところへ一人の女が現れ、家を建てて子供を育てた。子供が成人に達すると二人は夫婦になり沢山の子供をもうけたので荒れ果てたタカイサラの村は復活した。

子供を助け村を再興させた女性は天に住む雌の白鳥で神に遣わされたものであった。白鳥は目的を遂げて再び元の姿に戻り群に入っていった。

この白鳥が人間であった時、人間界の病気や死の悲しみに会うと泣いたので、人も不安な時には白鳥のような声を出して、踊ったり歌ったりするようになったのである。

白鳥処女説話の形は崩れているが、天から遣わされて夫婦になり、村を再興して天に戻るという、③⑤を充足させている。そして、天に戻る別離の時が設定されている。

『捜神記』の「鳥の女房」「董永《とうえい》とその妻」では、いずれも⑤が離別する型になっていて、主人公に幸せは来ない。「白鳥の子孫」は、人間界に富と安寧をもたらして去る。

わが国では羽衣伝説も天人女房も⑤では悲しい別れを描いて悲話となっているものが多い。もしかしたら、悲しみなどの感情は後から文学の興隆とともにつけ加わったもので、本来はこれらの感情を極力削《そ》いだ白鳥処女説話が元にあったものであろう。アイヌの人々にとっては採集・狩猟を中心とする生活が背景にある。多くの人に、自然の中で生きていく苦労が実体験で語り伝えられ、村の繁栄・再興は、大きな主題として共通認識されていたものではなかったか。白鳥処女説話では白鳥の定期的な来訪によって幸福を待望したと考えられるのである。

このようにみていくと、広く大陸で白鳥処女説話として最大公約数的に語られている部分を取りだして、白鳥処女説話であることを分類する研究よりも、①から⑤のどの部分が強調されているかによって、語られてきた主題の精神性を追求していくことの方が重要である。

アイヌの白鳥処女説話は「ルルバ」「白鳥の子孫」ともに村の再興を主題としている創世神話に近い。白鳥が人間界と天界を交互に往き来し循環する姿を天地の創造を司る姿とみたのである。更科源蔵はアイヌの国造神話に深い興味をもって考察を加えている。「国造神が石狩川の支流の空知川で悪い熊に摑まり、大怪我をした知らせを受けた国造神の妹が、泣きながら兄のところへ走っていく途中、口の中に溜まったつばを吐いたのが白鳥になり……」(6)と、此の世の物事の作り出された起源に白鳥の動きを援用した。

秋になれば北の空から物憂げで悲しげな声を立てながら家族で飛来する白鳥の姿を天から降るものとみて、春先の元気よく家族で鳴き交わしながら編隊を組んで飛ぶ帰北の姿を天に帰るとみたのかも知れない。

同時にこの説話を語り伝えてきた主体の生業についても検討する必要がある。オロチの人々は狩猟の生活を中心としてきた。ヌゲティルカは兄と二人で生活していた。ここに白鳥（女性）が入り込んでくれば、どのようなことが起こるか。着物をはがされ妻とさせられる。着物は狩りの道具をしまう場所に隠される。「鳥の女房」では稲作と関係していることが明らかである。稲藁に羽衣を隠す。

衣をどこに隠したか、どのように処置したのかということも重要である。語りの主体の生活が浮かび上がるのである。

ロシア沿海州ウデゲの人たちの語りにも、創世神話に繋がる民族の特色が語られているものがある。樹皮の文化と鉄の文化の相克である。一人の若者が狩りの獲物を食べていると、三羽の鵲《かささぎ》が飛んできて三人の乙女に変わる。ともに旅をしながら、離ればなれになったタルメニ（樹皮の人）とセレメニ（鉄の人）が出合い、兄弟として和睦する。そして力を合わせて、捕らえられている父母を大きな川の上流で見つけて助け出す。兄弟はともに乙女と新しい生活を築く。

このように、白鳥にみられる夫婦愛や家族愛がこの話の中にはさりげなく刷り込まれていることを見落としてはならない。夫婦が難題を克服して幸せになるまでの話は「白鳥女房」④と⑤で語られるが、同時に家族を愛する精神がこの中には豊かに包みこまれているのである。

2　羽衣伝説

大陸からサハリンを辿って北海道に到る北の文化の道には、白鳥を天界と人間界を往き来し、人に幸福を運ぶ神の使いという足跡がついている。ここでは、白鳥処女説話が白鳥の物語として具体的にイメージできた。

ところが、日本の羽衣伝説には白鳥のイメージが薄い。私には北の白鳥伝説と南の羽衣伝説くらいの乖離が感じられるのである。柳田國男もかつて述べたように、南島沖縄の羽衣伝説には地方色がある。子供の頃から絵本などで多くの日本人の意識に刷り込まれている羽衣は、美保の松原や余呉湖のもので、文学的に極められたかの観がある。羽衣伝説は謡曲『羽衣』が極致である。能舞台でもシテを天女、ワキを白竜にして演じられる。

美保の松原で漁師・白竜が美しい羽衣を見つけて家宝にしようと持ち帰る。天女が現れ、羽衣を返してくれるように頼むが、国の宝にすると言って返さない。天女は羽衣なしには天に帰れないと悲しみに沈む。返してくれれば舞を見せると言われ、ようやく白竜は羽衣を返してやる。天女は羽衣を身につけ、のどかな浦の景色を謡い、めでたい世を寿ぎ羽衣をなびかせて東遊びの数々を舞うと地上に宝を降らせて霞にまぎれて天に昇る。

羽衣伝説として有名なところは、美保の松原・静岡県静岡市清水区、余呉湖・滋賀県伊香郡余呉町、丹後・京都府京丹後市峰山町、千葉県佐倉市、鳥取県東伯郡湯梨浜町羽衣石、大阪府高石市羽衣、沖縄県宜野湾市真志喜などにある。

文献では『帝王編年記』[7]「近江国」古老伝に記される。「天の八女ともに白鳥となり天より降りて江の南の津に浴みき」。伊香刀美《いかとみ》が白犬を使って天羽衣を盗ませ姫と夫婦になる。二男二女をもうけるが羽衣を見つけた母は天に戻る。

『丹後国風土記』逸文では比沼麻奈為《ひぬまない》の泉に八天女が渡来する。帰れなくなった天女が老夫婦の子となり酒造りを教え裕福になる。この後、追い出される。

山上伊豆母は「わが国の白鳥譚は穂落《ほおとし》神説話など農耕米作神話とふかく結合していること、神話から歴史へ展開している点が大きな特色」[8]としている。

『山城国風土記』逸文、『豊後国風土記』にそれぞれ、稲荷社縁起の餅化白鳥譚、白鳥化餅伝説となっていて、稲作の充実とともに語られてきたのではないかと推測されている。後書は霊亀元(七一五)年から天平一一(七三九)年に成立したとされる。長者が田からの食糧が余るので、餅を的にして弓を射たところ白鳥となって南に飛んでいく。

稲魂つまり穀物霊を白鳥に見立てたものである。羽衣の隠し場所が稲藁の中とか米櫃の中といった話が広く語られるのはこのためであるという。

折口信夫も明快に語っている。

みたまの飯と餅とは同じ意味のものである。白鳥が屢《しばしば》餅から化したと伝えられる点から推して、霊魂と関係あるものと考えて居る。なぜなら、白鳥が霊魂の象徴であることは、世界的の信仰であるから。餅はみたまを象徴するものだから、それが白鳥に変じると言うのは、極めて自然である。みたまの飯と餅とは、同じ意味の物である。我々は、餅を供物と考えて来ていたが、実はやはり霊《たま》代《しろ》であったのだ。(9)

わが瑞穂の国には稲という多くの人を養いうる見事な食糧が広がっていった。このことが白鳥処女説話に色濃く反映しているのであろうか。

かつて高木敏雄は「羽衣伝説の研究」(10)でこの説話の意味するものを検討している。謡曲『羽衣』に至るまでに下界の怪鳥が上界の天女となること、天女が神仙界に入って月宮の侍女となること、の二段階があること。解釈には人類学的解釈と心理学的解釈の二つがあることを述べ、「羽衣説話の一面には怪鳥に関する信仰の結果として観察しうべき点がある……」ことを述べて論を閉じている。

膨大な文献資料をもってしても白鳥処女説話の原型を画定することは困難で、怪鳥に関する信仰を調べることが大切であることを伝えた。しかし、この指摘は重大である。裏を返せば、今も怪鳥に関する信仰の研究が進んでいないことは明白な事実である。白鳥が鳳凰《ほうおう》や火の鳥などと関連づけられることもあるが、怪鳥の探求は、鳥と人との関係性を学際的に探ることである。

たとえば、羽衣伝説から検討されることは、穀物栽培の起源と鳥の関係である。穀物霊を運んだのが鳥なのかどうか。換言すれば鳥が天から穀物の種子を人に降ろし伝えたのではないか、とする伝説の検討などである。ここでは白鳥が天界の神の使いとして現れ、穀物霊の表象となるはずである。白鳥は稲刈りが終わる頃、一〇月の寒波が南下する頃に来る。ちょうど落ち穂を拾うために来るという人がいるように、稲との密接なつながりが語られる。事実、『古事記』や『日本書紀』『風土記』の記述には白鳥を穀物霊と関連づけられるような記述が散見される。しかし、本来であれば穀物の栽培が始まる春頃に来訪するのが穀物霊を運ぶ怪鳥としての役割ではないのか。

また一つには、白鳥ばかりが人と婚姻関係を結べる優位性があり、白鳥が登場しないときは衣が重要な働きをしていることである。特に羽衣伝説では鳥が登場せずに衣の所在で話が組み立てられている。検討しなければならないのが白鳥（怪鳥）と衣との関係になってくる。

高木敏雄の研究を援用して、柳田國男は白鳥処女説話の別の一面を指摘する。

> さうして沖縄の島では泉の神の信仰が、明白に物語の一要素を為して居たことを認めざるを得ない。それにつけても玉城《たまぐすく》朝薫の銘苅子《めかるしい》の一曲が、あまりに謡曲の羽衣に近いのは不本意である。沖縄の天女譚には、たしかに此島の地方色が有ったのを、かの才子（高木敏雄）は軽々に看過してしまった。
>
> 銘苅子は那覇より程近い西海岸、安謝《あじゃ》の村の農夫であった。遺老伝の一説に今の天久の聖現寺の神なる熊野権現と弁才天とを、顕し祀ったと伝ふる銘苅《めかる》翁子《し》と、恐らくは同じ人の事である。安謝

の村では銘苅子の祠堂と謂ふものが、今も尚拝所の一つになって居り、其由来談には謡曲の羽衣などには見られない、長い髪の毛の話が組入れられてある。銘苅子は或日田より帰りがけに、泉に臨んで手足を洗おうとすると、七八尺もある女の髪の毛が一すじ、水の上に浮かんで居る。不思議に思って折々其泉近くに身を潜めて窺ううちに、終に嬋娟《せんけん》たる神女が衣服を樹の枝に脱ぎ掛けて、水に下って頭髪を洗うところを見付けた。仍《よっ》て其衣を取匿し、捜してやると偽って家に伴い還り且之を娶った。後に一女二男を産ましむとある。其女の児が稍《やや》成長して、弟の子守をするときに、泣くな、泣かぬなら遣ろうよ母の飛衣をと歌った。六股の倉に、稲束の下に、置き古してあるからと歌った。母の神女は之を聴き、夫の留守を待って其衣を捜し出し、恩愛の絆を断ち切って、忽ち天界に飛び還ったと伝えて居る。(11)

ここには穀物の影として稲束が出てくる。そして清水である。清らかな泉には白鳥も鳥も登場しない。しかし、衣が重要な意味を持つ白鳥処女説話である。

膨大な語りの集積がある昔話「天人女房」を通して、柳田國男が高木敏雄に問いかけた羽衣伝説を検討しなければならない。

3　天人女房

全国で百話以上が報告されている天人女房で検討したいのは物語の来歴を踏まえ、その地で語られる背景である。そして羽衣伝説と昔話「天人女房」に共通する衣のことである。

新潟県新発田《しばた》市周辺には三つの型の天人女房が伝承されている。白鳥処女説話との関連を番号ごとに話の要点で記す。

天人女房と地元で語られる一つ目の話は次のものである。

①一人の漁師が浜辺で美しい羽衣を見つける。三人の天女が降りてきて水浴びしていた。
②若い漁師は羽衣を盗む。
③天に帰れなくなった天女は男と夫婦になり、男の子を産む。
④男の子が羽衣を見つけて母親に渡す。
⑤綺麗な音楽に誘われて天女は天に帰っていく。

この粗筋で語られるものが「離別型」と分類されている。

二つ目の「天女の花嫁」の題で語られてきたのが次のものである。

①漁師の若者が浜辺で松に掛けてある美しい羽衣を見つける。三人の天女が水浴びしていた。
②若者は羽衣を盗む。
③④天に帰れなくなった天女は懐から水色の宝の玉（漁に出る時を知らせて身上が上がるようにするもの）を出して、羽衣と交換する。

⑤一泊した後、美しい音楽に誘われて天女は天に帰っていく。若者はいつも大漁で身上を上げる。

三つ目は天人女房「瓜畑」である。天上を訪問し、そこの瓜畑での話が続く。

①若者が海辺で天女が降りてくる所に遭遇する。天女は水浴びを始める。
②若者は天女の羽衣を盗って隠す。
③天に帰れなくなった天女は若者と夫婦になり、男の子を産む。
④⑤父親の留守中に、男の子が綺麗な着物（羽衣）を探し出して母親に渡す。天女が羽衣を着て天に戻る際、自分・父親・子供の三つの種を置いて、母親に会いたくなったら井戸端に蒔くよう伝える。種を蒔くとぐんぐん伸びて天に届く。これを伝わって父と子が天に昇り、母親と再会する。母親に頼まれて瓜畑の草むしりをするが、決して小便してはならないことを言い含められる。しかし、二人が我慢できなくなって小便をすると、天の穴が開いて地上に落ちてしまう。そこは井戸端であった。

この三話目で語られる④と⑤は「天上訪問型」と「七夕結合型」とされるもので、天から地に流され落ちる途中で「七月七日に会いましょう」という。天人女房は以上の三つの型（「離別型」「天上訪問型」「七夕結合型」）で分類されている。(12)

三話目は再会と難題が出されるという意味で、白鳥処女説話の後半で語られる難題解決の語りに近い。

「七夕結合型」に難題が登場するように、天人女房の語りは大陸の白鳥処女説話に遥かに近い。難題が畑仕事であることから水田稲作以前の話であることを指摘することも可能であるが、瓜という水の象徴に想像力が湧く。しかも、羽衣との関係がここでつながる。「淵の側の水辺で神の衣を織る」七夕と、通底する。

三つの型の天人女房がこの地で語られた背景は何か。

若者は漁師である。このことから、稲作とつながる農民の話とはとらえられない。羽衣の隠し場所も米櫃や稲架《はさ》などではない。海の彼方の天から来たる神女は、日本海の果てにある大陸とつながるのである。

羽衣伝説と天人女房を比較するとき、羽衣伝説の綺麗に構成された文学臭が鼻につく。特に謡曲『羽衣』の無駄のない話の展開は汚れのない天女の能舞台になる。海辺の松原を背景にしていても、羽衣伝説と天人女房にはこれだけの隔絶された思考の隔たりがあった。

羽衣伝説と天人女房にこれだけ乖離を感じても、共通する残映がある。衣である。羽衣をまとうと天女となる。女性は地上では子供を産み、福を授ける。両方に一貫しているのは此の世に豊かな幸いをもたらしていることである。

羽衣伝説でも天に帰らないでその地の祖先神として祀られる例がある。鹿児島県喜界島には天女の三人の子が宗教者として職を与えられた最初であるとされている。沖縄県では天女の子が琉球国の王となったと言われる。

天の女性が此の世に授けた豊かな幸いとは何か。一つは子孫となる人であり、また一つが衣であったと私は考えている。つまり、衣こそが神の授けた幸いの表象であったと考えるのである。そして、白い衣が最上のものと意識され、白鳥の純白と交錯したものであろう。

4　バレエ『白鳥の湖』

白鳥処女説話が極東の島国では謡曲『羽衣』になって能舞台で演じられているように、ロシアではクラシック・バレエの代表作『白鳥の湖』となっている。

全四幕。V・P・ベギチェフとV・F・ゲルツェルの台本にチャイコフスキーが作曲したものであるという。モスクワのボリショイ劇場で一八七七年初演を迎えた。

第一幕、王宮の前庭。ジークフリート王子が二一歳の誕生日を迎える。城の前庭で王子の友人たちが祝福の踊りをしているところへ王子の母が現われる。そして明日の舞踏会では花嫁を選ぶように言う。王子は友人達と白鳥がいる湖へ狩りに向かう。

花畑にオデットがいる。ここに悪魔ロットバルトが現れ、花を摘んでいる彼女を白鳥に変えてしまう。

第二幕、静かな湖のほとり。白鳥が泳いでいる。月の光が出ると、娘たちの姿に変わる。この中でひときわ美しいオデット姫に王子は好意を抱く。彼女は呪いについて王子に語る。「夜だけ人間の姿に戻る呪いを解くただ一つの方法は、まだ誰も愛したことのない男性に愛を誓ってもらうこと」である。王子は舞踏会に来るようオデットを誘う。

第三幕、王宮の舞踏会。舞踏会に、オデットに似た悪魔の娘オディールが現われる。王子は彼女を花嫁として選んでしまう。オデットの仲間の白鳥が、王子が騙されたことをオデットに伝えるため湖へ走る。騙されたことに気づいた王子は嘆き、急いでオデットのもとへ向かう。

第四幕、もとの湖のほとり。愛の誓いが破られてしまったことを嘆くオデットに王子は許しを請う。現われた悪魔に王子は跳びかかる。激しい戦いの末、王子は悪魔を破るが、呪いが解けない。絶望した王子とオデットは湖に身を投げて来世で結ばれる。

白鳥処女説話がバレエで演じられる。ここに衣は出てこない。その代わり、昼は白い衣をまとった白鳥として表現され、夜は白い衣を脱ぎすてた人として表現される。まとっている白い衣は昼（太陽）の表象なのである。月の光で女性の姿が現れるのもギリシャ神話の世界観とのつながりがある。

そして、語りの筋道には、象徴的な出来事が埋め込まれている。難題は悪魔の魔法でまとめてしまった。ここには天上への訪問も白鳥の娘からの智恵の授かりもない。あるのは至上の恋愛感情である。ここでも謡曲『羽衣』とある面、類似の簡略化の筋道が表出している。優雅な歌舞とともに天女が昇天する場面が舞台の山場となる『羽衣』に対し、瀕死の白鳥の愛が山場となる『白鳥の湖』。

両者の表現が、同一の説話から導き出されたとはとても考えられない。しかし、共通するものは水辺の処女と衣である。白鳥の白い外観を太陽の姿で観念した大陸の古人と白い衣で観念した日本人がいたのである。

白鳥の佇《たたず》まい、光ほどに美しい白は、白い衣を意識させ、太陽が表象として観念されたのである。この思惟はわが古人の観念とも共通している。

『延喜式』巻第二一の治部省の中に「祥瑞《しょうずい》」を書き出した記録がある。(13)

白鳩。白鳥。太陽之精也・（中略）・白兎。月之精也

古の世にも白鳥を太陽のように輝く祥瑞とみて、政《まつりごと》に取り込んでいた国があった。奄美大島を中心とする南島に日光感精説話と呼ばれる話がある。(14) 機織りしていた女が突然子供を産む。父親は天の神だという。子供が天に昇る。天上で試練を受け、太陽の子であると認知される。地上に降りて政を行う宗教者となる。

天上での試練は第一節の白鳥女房と類似し、天上で太陽の息子から多くの恵みを受けて地上に帰る粗筋は近似する。母親の機織りと布切れの証明、ここにも布に対する深い意味づけが予測できる。

中国甘粛省敦煌の飛天が太陽の表象ではないかという私の予測は現地の白い太陽以外遮るもののないジリジリした天空からイメージされたが、高緯度のロシアでも同じ観念が白鳥を介して存在した。白鳥が旅先から帰って子育てをする北極圏に近いところでは、夏の到来が白鳥の帰還と重なる。厳しい自然の中に白く高い太陽が到来する季節を連れてくるのは白鳥であった。

白い布と太陽はその時々にさまざまな場所で白鳥への連想と結ぶ。

白鳥処女説話の本旨には布、衣、太陽光、白といった概念が含まれていた。そして布を織る織女が家族を発生させ、これを守る寓話に到達するのである。

注

（1） 大島広志「羽衣伝説」（『日本民俗大事典』下、吉川弘文館、二〇〇〇年）。

（2）斎藤君子編訳『シベリア民話集』（岩波文庫、一九八八年、一九七〜二〇二頁）。この語りは世界中で語られている白鳥処女説話の要素を漏れなく含む完成型であることを私は推量している。秋田県で語り継がれてきた「天人女房」の昔話を比較後述する。今村義孝・泰子『秋田むがしこ』（無明舎、二〇〇五年、一七五頁）では仙北郡南外村の堀井徳五郎の語りが収められている。

世界的に分布する白鳥処女説話の研究は長く継続されてきた。西村真次「白鳥処女説話の研究」（『神話学概論』早稲田大学出版部、一九二七年）、君島久子『民間説話の研究』（同朋舎、一九八七年）、関敬吾『日本昔話大成』（角川書店、一九七八年）、辻直四郎『古代インドの説話』（春秋社、一九七八年）、吉川利治「タイ族の羽衣伝説」（『世界口承文芸研究』二、大阪外国語大学、一九八一年）、井本英一「羽衣の話」（『世界口承文芸研究』四、大阪外国語大学、一九八二年）、臼田甚五郎『臼田甚五郎著作集』五（桜楓社、一九九五年）、ほか。

（3）同前『シベリア民話集』一七九〜一八五頁。

（4）知里真志保『知里真志保著作集』第一巻（平凡社、一九七五年、二六一〜二六五頁）。

（5）バチェラーについては、アイヌ語の解釈について知里の厳しい批判がある。しかし、この物語を更科源蔵が採用していること、白鳥ばかりでなく熊が村を再興する話が多くあることなどからこの論考でも重要な資料として用いる。更科源蔵『アイヌ伝説集』（アイヌ関係著作集Ⅰ、みやま書房、一九八一年、九九頁）。

（6）更科源蔵『アイヌの神話』（アイヌ関係著作集Ⅲ、みやま書房、一九八一年、一八頁）。

（7）僧永祐の撰と伝えられる神代から後伏見天皇までの年代記。

（8）山上伊豆母「伊香の小江」（『日本昔話事典』弘文堂、一九八八年、所収）。

（9）折口信夫「国文学の発生（第三稿）」（『民族』第四巻第二号、一九二九年）。『折口信夫全集』第一巻　古代研究、中央公論社、一九七五年、二九頁）。

（10）高木敏雄・大林多良編『日本神話伝説の研究』二（平凡社東洋文庫、一九七四年）。

（11）柳田國男『海南小記』（定本『柳田國男集』第一巻、一九七〇年、三〇八頁）。

（12）前掲注（8）所収。

（13）黒板勝美編集『延喜式』（国史大系、吉川弘文館、一九八四年）。

（14）山下欣一『奄美説話の研究』（法政大学出版局、一九七九年、所収）。

第二章　衣と白鳥

江戸時代の博物分類『和漢三才図会』に、白鳥は「天鵞《はくちょう》《テンゴウ》」と記述されている。(1)但し書きの部分に鵠《こく》が記載されている。その内容は『日本書紀』垂仁天皇の項で鵠が記されてくるのが初出であることを記している。三〇歳になっても言葉の出ない皇子がこの鳥の飛ぶ姿を見て言葉を発する件である。訓でクグイがある。

『万葉集』にもクグイ・タヅの読みで琵琶湖で盛んに響く鳴き声も謳われている。

思うに、天鵞（一名は鵠）とは俗にいう白鳥である。白雁に似ていて大きい。項《うなじ》、頸は長くて肥大である。

眼の前、嘴の上は黄赤。嘴、脚はともに黒く、羽毛は白沢。極めて高く翔び、また善く歩く。翅骨は大へん強く、鷹でさえも疲れているときはこれに搏《う》たれる。腹毛は太《はなは》だ柔厚で、これで革をつくり、襯《はだぎ》や巾膕《きゃはん》にもつくる。温かくてよく寒を禦《ふせ》ぐ。これが天鵞絨《びろうど》といわれるものの類であろうか。翅の裏羽は細長く潔白で、羽茎の中正なものを俗に君知らずと称する。これで楊弓の箭羽《やばね》を造ると大へん佳い。常陸、奥羽の二州の産が最も好い。肉は肥えて美味。羽もまた勁《つよ》く厚い。他州の産は肉味もよくなく、羽も軟弱で用いるほどのものではない。

江戸中期に美しい布として有名なビロウドが『和漢三才図会』の「白鳥」の項目で取り上げられているのである。それは白鳥の羽の美しい光沢と寒気の中での佇《たたず》まいから連想されたものであったらしい。ビロウド（ベルベット）は、一三世紀にイタリアのベネツィアで織り出された生地で、日本へはポルトガル人が持ち込んだとされている。白鳥のような光沢の美しさとなめらかな肌触りから天鵞絨となった。絹物のビロウドは本天と呼ばれ、コール天（コーデュロイ）を指し示す言葉となった。

実際に羽毛を衣服に縫い込んで防寒着としている北方の文化はあるが、白鳥の羽を布に縫い込んだという例は、寡聞にして聞かない。

光沢のある美しい自然界の白、これを眼にした人々は脳裏にこれが刷り込まれていったであろう。事実、毎年来訪する白鳥が飛来すると、その美しい姿を讃える報道が恒例となっている。

冬の使者が光沢のある純白の衣をまとって、収穫を終えて閑散とした風景の中に、周期性をもって到来する。神々しい姿をビロウドや白布で象徴した。

1 布の力

戦国時代、武将は出陣に臨んで陣羽織を羽織った。語り物の多くはその凛々《りり》しい姿を褒め称える。豊臣秀吉が朝鮮出兵（文禄、慶長の役）をするための前進根拠地として築かせた名護屋城での出陣式に各大名が最高の出で立ちで登場した。伊達（正宗）は熊の毛皮を用いた陣羽織で登場したことが語られている。最高の晴れ舞台を演出したのは晴着であった。その人が着用する布は、人格と同一視された。中国唐代の『酉陽雑俎《ゆうようざっそ》』に、喪礼で死者の衣の後幅を切り取って残しておく、記述がある。一人の人間の全存在をくるむ、霊の包みものとしての布（着衣）が意識される。

『古事記』では倭建命《やまとたけるのみこと》が薨去《こうきょ》される直前、尾張に向かうところで、東国への出征の際にも立ち寄った「尾津の崎なる一つ松」まで戻ってくる。

……一つ松　人にありせば　太刀佩《は》けましを
衣著せましを　一つ松　あせを

と歌う(2)。

一つ松に太刀を捧げて東国へ向かったとあるのは、ぬさ（幣）であったと考えている。命《みこと》が戻ってきたとき、まだそこにあった。旅に出る際、ぬさを用意し神を拝する場所でたむける。菅原道真の「このたびはぬさもとりあえずたむけ山　もみじのにしき神のまにまに」に謳われた幣である。

東北地方ではサンナイという場所が残っていることがある。たむけの場所で見晴らしがよい。また、田麦という地名が山形県月山麓にある。たむぎはたむけの場所であろうと考えられている。旅する者が、神の居ます山に向かってたむける物は、刀や鏡、貨幣、食物、そして布などであったと考えられる。岐阜県と長野県境の神坂《みさか》峠はたむけの場所であった。峠や嶺の鞍部はたむけの場所となる。見晴らしが良く神を臨む所だからである。この神坂峠遺跡から出土した遺物には、刀子、鏡、貨幣がある。古の時代、旅には必ず幣の代用品となる模造物を持参したことが分かる。(3)

倭建命の一つ松には、太刀を捧げ、ぬさを被せる以外に、人であれば布を着せると歌っている。松に布を掛けるというのは松を人に見立て、神に捧げる衣を供えることを意味する。羽衣伝説の「衣を干す松」につながる。これは、ぬさの信仰と働きの意義を刀と衣で二重に述べて興味をそそられる。

伊邪那伎《いざなぎ》大神が阿波岐原《あわきはら》に到って禊ぎ祓いを行う。御杖、御帯、御裳、御衣《けし》、御褌《はかま》、御冠、手纏《たまき》(左手)、手纏(右手)という身につけた衣裳や装身具を投げ捨てると、そこから神が誕生する。それぞれの過程で誕生してくる神は、衝立船戸《つきたつふなど》神、道之長乳歯《みちのながちは》神、時量師《ときはかし》神、話豆良比能宇斯能《わずらいのうしの》神、道俣《ちまた》神等である。杖は道の角に立てる。「ここから来るな」の謂いで道を塞ぐ神。帯は長道を司る岩の神。衣《みけし》は煩いの神であり、解釈に苦しむ。「衣が身にまとわりついて厄介な感じ」であるとか、「長大な袍」と解釈する向きもある。(4) しかし、身につけていたものから出てきた神々が、多くは物で表され、これに憑いた神と考えられるのに対し、衣の煩いの神はここだけが精神的で異質である。「人に苦悩を与えると信じられている神」である。ここでは衣に精神文化のさきがけを暗喩とした記述が古代からあったという事実だけに止めておく。

陸奥半島恐山は死後の霊が集まる場所である。渺々《びょうびょう》とした光景の続く宇曾利湖に向かって故人の着物を羽織った地蔵様が風車と並んで立つ。この着物はたむけの着物であったろう。宇曾利湖の対岸が浄土である。そして、一〇年ぶりに訪れた恐山で、立木に綺麗な布きれと草鞋を結びつけている風景に出合った(図6)。

この布こそ幣《ぬさ》ではないのか。倭建命《やまとたけるのみこと》が松に掛けた衣である。中国、唐代『酉陽雑俎《ゆうようざっそ》』の喪礼としての死者の後幅衣と重なる。また、シベリアのブリヤートが水や森の精霊に手向ける布片（二二三頁図43参照）とも重なる。

折口信夫[5]は、聖徳太子が死んだ飢人《きにん》に着物を脱ぎかけて通られた話をもとに、袖もぎ神の信仰にまで言及する。

図６　恐山の死者にたむけた幣.

> 山野に死んだ屍は、そのままうち棄てて置くのであろうが……歌を謡うて慰めた事だけはわかる……太子と同じ方法で着物を蔽うて通り、形成化しては、袖を与へるだけに止めて置いた事もあろうと思う。ぬさは著物を供へる形の固定したものであろう。著物が袖だけになり、更に布になり、布のきれはしになると言う風に替わって、段々ぬさ袋の内容は簡単になって行ったものと思われる。

布きれが故人の身につけていたものであれば、供養には最上のものである。自身の身につけていた衣服が幣に使われれば、彼岸の祖霊と響き合う。

図7　西馬音内の端縫い衣裳.

　秋田県羽後町西馬音内《にしもない》の盆踊りには祖霊を強く意識した布きれが集まって着物になっている。「端縫《はぬ》い衣裳」と呼ばれる（図7）。深く被った編み笠は鳥追い風で、帯は渋めで結びは御殿女中風。端布は故人となった家族のものが継ぎ合わされて出来ていて、図柄や配色に各家の婦人方が工夫を凝らしている。ハギ衣裳とも呼ばれるように、百年以上も絹布を継ぎ接《は》ぎしては衣裳に作ってきた家もある。祖母から母へ、娘へと伝えられていく衣裳を着て盆踊りに参加していく心根には、この衣裳そのものが幣となって先祖を供養するものであったからだと考える。しかも、盆踊りが現在は国指定重要無形民俗文化財となっている関係上、着物そのものが人に披露するものという意識で継ぎ接ぎされ、美観を売り物にするように変化してきていることが分かる。本来は文字通り継ぎ接ぎの着物であったろう。

　祭の日に通りを歩いていると、見事な端縫い衣裳を軒先に飾っている家に出合う。これが彼岸で神となる肉親へ供える幣《ぬさ》の本来の姿なのであった。とはいえ、かつては、ボロ布を接《は》ぎ合わせるもので足りたはずではないか。祖霊を慰め、鎮魂を旨とする着物も、観光化した八月一七日の盆踊りには、煌びやか過ぎる印象があった。

本来、布切れであっても、端布であっても、着用した人や肉親にとってはその人の成り代わりと考えられた。白鳥処女説話でブリヤートの白鳥女房を第Ⅰ部第一章で論じたが、天上を訪ねて自身の存在を証明するために布切れが使われている。三つの難問を解くことが出来たのはこの布によって天上の神と交渉が出来たからであった。格子縞の絹の布であると書いてあるが、縞模様は作り手の技術によってそのまま独自色が出る。イギリスの羊毛の縞模様も、もとはどこで作られたものかすぐに分かるものであったという。大陸でも布は出自を示す証明書なのであった。

アムール川流域のナナイの集落を訪ねたとき、この地の伝統の着物の写真をみてもらったことがある。トロイツコエ村の老婦人は写真の中の刺繍をみて、これはどこの集落のものか、たちどころに明らかにして教示してくれた。刺繍の仕方や紋様が集落ごとに違うのであるという。かつては、各氏族によって違っていたものであったろう。

わが国でも縞模様がそれぞれの家系に伝わっている沖縄や南島の例がある。模様はそれぞれの氏につながる大切な意匠であった。

2 袖

幣をその地の神にたむけるという行為は、自身の出自をその地の神に委ねることを意味し、その場所で災いに遭わないために裁可を求めることとなる。身に降りかかる災難を逃れようとして幣の代わりに袖を差し出すことになっていった伝統が日本にはある。

全国に袖取りの神がいた。千葉県成田市の袖切坂。神奈川県二宮町袖切地蔵。静岡県浜松市袖切橋。岡山県高梁市備中町袖切り地蔵。この場所で転ぶと祟りに遭うといわれ、ちぎった袖を供えた。岡山県勝田郡袖もぎ地蔵。兵庫県佐用郡では薬師の辻堂で転ぶと、片袖をちぎらないと死ぬといわれている。兵庫県姫路市にも石棺に袖もぎ地蔵が彫られているという。姫路市別所町福井にも、弁慶と娘との恋物語にまつわる袖もぎ地蔵の伝説があるという。高知県土佐一宮の仁王門近くの路上に袖掛松がある。この傍らで転倒すると着衣の片袖をもいで掛けることからその名がある。奈良県五條市西吉野町西新子の袖もぎ坂も同じ言い伝えを持つ。愛知県宝飯郡豊川町三明寺の袖きりにも同じ言い伝えがある。香川県三豊市の袖もじきは、通りかかるときに木の枝を折ってたむけるという。本来の姿は木の枝でも花でもよいから、たむけることであった。全国にあるたむけの地名は田麦や田向などの言葉で残され、花を手向けたと考えられる「はなだて」地名が花立として残る。

山の神の手向けとして袖を裁った事もあったのは「たむけにはつづりの袖も截るべきに」と言う

素性法師の歌（古今集）からでも知られる。……こうした精霊が自分から衣や袖を欲して請求するものと考えられるようになってくる。これが袖もぎ神である。(6)

このように折口信夫は解明してくれる。一切れの布が、出自を示す証明書であると同時に、袖は人の魂のありかとして包み込まれたものであった。羽衣伝説や天人女房が絵に描かれる場合、多くは一枚の大きな布として羽衣が描かれていて、私たちの頭には長い織りたての反物のような羽衣の姿が刷り込まれているが、本来は魂や精霊の宿りが可能な独立した袋状のものであった可能性がある。

女性の晴着、振り袖は鳥の翼を真似たものだったのではないか、と私は考えるのである。伊邪那伎《いざなぎ》の禊ぎの祓えで述べた煩いの神も袋にあってこそ煩いであって、一枚のさらさらした布ではなかったろうと考えるのである。

『万葉集』では、袖が頻出する。袖を、着用しているその人そのもの、その人の魂と考える。六四三番に離れていく人に対する歌がある。

白栲の　袖別るべき　日を近み　心にむせひ　音のみし　泣かゆ

かと思えば、五一〇番のように、妻を恋する歌がある。

白栲の　袖解き交へて　帰り来む　月日を数《よ》みて　行きてこましを

「袖交わす」は、男女が袖を敷き交わして寝ることを意味し、一体となることが暗示されている。「袖を濡らす」のは涙を流して泣く悲しみの表現であり、「袖を振る」のは、魂を鎮める呪術的な行為で、別れに際して袖を振るのは旅の安全を祈る行為となった。袖に人の心象風景を集約したのが、万葉人であった。

あんぎんという袖なしの衣服が信越境の秋山郷にあった。江戸時代の終わり頃まで地方の寒村では着用されていた。貧しい庶民は袖のついたものなど着用できなかったのではなかろうか。一遍上人があんぎんを着ていたことは『一遍上人絵伝』で著名であるが、貧しい遊行僧の身なりに袖は着いていなかった。

歴史的には、袖なし、筒袖、鉄砲袖、振り袖と多くの形態があり、さまざまな人によってその場に合う着衣として袖も意匠の一つであった。袖をつけるということには機能性と何らかの精神性が作用していると考えた方がよい。袖を持つ着物は袖なし着衣から一段階異なる何かがあった。

中世ヨーロッパの騎士は愛する女性から袖を受け取り、これを武具につけて戦場を駆けたという。肌につけていた薄い布にも霊力を見出していたという。筒袖が軍旗とともに掲げられたのも、東西で共通する思惟を感じる。袖は目に見えない大きな力を備えた部分であった。

3 謡曲『善知鳥』

謡曲『善知鳥《うとう》』に袖をもぐ話がある。

越中立山で老人が僧を呼び止め、自分は去年の秋に死んだので形見を妻子に届けて欲しいと頼み、証拠に臨終まで着ていた衣の片袖を僧に渡して消える。僧が託された片袖を猟師の妻に渡すと、残された衣と合う。僧の読経に引かれて猟師の亡霊が現れる。生前の殺生を思い返し善知鳥を捕る姿を見せると、今は地獄で化鳥となった善知鳥に苦しめられ、助け給えとの声を残して消え去る。(7)

能で演じられるようになる以前に、さまざまの伝承が伝わっていたらしく、『続日本紀』の坂本朝臣宇頭麿の宇頭《うず》が烏頭となり、善知鳥《うとう》になったとも言われている。

善知鳥大納言安方という貴人が西に流されたわが子と別れ、津軽（青森県）の外ヶ浜に配流となる。この地で北から外ヶ浜に飛んでくる善知鳥を捕らえるとき、猟師はウトウと呼びかけるとヤスカタ（安方）と応えて、すぐに人の手に落ちる姿があった。これをわが身になぞらえた。このように一般に膾炙《かいしゃ》されているように思われる。しかし、伝聞は多義にわたり、安方は遠流の身でこの地を立派に治めて都に帰ることを夢見て、宗像《むなかた》大明神を善知鳥神社に勧請した。このように善知鳥神社との関わりで述べられているものが多い。昭和一二年に創刊された郷土史『うとう』には、坂上田村麿、阿部之比羅夫、安東氏といった伝説と関わりのある記録を検証している。しかし、謡曲の元の話と画定できるものは一つとしてない。

つまり、自分が今居る地獄の責め苦から妻子が逃れられるように、猟師が片袖を取って殺生を控えるように伝える話は、謡曲として完成させるために脚色したものなのである。

能舞台でみているものが胸を突かれるのは、善知鳥という鳥が、必ず親子での呼びかけに応える姿と、それを利用して殺生した猟師が、今度は自分が善知鳥にかわって殺生の罪を妻子に伝えようとする、輻輳した家族愛の姿である。

片袖は僧に預けられ、外ヶ浜の妻子に伝える最高の舞台装置なのである。

佐渡におとわ池の伝説がある。「金北山近くまで蕨《わらび》採りに行ったおとわが月の障りで汚した腰巻を池で洗う。池の主の大蛇がおとわと夫婦になるために言い寄る。おとわはその場から逃れるために申し出を受ける。大蛇は白い馬に乗っておとわを迎えに来る。おとわは鏡と亀甲の櫛、帷子《かたびら》の袖を形見に残して池に飛び込む……」。ここでも形見としての袖が語られる。

おそらく、古人の故人を偲ぶ形には、衣服や袖、布を形見として保持することがあっただろうし、これらの布が親子関係を示す重大な証拠であったはずである。家族が着る着衣は、すべてを母や娘が作るのが普通であった。織り方、縞模様はこれを織った母や娘が一番よく理解したはずである。衣は家族の絆さえ示す貴重な証拠品であった。

4　アンデルセン「白鳥の王子」

アンデルセンの童話は当時北ヨーロッパで語られていた民間伝承が元になっている。事実、「白鳥の王子」にはグリム兄弟が記録した同名の話もあり、原作者等についてははっきりしない。

アンデルセンの「白鳥の王子」は別名「野の白鳥」とされ、グリム童話の「六羽の白鳥」の翻刻である。一方、グリム童話にある「白鳥の王子」はアンデルセンのものとは異なる。

アンデルセンの童話は日本人にはなじみ深く、小学校教育で取り扱われることが多かったため、紙芝居やビデオでも学習している。アンデルセンの「白鳥の王子」の粗筋を記す。

北のある王国に、一一人の王子とエリサという王女が国王・王妃と幸せに暮らしていた。ある日、王妃が亡くなり、国王は再婚する。継母である新しい王妃は、王子やエリサをいじめ、王子達を白鳥に変えて追い出し、エリサを農家の養女にやってしまう。

エリサは農家で暮らした後、成人すると王宮に戻る。成長したエリサの美しさに驚いた王妃は嫉妬と不安に駆られ、エリサをガマガエルの溢れる風呂に入れ、髪を乱させ、醜い姿に変えてしまう。みじめなエリサの様子に王は失望し、エリサを王宮から追い出してしまう。

草原をさまようエリサに女神は同情し、彼女に慈悲を施す。美しい湖で沐浴をしたエリサはまた美しい姿を取り戻す。その後も森や草原をさまようが、ある日海岸で一一羽の白鳥を見つける。それこそ、いなくなった一一人の王子だった。王子は、朝日が昇ると同時に白鳥の姿に変わり、日が沈むと元の王子に戻るという呪いをかけられていた。エリサは一緒に呪いを解こうとする。

エリサが毎日、神様にお祈りしていると女神が現れ、呪いを解く方法は、いら草で着物を編み、王子に着せることであると教える。そして誰とも話をしないこと、話をすると、王子が死んでしまうことを教えられる。

ところがある日、狩りをしていたある国の若い王様がエリサを見初《みそ》めお城へ連れて帰り、そのまま結婚する。悪い僧正が若い王様に「お妃は魔女だ」と唆《そそのか》す。しばらくして、エリサは着物を編んでいるうちにいら草がなくなり、唯一、いら草が生えている魔女の墓へお守りを付けて単身出かける。エリサは、お守りを付けているため魔女が近づくことが出来ず平気にしている。この様子を見た悪い僧正と若い王様はエリサを捕らえて火あぶりの刑を言い渡す。

牢屋に入れられたエリサはいら草で着物を編み続けた。とうとう、死刑の日がやってきて馬車に乗せられ着物を編んでいると民衆から石を投げつけられたり、暴言を吐かれるなどするが、白鳥がそれを庇い、一一枚目の着物が出来上がる。空に向けて着物を投げる。白鳥は王子に変わり、呪いを解くことができた。今までのいきさつを若い王様や民衆に話し、エリサは若い王様と一緒に幸せに暮らした。(8)

アンデルセンが構想を得たのは、グリム兄弟が「六羽の白鳥」としてまとめた伝承であったとされる。「六人の兄と一人の妹がいた。継母が彼らを嫌い、魔術を使って六人の兄を白鳥に変える。末の妹が、六年間まったく口をきかず、えぞ菊の花を縫い合わせて六枚の襦袢《じゅばん》を作り、兄たちに着せてもとの人間にもどす」。

いら草の着物といい、えぞ菊の花を縫い合わせた襦袢といい、着せる衣に何らかの意味があるのは明らかである。

アンデルセンがいら草（刺草）の着物として物語を紡いだのは、この草の繊維を取るためには、アレルギー症状を引き起こす化学物質が外皮の棘から分泌され、外皮（鬼皮）を剝《む》いて内皮から白い繊維を取り出すという、大変手間のかかる仕事が、極めて辛いものであったことを暗喩としたのであろう。いら草の語源となっているイライラは棘に当たるとむず痒くなり、イライラすることを指す。エリサがこの繊維で着衣を作るのに最も困難であったのは外皮を剝《む》いて内皮を剝《は》ぐまでの工程である。この植物は北方民族の大切な繊維で、綿や絹がない高緯度の北方地域では、秋に植物が枯れると、茎を採ってきて水に漬け、外皮を一つ一つ腐らせて剝いていく作業が必要になる。内皮の出た白い茎をまとめる。今度はこの内皮を一本一本剝いていくのである。金引きという鉄の道具がなければ、爪でこの内皮を剝ぐことになるが、厖大な時間がかかる。

日本でもいら草の採取から一反の布を織り出すのにかかる時間は一人前の手馴れた女性で一冬かかると言われた。冬の作業と仮定すれば一一枚の布を織るには一一年かかる計算である。それほど大変な作業を一人の乙女に任せる。これは白鳥処女説話の構成後半部、難題の克服に相当する。

編み上がった着物を被せるというのは、わが国の幣《ぬさ》に相当する。幣は捧げる人の人格を象徴しながら、それが相手にとっては最上の貢ぎ物を意味したことは述べた。

白鳥が着て人間に替わる布とは、エリサの家族としての想いのこもった、絆を意味するものであった。

グリム「六羽の白鳥」も同じ解釈が出来る。六年間口を利かずにつくり続ける襦袢《じゅばん》は、言霊のこもった布であり、一年で一枚というのは一人の着衣を作るのに一年かかることを意味している。わが国の村々でも、かつては一年で一枚ずつ新調していく衣服の伝統があった。衣を新調するということはそれほど手間のかかる、心のこもった作業なのであった。口を利かないというのは作っている娘の想いがすべて布に込められ、言霊となっていることを意味する。

衣服には作り手の魂がこもっているのである。いずれにしても、布や衣服を被せることで白鳥が人になる（逆に、白鳥が衣を脱いで人になると同義）。このことは白鳥が日本武尊《やまとたけるのみこと》（倭建命）の魂の姿と同じ思惟を含んでいることを示している。遠くユーラシア大陸の西の端と東の極まった島国で同じ意味づけの出来る白鳥の姿は、布を媒介にしていた。片や羽衣、片や編み布。

5　グリム「白鳥の王子」

ひとりの女の子が森の中を散歩していると、一羽の美しい白鳥がやって来る。白鳥は空の国の王子で、悪い魔法使いにだまされて、白鳥にされている。そして、羽にむすんである糸玉をほどいてほしいと、頼む。女の子が糸玉をほどいてやると、白鳥の王子は喜んで、お礼に空の国へ連れて行く。女の子と空の城で暮らすために、ほどいた糸玉につかまらせて白鳥の王子は飛びたつ。女の子が糸のはしをにぎると、フワリと体がうきあがり、白鳥の王子といっしょに空へ飛び立つ。

ところが、途中で糸が切れて、女の子は森の中へ落ちてしまう。女の子はさけんだが、白鳥の王子は気づかず、そのまま空の城へ飛んでいってしまう。ひとりぼっちになった女の子が泣きながら森の中をさまよっていると、おばあさんが現われる。女の子がわけを話すと、おばあさんが、「金の糸くり車」と「ブタのあぶら肉」をくれる。女の子はそれを大切に持って、また歩きだす。

しばらく行くと、道のまん中にドラゴンがたおれている。女の子が聞くと、おなかがすいて動けないという。女の子がブタのあぶら肉をやる。そのかわり、空の国の城へ連れていくことを頼む。

ドラゴンは女の子からもらったブタのあぶら肉を食べて元気を取りもどすと、女の子を背中に乗せて空にまいあがり、女の子は、空の国の城につく。

門の前にはおおぜいの門番がいて、女の子がたのんでも、城の中に入れてくれない。女の子はしかたなしに、森のおばあさんにもらった金の糸くり車で、糸をつむぎはじめる。すると、それを見た城の召使いが、女の子に「それをくれたら、城の中へ入れてあげる」と言う。女の子は召し使いに金の糸くり車をやって、城の中に入る。

女の子が王子の部屋に行くと、王子はベッドで眠っていた。女の子は王子を起こそうとしたが、王子は死んだように眠っている。召使いがやってきて、「王子は悪い魔法使いに眠り薬を飲まされて、眠っている」と告げられる。女の子は、王子のまくらもとにあった眠り薬を、目の覚める薬と取りかえて、王子のベッドにかくれる。

夜、王子の部屋に悪い魔法使いが現れ、自分が王になるために再び薬を飲ませる。注ぎ込んだのは、女の子が取り替えておいた目の覚める薬だった。

王子は、目を覚まし、ベッドの下にかくれていた女の子が飛び出して、魔法使いの悪だくみをあばき、悪い魔法使いをつかまえる。

女の子は王子の嫁となり、幸せにくらした(9)。

白鳥処女説話の後半部の語りである難題の克服で、天上の国を訪ねながら難題を解決して幸せになる語りが強調された話である。この話は白鳥処女説話に現れる多くの要素を含んでいる。

王子が糸玉のために天に帰れなくなり、娘と夫婦になることで解決しようとする。そして、ここでも布を作るための糸玉が登場する。白鳥は王子で、彼の袖を糸玉で綴じていたというのは、袖に対する深い隠喩を連想させる。

一二世紀から一三世紀フランスの文学作品に「袖を縫う」という表現が頻出するという。服飾学の徳井淑子は次のように指摘して東洋の島国とヨーロッパ大陸での近似の精神性を私たちに提示している。

袖は既に身頃に付いていて手首から肘の間を腕に密着するように針で縫っている。ボタンの普及は十四世紀であり、着装には腕を通してからここを縫い、これを解いて脱ぐという習慣だったのである。(10)

糸玉が翼に絡《から》んでもがく白鳥は袖を縫われた状態にある。そして、袖は恋情のシンボルであり、騎士は恋人から贈られた袖を武器や武具につけて実戦を戦うということがあったという。そして、戦場にはためく軍旗や幟《のぼり》に混じって、袖が風になびいていたという。一二世紀の筒袖が全盛の時代のことである。グリム童話の袖が縫われた白鳥の王子は、愛する人によって袖を外して貰い、これによって自らの勇気を奮い立たせる場面を描いたものである。

この糸が、身頃と袖を一体とする役割を果たし、袖を縫って霊力を包む。糸は白鳥処女説話でも重大な役割を担っていた。

糸を伝わって天上の国を訪問する話はやはり数多く報告されている。ブリヤートの白鳥女房（第Ⅰ部

第一章）にも出てくる。

布の構成要素である糸に対する意味づけもここにはある。白鳥の王子を縛っていた糸玉は布を一つの袋（袖）に構成する道具である。布をきちんと被せられれば王子は人に戻れたのかもしれない。

つまり、「白鳥の王子」や「六羽の白鳥」が共通して示す暗喩は、繊維とそこから作られる布が霊代《たましろ》としての白鳥をくるんだり糸で絡《から》めたりすることで人になるということである。

人の魂は白鳥であると考えられ、これを包む事の出来るものは、辛く長い時間をかけて出来上がる植物の糸から織られる布であった。そして、この布こそが母や娘が辛酸を舐めながら苦労して作るもので家族の絆を意味するものとなる。伊邪那伎《いざなぎ》の禊ぎの祓えにある衣が煩いの神となるのは、白布の製作の過程をも織り込んだ意味が追加されているものかも知れない。

白鳥のように白く輝く姿を示す布は、いら草の繊維を織って作る最も難しいものであり、雪に晒して白くするなどの多くの工程を経て、輝くような美しさを備える。白鳥の白は、人が作りうる至上の美白以上のものであったのだ。

白鳥処女説話から受ける啓示は、一つには衣に関する意味づけであり、また一つにはそれを創造する家族（母と娘）の絆であった。

中国はかつて朝貢貿易を義務づけ、領土を拡大していった歴史がある。北方少数民族に絹の着物を届け、毎年黒貂の毛皮などの朝貢を義務づけた。地域の支配者には日本で蝦夷錦と呼ばれる、中央に皇帝の標《しるし》である五つ爪の龍から爪一本減らした四つ爪の龍を大きくあしらった刺繡の入る晴着を贈る。これが地方を治める権力者の象徴として使われていくようになる。同様の龍の紋様をあしらった晴着は敦煌の博物館にもあった。この標は地方有力者が皇帝に従う恭順の意を示す事で与えられた権力末端の標でもあった。

特別な着衣はその所属を意味し、出自を語った。特別でなくても、ふだん着ているものでさえ、その人の人格と同一視されたり、出身を知らせるものであったりした。布を織るということは、日本でも、大陸でも、女性のたゆまない仕事の一つとされており、繊維を取る事から始めて、布を織り、仕立てて着衣とするには、一年で一着作れればよしとする伝統があった。つまり、一年で一人の着衣しか更新できない時代が何万年も続いていたと私は考えているのである。布とはそれほど貴重なものであり、この布を織る女性は天（神）に近い存在と考えても何ら不思議ではなかった。

着ているものを見ればどこの人間か分かるというのは、作った女性が誰か、どこで作られたのか、知っていたということである。

白鳥は人の霊代《たましろ》とされたが、布を織る女性は、霊代と人を顕現させる事の出来る交渉人でもあった。日本には「鶴女房」という民話もある。ここでは鶴が機を織る。鳥が機を織るのは、霊代を鳥と考える世界的な思惟の表れであり、織られた衣が人を作った。衣を織るのはいずれも女性である。女性しか人を誕生させられない心理の発露でもあった。いわば、全人類は鳥（女）のお陰で人とさせて貰ったという思惟が、深層に流れているように考えられるのである。

白鳥にビロウドを重ねたり、いら草の白い繊維を重ねる話を検討してきたが、布や着衣の伝承がここに集積したのは、この鳥の極めて美しい外観であったことは強調できる。

6　機織り姫

グリム童話以前にも糸によって縛られる魂の語りが登場している。繊維を束ねた紐、それを織る機《はた》が女性と深く関わっているのは古くギリシャ神話にも記されている(11)。

コロボーンの町にアラクネーという少女がいた。機織りが好きなところから父親は毛糸を紫色に染めて彼女に与えていた。少女の技の巧みさはイオニア中にも並ぶものがないくらいになった。細い指先に針をひらめかせ色々な物を刺繡していくなど眺めるものを感心させずにおかなかった。アテーナー女神が自ら技を伝えたものと皆が思った。

しかし、娘は自分の技は女神と技比べしても負けないと語る。娘の大言を聴いてアテーナーが姿を現し、機織りの競技が始まった。アテーナーの機には神々の物語が織られた。一方のアラクネーの機にはレーダーが白鳥の翼に抱きすくめられるゼウスの情事など、好色な神を嗤《わら》う図柄が描かれた。

甲乙つけがたく、娘の布の方が見事とさえ思われた。アテーナーは胸の怒りが抑えられず、刺繡されたアラクネーの布をブナの木の筬《おさ》で真っ二つにし、アラクネーの頭にも振り下ろした。娘は女神の怒りが収まらないのを見て自ら首をくくった。

哀れに思った女神は命だけは助けることにし、魔法の草の汁をかけて再生した。娘は手足が八本の蜘蛛となり、今も機織りの名残を繰り返している。

この物語のように、布を織る仕事は女神の統《す》べるものとして位置づけられていた。アテーナー女神は嫉妬の神ではないにもかかわらず小娘の技を正当に評価することなく逆上する。娘のアラクネーも神の領分である機織りという生業では女神に連なる僕《しもべ》としての自覚に欠けたのである。アテーナー女神が登場したとき、ニンフたちが跪《ひざまず》いているところでさえ、自分の技の自信から女神をぞんざいに扱うという態度に終始した。機織りの女子は聖処女で、女神の僕でなければならなかったのである。しかも、ゼウスがレーダーの元に通う白鳥の図柄は白鳥処女説話の暗喩であり、水辺の機織り姫とつながる。

ギリシャから遠く離れたこの島国でも機織り姫とは神女を意味した。折口信夫は「水の女」の中で、次のように語る。(12)

大河の枝川や、沼・湖の入り込んだ処などを撰んでゆかはだな（湯河板擧）を作って、神の嫁となる処女を村の神女の中から選り出された兄処女《えおとめ》が、此たな作りの建物に住んで、神のおとずれを待って居る。

そして、こうも語る。

皇女・女王は古くは、皆神女の聖職を持って居られた。……神女として手づから機織る殿に、おとづれるまれびとの姿が伝えられている。機を神殿の物として、天を言うのである。言いかえれば、処女の機屋に居てはたらくのは、夫なるまれびとを待っている……。

機織りの女性が聖処女であり、清らかな心を持って神に仕えた伝統は、今も、機織りの女性を織り姫と呼び習わしていることからも伝わってくる。

水辺に建てた機織りの小屋で待っていた処女は夫となるマレビトが天から遣わされた神であったことを知っていた。このような背景を斟酌すると、白鳥処女説話の大本に、白鳥は織り姫としてマレビトを待つ神女であったという思惟が流れていることが分かる。白鳥処女説話とはこのように解釈していくことで背景の説明となる。

そして、織られる布はおそらく、いら草から採りだした麻が最も古くから想定される羽衣であった。綿や毛織物、絹はその美しく輝く白色の布ができてから後に羽衣となっていくのである。ビロウド（ベルベット）は最後につけ加えられた絹布であろう。

青森県小湊の雷電神社では白鳥が使姫といわれている（九九頁参照）。神の使いの姫とは布を織る神の女と考えられるのである。白鳥が織る布とは聖処女を表す純白なものでなければならなかった。

7　機織りと水神

機織りと水という設定では日本昔話の瓜子姫にも触れなければならない。

瓜子姫の仕事について柳田國男は次のように述べて折口信夫の考えを追認する。「織物の工業が宗教上の任務でもあった。神を祭るには清浄なる飲食を調理するを要件とした如く、優秀なる美女を忌みこもらしめて、多くの日を費やして神の衣を織らしめた(13)」。

瓜子姫は棚機女《たなばたつめ》として描かれる。機織が得意で、いつも織っているという語りが必ずついている。そして、マレビトとして訪れるのがアマノジャク(天邪鬼《あまのじゃく》)である。本来であれば訪れるのは夫となる神であるはずなのだが。この語りは日本昔話によくある零落した神の成れの果てとしてアマノジャクを創り上げたと私は考えている。だから、瓜子姫は白鳥処女説話の最も変形した成れの果てであると、考えることができるのである。

日本中に分布する瓜子姫の粗筋は次のようになっている。

爺は山へ柴刈りに婆は川へ洗濯に行く。川上から流れてきた瓜を婆が拾い家の戸棚に入れる。爺が帰ってきたので瓜を割ろうとすると美しい女の子が生まれる。瓜子姫は機織りを好み、毎日機を織っている。爺婆の留守中にアマノジャクが来て、柿を採りに行こうと誘う。瓜子姫が戸を開けないでいると、爪、指、手が入るほどと少しずつ広げさせ、家に入り込む。姫を連れ出したアマノジャクは柿の実を採って自分ばかり食う。姫の着物を脱がせて自分のものと取り替え、姫を柿の木にくくりつけ、自分は姫に化けて機を織る。役人が姫を嫁にと貰いに来るが爺婆は気づかずアマノジャクを駕籠に乗せる。駕籠が柿の木の下を通るとき、瓜子姫は木の枝に、という声がして駕籠の中にいるのがアマノジャクであることが分かる。姫は助けられ、アマノジャクは躯を両方から引き裂かれて片方をそば畑に、片方を萱《かや》の茂みに投げ込まれる。これらの植物の根元が赤いのはアマノジャクの血のせいである。

岡山県の異伝では、瓜から生まれた姫の出生を尋ねる。天竺の七夕と応えたという。七夕の織女と瓜は密接なつながりがある。中国の乞巧奠《きっこうでん》を元とする朝鮮半島から日本にかけての七夕行事では、七夕の際に瓜を供えた。この瓜に蜘蛛が一夜で巣を作れば、機織りの腕が上達する兆候と考えた。

天人女房の昔話にも瓜が登場する。天界に去った女房を追って瓜のつるを登って天上の国を訪れる。天の瓜を割ると大水が出て流され、再び別れ別れになる。

瓜は水の袋、水神の依り代であった。水神から遣わされた姫が布を織るという設定は、今まで述べてきた共通の思惟が元にあった。鶴、鵲《かささぎ》、鸛《こうのとり》、白鳥と、水辺の鳥にはいずれも布を織ったり、包んだ赤子を運んだりする重要な仕事があった。

水辺は命の迸《ほとばし》る場所であり、ここから飛び立つ鳥はその命を伝えるメッセンジャーであった。白鳥にしろ鶴にしろ、大きな白い鳥は水によってはぐくまれた命を運ぶ任務が与えられていたのである。水によってはぐくまれたものには布もあった。水辺で聖処女によって織られてきたからである。水辺は聖処女の居場所であった。

8　天の羽衣

幣帛《へいはく》は、祭祀において神に奉献する。幣はぬさである。帛は布である。もとは布が神に捧げる幣《ぬさ》であったことは記した。これが神饌にも使われていくようになる。『延喜式』の祝詞の条に、幣帛の品目として布帛、衣服、武具、神酒、神饌などが記されているのは、布を起源とする貢ぎ物の位置づけを示す。白鳥が水辺で純白の幣帛を織る姫の成り代わりと考えた古人はこの鳥に特別な想いを持って接したことは明らかである。

しかも、織られる布はグリム童話で襦袢《じゅばん》、すなわち直接肌に着けるものとして語られる。謡曲『善知鳥《うとう》』『羽衣』も単衣《ひとえ》の肌着が想定される。「白鳥女房」の糸、グリム童話「白鳥の王子」の糸などは結びの紐の謂いである。ユーラシア大陸の西と東で袖や布をめぐる共通の思惟が浮かび上がる。深層で繋がる共通の想念。

折口信夫は機織りの神女が禊ぎ・湯浴《ゆあ》みの時、湯や水の中で解く物忌みの布を「天の羽衣」という伝承を踏まえて解明する。元は小さな布で、帝が特別な紐の結び方をして、生殖を司る大切なところを守るものであったが、禁欲生活をおくった後に、湯浴みの中で、この布を神女が解き放った(14)。大嘗祭で行われた神となるための儀式でのことであり、女性は娶られる。

天の羽衣から襦袢、腰巻、紐、糸玉と、共通の考えを想定するのは許されよう。

わが国農村部ではサツキ（田植え）の際に処女が稲の苗を取り、これを植えた。女性の繁殖の力を稲に遷《うつ》すためであると言われている。この際、女性の仕事着である田植え着が新調された。つまり、一年で一度だけ新調したのがサツキ時であった。当時を語る老境の処女たちからは、楽しみな出来事であったことを聞いている。この時、襦袢《じゅばん》も新調し、女性も天の羽衣を取り替えていたのである。

大嘗祭で天の羽衣を解くということは、特別な結び方をした紐を解くことができた神女が神の子を宿すことを意味したのである。ともに水浴した神女も布を解くことで水の神に委ねたのは神の子を産む生殖の力であった。

白鳥処女説話の、「羽衣」と「布と家族」の二要素は日本の大嘗祭に見事な統合の姿で現れてきていたのである。

注

(1) 寺島良安『和漢三才図会』(島田勇雄ほか訳注『和漢三才図会』六、平凡社東洋文庫四六六、一九八七年)。
(2) 倉野憲司校注『古事記』(岩波文庫、一九六三年、一二六頁)。
(3) 坂本和俊「峠と坂の祭り」(『季刊考古学』第八七号、雄山閣、二〇〇四年、所収)。
(4) 山上伊豆母『神話の原像』(岩崎美術社、民俗民芸叢書、一九七七年、一二一頁)。
(5) 折口信夫「餓鬼阿弥蘇生譚」(『民族』第一巻二号、一九二〇年)、『折口信夫全集』第二巻(中央公論社、一九七五年、三四六頁)。
(6) 同前『折口信夫全集』第二巻、三四八頁。
(7) 金子直樹『能鑑賞二百一番』(淡交社、二〇〇八年、六七頁)。

(8) ハンス・クリスチャン・アンデルセン『白鳥の王子』(出版ライブ、一九八七年、所収)。
(9) 佐々木多鶴子訳「六羽の白鳥」(『グリム童話集』下、岩波少年文庫、二〇〇七年、所収)。
(10) 徳井淑子『服飾の中世』(勁草書房、一九九五年、一三〇頁)。
(11) 呉茂一訳『ギリシア神話』(新潮社、一九六九年、七四頁)。
(12) 折口信夫「水の女」(『民族』第二巻第六号、一九二七年)、『折口信夫全集』第二巻(中央公論社、一九七五年、一〇四頁)。
(13) 柳田國男「桃太郎の誕生」(『定本柳田國男集』第八巻、筑摩書房、一九六九年、八五頁)。
(14) 前掲注(12)『折口信夫全集』第二巻、所収。

第三章　産土白鳥

白鳥は神より遣わされた姫と考える、青森県小湊の雷電神社を参拝した折り、心懐かしい響きに接した。「白鳥は産土様《うぶすな》です」という。

五月の日射しが温かい日に、宮城県蔵王町にある刈田嶺神社を訪れた。ここは白鳥神社の別称があり、神殿の裏の白鳥古墳に白鳥の絵柄の碑が並んでいる。拝殿には見事な白鳥の大絵馬が取り囲むように懸かっていた。ここでも、「産土白鳥」という言葉に接し驚いた。

同じ日、隣接する村田町の白鳥神社は春祭りの準備で町内の役員が拝殿と境内の大掃除をしていた。蛇藤《じゃふじ》と呼ばれる大藤の前を通って境内に進むと、拝殿から外に出された大絵馬にも白鳥の絵柄がある。拝殿にもある。そして、ご婦人方から「白鳥は産土様」という言葉を聞いた。この神社は巨木が生い茂り、暖地の樫が裏手に、拝殿の右側には幹の中央部が大風で折られた杉の巨木が、空洞の芯をさらして立っていた。この中に白い梟《ふくろう》がいて、この梟を見たものは縁起が良いのだと教えられた。鳥が群れ集う場所は神社でなくても吉兆の場所として人々に伝えられてきたのである。まして多くの珍しい鳥が集う白鳥神社は鳥の産土そのものであった。白石市の刈田嶺神社を中心に、宮城県の脊梁山脈東側の穏やかな白鳥越冬地には、白鳥神社が集中的に分布する。
○仙台市若林区表柴田町、同・青葉区川内、登米市豊里町白鳥山、石巻市桃生町、柴田郡柴田町船岡、同・村田町、同・大河原町金ヶ瀬大高山神社、白石市越河五賀《こすごうごか》、大崎市三本木
なぜ白鳥が産土様なのか。

折口信夫は氏神がその地の根神《ねがみ》で、この上に産土神があって根神より広い地域を神主が管轄していた、という考え方を示している(1)。

産土の語源は谷川健一の「産屋考」が著名である。子供を産むための産小屋があり、この産屋に産婦が入れかわると砂と敷藁を取り替える。この砂をウブスナ（産土）と言った。産土神は産屋の砂から来ているのである。

その地の清い砂を神聖な生命誕生の場所に敷く。母から生まれた子供は、ともにこの砂を踏みしだく成員となる。生まれた子供は地神として氏の後継、産土神に守られて地域社会の後継を担った。

つまり、「白鳥は産土様」という理解には、白鳥は地域社会共同の象徴と諒解された。この思惟は、後に地域社会を国家に広げて統治を図る、広域の産土神で、国家神道の考え方にもつながる。

なぜ白鳥が地域社会の象徴となったのか。毎年飛来する姿がその地域社会共通の出来事であり、ともに暮らしを営む象徴であったからだと私は考えている。事実、青森県小湊は天然記念物になっているほど名の知られた白鳥渡来地であり、宮城県蔵王町・村田町を貫流する白石川や阿武隈川も有名な白鳥渡来地である。

1　白砂の産土

産屋に敷く白砂は海辺の清い砂を用いた。静岡県遠州灘に面した村々では一二月一五日、地の神祭を行う。地の神は屋敷神で、海辺から白砂を持ってきて盛る(2)。

北陸地方から東北日本海側の海辺の村々では船の雛型を山車《だし》に載せて練り歩く祭が分布する。貴船、水神、海神、船霊などを祀る。この巡行には必ず一定の道順が決められてあり、休む場所や神を拝する御旅所では必ず、聖所としての区画を設け、人の自由な出入りを禁じた。この区画を設ける前、海から採取した白砂を盛砂として区画の隅に一対設けた。新潟県磐舟《いわふね》神社の祭礼では、御旅所となる場所それぞれに盛砂を設け、ここには神主とその随行の祭礼を司るものしか入れなかった。村上市瀬波大祭では巡行する道と人の住む小路を区画するため、小路の入口にそれぞれ盛砂を一対設けて御輿の通る神の道を白い盛砂で分けた。

東北地方太平洋側南部沿岸には村の神社から御輿を浜に下ろし潮垢離《しおこり》を取る祭が行われてきた。「浜下りの神事」と通称されている。福島県を中心に一二〇例もの祭の分布と事例研究を実施したのは佐々木長生である。福島県全体の事例を示すことで貴重な事実が解明された。この神事は春（秋）祭に御輿を担いだまま村人が海に入り潮垢離を取るものである。

相馬郡福田の諏訪神社では祭りの前日、御輿の渡御する所には、人の踏み入れない山の清砂を取ってきて道の真ん中に敷く。これを盛砂といった。神の通る道標であるという。

相馬郡駒ヶ嶺の子眉嶺《こびみね》神社は馬娘婚姻譚《ばくろうこんいんたん》の伝承にちなむ神を祀る。浜下りの神事には川砂を盛砂として四隅に置き、ここに注連縄《しめなわ》を張って御輿を休ませた。

萱浜の綿津見神社では神社から御輿は真っ直ぐ浜に下る。先導者はこの道を塩を撒きながら御輿を導く。祭場は砂をならした八竜様の前で行った。

このように、御輿の通る道に清い砂を撒いたところがほとんどであり、塩を撒いて清めることと、海砂を撒いて道を示すことが神事では当たり前のように行われてきていたことがわかる。

宮城県宮崎町の熊野神社の御神体は海から上がった神様で、白砂の上に置いた臼に安置したという伝承がある。浜下りの神事はこの御神体を御輿に載せて下る。毎年の神事が終わると、臼の下の白砂を村人が貰っていき、家の四隅の柱に撒くと火伏せになったという。盛砂が各家の屋敷神にまで力を与えていたことも報告されている。

注目されるのは、各家の当主が御輿の通る前に裏山の清い砂を各自で撒いたり、神社の裏手の清い土を取ってきて撒いたりしたことである。神の留まる産土・ウブスナは砂から土に替わり、海辺の白砂から神社の清い土に変わっていった。決められた神聖な場所の砂や土を取ってきて、この力を撒いて共同体が凝集していく。神の力は砂や土でまとめられていた。清い砂や清い土を表現する時、白砂という言葉に集約された。

白鳥を産土《うぶすな》様とするのは、神の通る道を示す清めと所属を意味する白砂の謂ではない。その地の神の留まる産土を白鳥で象徴したものなのである。

晩秋の暗く垂れ込めた灰色の世界に輝くような白い飛翔体が来る。白鳥は天から来る産土様であった。

2　日本武尊と産土

産土《うぶすな》様と産土《うぶすな》の違いを明確にしておかなければならない。

『古事記』『日本書紀』の記述にもとづって考えてみる。古書の神々は高天原《たかまがはら》の神から始まり、伊邪那岐《いざなぎ》の命《みこと》、伊邪那美命《いざなみのみこと》の二神の婚姻と国造りを経て、大八島国が生成されて創世された。国土の形が出来上がった後、諸々の神々が生成される。海の神、風の神、山の神……と次々誕生していく。

このように、国土の創世期は神自身の生成期でもあった。産土は『日本書紀』六二四年推古天皇の記述「葛城県者元臣之本居也《うぶすな》(3)」が嚆矢とされている。

ここでの「本居」は管轄する神のありかの謂と考えられる。つまり、人が生まれてくる場所には、その地の神があり、誕生した生命はその神のもとに連なるのである。これが産土神であり、生まれてきた地が産土なのである。村の氏神を産土という場所が広くあるが、村共同体の範囲にその地の神が根を下ろし、栄えさせていたという考え方に立てば産土神と氏神は同じものと認識される。

しかし、本来は一定の領域を統《す》べる神が産土・産土神と認識されたことは『日本書紀』の記述や、その後の日本人の産土の認識から明らかなことである。「ウブスナが人の誕生を管理する神の意(4)」と、把握した柳田國男の総括が生きる。折口信夫は沖縄の神々が各家の神・祖先の神から地の神・産土へと広がっていくことを想定したのに対し、柳田國男は人が生まれてくる場所とその神と、その宿命を説いた。

福島県から宮城県を経て岩手県に至る東北地方太平洋側に広く白鳥神社が分布する。ここでは白鳥は産土様と呼ばれる。従来の産土・産土神の考え方では解釈できない。なぜ動物が産土様の名前を冠されたのか。『古事記』『日本書紀』に戻ってみる。どの白鳥神社も日本武尊《やまとたけるのみこと》の伝承を神社の縁起に伝えているからである。

刈田嶺神社の口碑は次のものである。

往古日本武尊がこの地に遠征に訪れた。遠征のあいだ尊はこの地の長者の館に逗留したが側回りの世話をした長者の娘とねんごろになり、一人の男児を授かった。やがて尊は妻子を残して都に帰還していった。尊と娘との間にもうけられた男児は幼くして非凡だった。里人は長ずればこの地を征服するほどになるだろうと恐れ、はかって男児を川に投げ捨てた。ところが男児は白鳥に姿を変えて西方へ飛び去った。その後、里では災いが起きるようになった。里人は神罰が下ったのだと恐れ、白鳥が飛び去った西方の山麓に祠《ほこら》を建て許しを請うた。その後またこの里には平和が訪れるようになった。

一方、『古事記』『日本書紀』にこの地の記述はない。日本武尊がこの地まで遠征で訪れたという説もない。

白鳥神社は全国に広がっており、そのほとんどが日本武尊を祀る。

宮城県蔵王町宮の刈田嶺神社、別称白鳥神社。村田町白鳥神社。柴田町白鳥神社。登米市豊里町白鳥神社。石巻市白鳥神社。山形県長井市總宮神社の縁起に謳う日本武尊。埼玉県長瀞町白鳥神社。千葉県

図8　白鳥神社と羽衣伝説の分布

君津市白鳥神社。川崎市麻生区白鳥神社。長野県東御市白鳥神社。富山市白鳥神社。石川県津幡町白鳥神社。岐阜県郡上市白鳥神社。愛知県東郷町白鳥神社。滋賀県近江市白鳥神社。大阪府羽曳野市白鳥神社。香川県東かがわ市白鳥神社。宮崎県えびの市白鳥神社（図8）。

いずれも『古事記』『日本書紀』の日本武尊《やまとたけるのみこと》が死後白鳥となって飛んでいった伝説にちなみ、尊を祀っている。

この中で、宮城県から岩手県にかけての集中区と、青森県の雷電神社まで含めて東北一〇社が白鳥を産土様と呼んでいる。注意しなければならないのは、尊を白鳥様とか産土様とは呼んでいないことである。これはどう解釈すればよいか。

再び『古事記』に戻ってみる。ここでは、倭建命《やまとたけるのみこと》（日本武尊）が蝦夷を討ち、畿内への帰途、伊吹山でこの地の神の使いに出合う。白猪である。「この白猪に化《な》れるは、その神の使者ぞ」(5)。その神とは伊吹山の山の神である。

多くの神々によって創世された日本列島の中で、山の神ほど各地を統《す》べる神はいない。ここでも伊吹山の山の神として登場するが、これこそが産土神である。伊吹山という一つの領域を任された神だからである。そして、この産土神の使いとなっているのが牛のように大きな白猪である。映画『もののけ姫』のイメージと重なる。

そして、白猪こそが産土様なのだと私には考えられるのである。山の神を具象として形あるものと考えた日本人は聖なる動物によって象徴したことが多くの事例で明らかである。神は姿を現さない。しかし、神の使いは聖化された動物で具象化されて信仰の対象となってきた。神馬、熊、猪、蛇、山犬、狐、猿など、枚挙に暇《いとま》がない。

白猪の「白」は聖化されたという意味であろう。このように事例をひもといていくと、白鳥はその地の産土神の使いとして聖化されたものではないかとする予測が成り立つ。ところが問題は、白鳥神社の集中する地域の産土神とは何かという難問である。日本武尊は産土神ではない。その地を統べる神を求めて刈田嶺神社の縁起をひもといた。

3　白鳥と産土様

「陸奥刈田郡總社白鳥明神縁起記」という、かつては門外不出とされた文書が『蔵王町史』に発表されている[6]。

刈田嶺神社の淵源と変遷を記している。『古事記』『日本書紀』の倭建命《やまとたけるのみこと》（日本武尊）の記述から、命（尊）が刈田郡に来て蝦夷を討ち、都に帰還する途上、死ぬ。体が白鳥となって飛び去り、天を駆けて陸奥に来る。この記述までは『古事記』『日本書紀』を真似ている。この次の記述は、尊の側回りの女性が男子を生む。郷民がこの子を畏《おそ》れ、子を捨てる場面が描かれる。ここで白鳥となって飛び去る場面を尊とだぶらせて描いている。仲哀天皇が白鳥を貢がせたことや、神社を創建させたことが書かれている。

最初の神社は刈田の西山、男児の白鳥が飛び去った場所に建てられ嶺の神社と名づけられる。『延喜式』ではこの神社が刈田嶺神社であるという。この後、西宮の刈田嶺神社は登ることが容易ではないために参詣の人が少なくなっていった。延暦年間陸奥に争乱があり、坂上田村麻呂が鎮めると同時に西宮に尊と子を合わせて祀ったとしている。

尊と男児はここで産土神となった。換言すれば、尊はここで産まれた男児のお陰をもって、この地の産土となれたのである。

記述は安部貞任を討ち、源頼義が争乱を鎮めて刈田白鳥の社を建立したこと、など歴史の出来事を

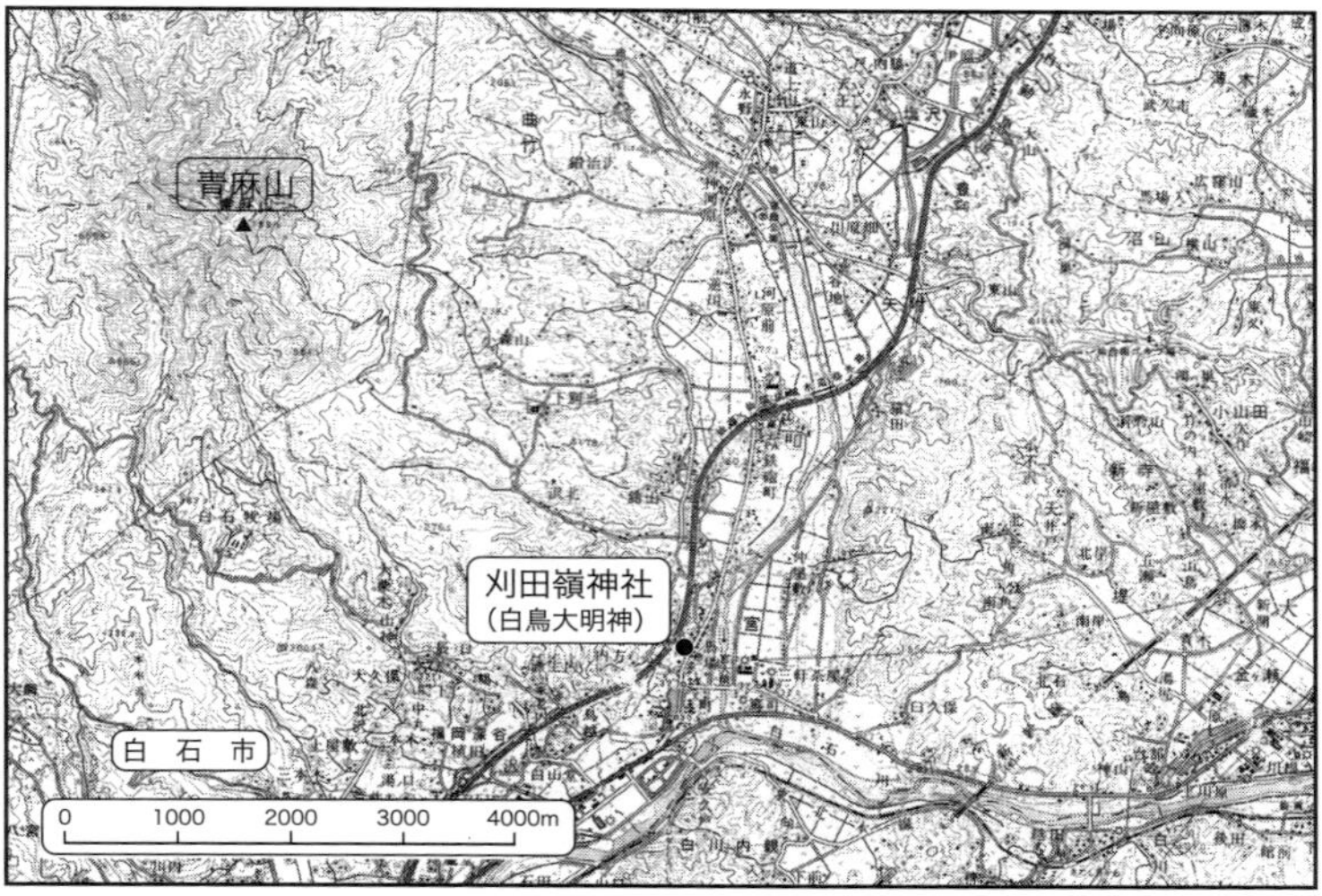

図９　刈田嶺神社（白鳥神社）の立地図（国土地理院発行「白石」）.

淡々と描く。

　慶長五年には伊達政宗が白石を統合し、片倉が産土の地を治める。

　「毎年産衣一領を裁ちして白鳥の社に献ず……村民もまた産衣を奉ず。白鳥の社児の神は宮邑に産するを以て、産衣を奉り子孫の繁栄を祈るなり」。

　産土神社であることをこれほど明確に示すものはない。産衣を白鳥社に奉じることで産土につながる子供たちの成長を祈っているのである。この産土につながる伊達の家臣は、政宗が白鳥を食べさせようとしても、絶対に口をつけなかったと記録している。

　この縁起を書いたのは仙台八幡町真言宗龍宝寺住持、実政であるという。依嘱したのは片倉家三代景長の娘、松で、伊達宗房の正室となった人であるという。後書きに次の記述がある。

　「……片倉景長のむすめにして、刈田白石の地に誕す。白鳥の社はけだし産生《（ママ）》神なり。享保元年」。

図10（右上） 刈田嶺神社（白鳥神社）の白鳥の絵馬.
図11（右下） 同，白鳥の形代.

図12 白鳥古墳の碑.

白鳥は産土神の象徴であり、標《しるし》として扱われたのである。産土神は神社が西の嶺（青麻山）にあった時は郷村を見下ろす立場で民を守り、現在の宮に遷《うつ》された時は、この地の産土神となった。

現地に立ってみると、修験の山、蔵王の手前に青麻山がかぶさる。『延喜式』の西宮は蔵王を凌ぐ眼前の崇拝所であったことがわかる。

青麻山の産土神は、白鳥によって故郷を一つにまとめる働きがあった（もとは青麻山の山の神であろう）。

産土神の象徴が白鳥であれば、産土様とは白鳥を指すようになっていくのは自然な心理であったろう。産土神・産土とはその土地の領域を指し示し、産土神はここを治め鎮める神であったと同時に、この地に産まれた人の所属観や連帯感を一人一人に醸成する神であった。

しかし、神の実態は具象化されなければ分からない。動物などが神の使いとして具象化されたものとして顕現し、産土様と呼ばれて神格を付与された。

白鳥が産土様になったのは神社の縁起を作らせた婦人のような心根を持つ人々の中から白鳥を神の使いと崇める人々も輩出され、共通の心根を象徴としての白鳥に映し出すようになったからであろう。

この地を統《す》べる神は青麻山の山の神であるとの考えが腑に落ちる。白鳥はこの山に飛んでいって産土神の使いとなり、刈田嶺神社の元（西宮）になったのである。蔵王という修験の山の前に立ちはだかってその山の前で秀麗な姿を見せているこの地の山の神が産土神であった。里宮としての現在の刈田嶺神社は、蔵王が見えない場所に移される必要があったし、奥の宮を里宮に遷すときには、奥の宮が最も美しく見える場所を選んだはずである。事実はそのようになっていた。

4　雷電神社の産土神

青森県小湊浅所《あさどころ》は特別天然記念物に指定されている白鳥渡来地である。ここの雷電神社は白鳥を使姫としている。地元では白鳥を産土様と呼ぶ。刈田嶺神社の白鳥信仰と類似しているが、小湊では使姫となっているところに大陸とのつながりを感じさせる。

青森県東津軽郡平内町《ひらないまち》にある平内郷総鎮護雷電宮の参拝の栞、「使姫（白鳥）渡来地」に次の説明書きがある。

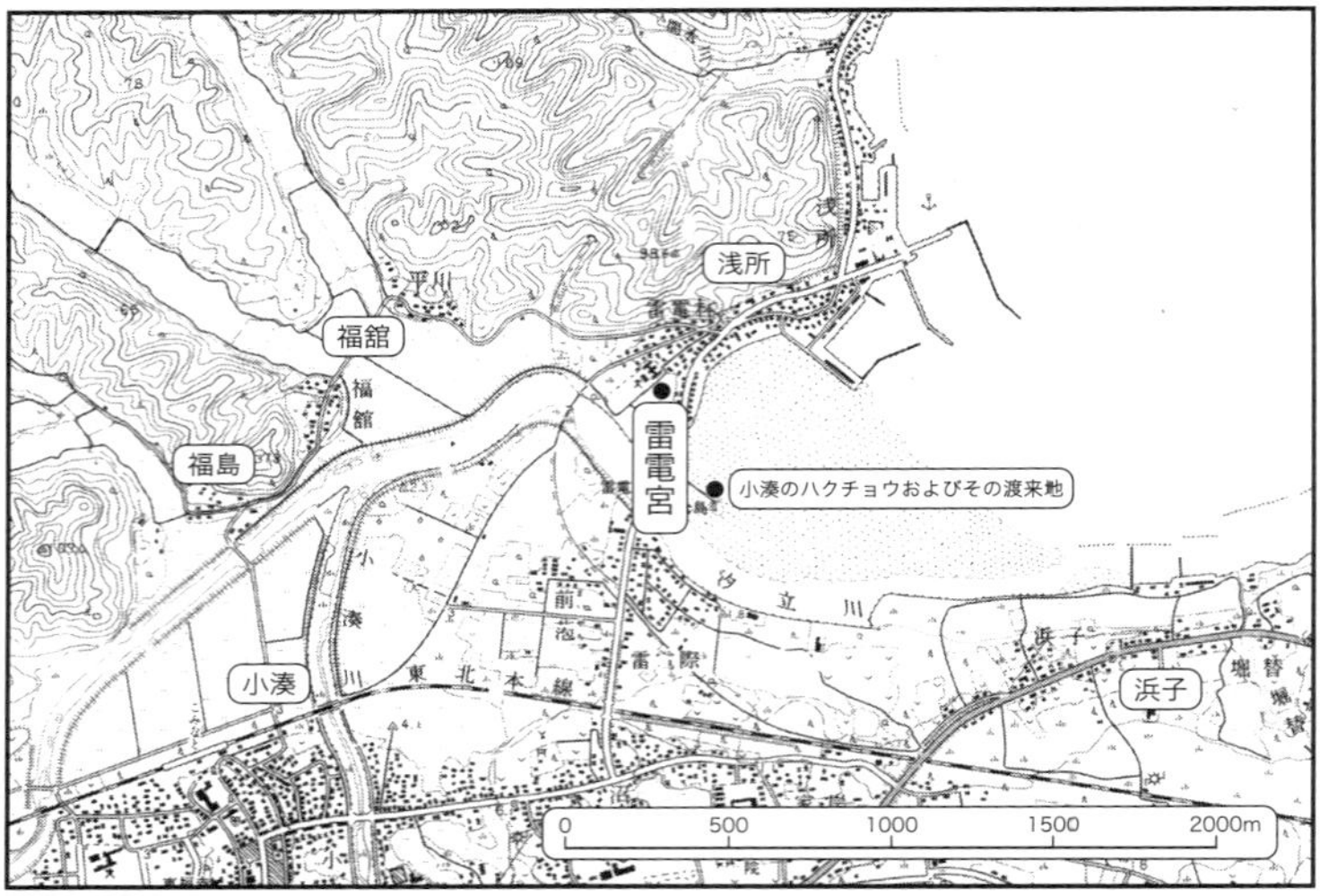

図 13　雷電神社の立地図（国土地理院発行「小湊」）.

古来より松島浮かぶ境内海岸に飛来する白鳥は、雷電宮の使姫として数々の奇瑞を顕し崇められる。天正年間に南部勢押し寄せるの報に、七戸修理戦勝を当社に祈願せし折り数千の白鳥飛来せり。南部勢は津軽の援軍来ると誤見し途中より引き返せしため、城主七戸隼人は難を逃れ以後白鳥を神使と崇めその殺傷を禁ず。以後常に境内に群集し人をも恐れざりき故に郷内の人々その羽毛を以て造りし器具までも用いることを忌む。……

白鳥が南部勢から平内郷を守った産土神であった。神意を顕した白鳥は神使となる。この伝説が元になって今も白鳥を産土神として信仰している。白鳥を産土様と呼ぶゆえんである。御神使《ごしんし》とも言われている。

平内の人々は、白鳥が姿を現すと、「おひさしゆうがす」とか「今年もご無事でなあ、待ってしたじゃあ」と頬被りの手拭いを取って挨拶をするという。白鳥が応えて鳴くと「お使い様が御返事した」と喜ぶという。

戦後、進駐軍の兵士が来て白鳥を撃ったことがあるという。村の総代らが毅然とその兵士に詰め寄り、白鳥を撃ってはならないことを、通じない日本語で相手に理解させたという話も聞いた。

産土神の顕現は、漁師の日和見《ひよりみ》にも登場する。夏泊半島の西側にある小湊では東北から来るヤマセの風が漁では最も注意を要する風であった。冬の漁はヤマセが吹けばできない。早朝の日和を見て漁に出た船が、東の海上で白鳥の飛びたつ姿をみると「おぶすな様が立った」と表現する。ヤマセが急に来ることを意味し、小湊に避難するのである。

白鳥が水田地帯で落ち穂を拾って食べることを吉兆と診て、次の年の豊作を予測した。

このように、平内や小湊に住む人々に善い兆しを教えたり、ここの住民を悪鬼や災難から守ったりすることで産土様と崇められたことは理解できる。産土を守っているのであるから。

図 14　雷電神社の掲額.

図 15　雷電神社の使姫白鳥.

ところが、現地に立ってみると、雷電神社は汐立川河口のヤマセを防ぐ地形で、白鳥が渡来して羽を休める場所の真っ只中に建立されていることが分かる。神社があって白鳥が来るようになったのではなく、白鳥が古来渡来して越冬していた場所であることは、容易に想像できる。つまり、白鳥に対する信仰が先行していることは明白な事実である。そのことは使姫という言葉にも表れていて、貴重である。神社が先にあったのであれば神使で充分ではないか。つまり、白鳥が越冬する穏やかな地を故郷とした人々がいたのである。白鳥を一つの指標にここに郷村を築き、発展させたのが小湊の人々であったと考えている。事実、この地は北風を防ぐ夏泊半島の東側にあり、椿の北限として著名である。白鳥が冬を越す地は冬の穏やかな産土となったのである。

小湊の産土様は白鳥そのものに対する信仰が基層にある。宮城県刈田嶺神社前、白石川の白鳥渡来地も、北風を防ぐ良好な越冬地であり、白鳥とともにこの地を開いた人々の存在が浮かぶ。そして、刈田嶺神社の産土様《うぶすな》・白鳥の古層にもう一つの解明しなければならない課題が見えるのである。

5　なぜ白鳥が産土様になったのか

宮城の刈田嶺神社、青森の雷電神社いずれも白鳥が産土様である。神社の神様の基層に白鳥がいる。いずれの地でも白鳥を郷内産土の象徴としてきた。白鳥が穏やかに過ごせる渡来の場所であったから。白鳥が渡来地・産土をまとめる役割を果たすのはなぜなのであろう。ここでは神社の縁起に理由を求める以前の根元的な追究が必要であった。厳しい冬を乗り越えるのに白鳥との生活を過ごした人々の存在である。

使姫の言霊、産着の奉納などが解決の糸口を示しているように思える。いずれも、子孫を繋げ持続的に生きていく民の願望が表れている。姫は神格の姫の使いであるのか遣わされた姫であるのか解釈が分かれる。白鳥をトーテムの動物として、先祖（他界の生類）と考え、この地の産土の元であったと考えているのか。もしそうであれば、それだけの伝承が刈田嶺の民にも雷電の民にも残っているはずであるが、それは強く出ていない。

私には世界に広く分布し、特に大陸とつながる白鳥処女説話の水辺の生命、処女、布と密接な関係があるように思えてならないのである。処女が白い繊維から採る純白の布が産土の象徴となれば、白鳥がその表象となっても不思議ではない。水辺で布を織る織姫が、白鳥で表される。

刈田嶺の白鳥神社に奉じた産着は、この白い布を神に奉じて神に繋がることを祈る神饌だったのでは。そして、神女の布が、その地を産土として生まれてきた子供のまとう肌着として命をくるむ。産着ほど人々の健やかな成長と産土への所属感を示すものはない。宮城県蔵王町も青森県小湊も麻を大切な着物の原料としてきた。冬の水辺の繊維取りほど辛い仕事はない。束にした麻の繊維を水に浸してここから繊維を取り、苧《お》を績《う》む仕事は女性によって行われて来た。冬仕事の機織りは白鳥のいる冬の水辺での仕事であった。

鮮やかな白・純白がウェディングドレスとして定着していく。婚礼衣装の白も死に臨む晒しの白も新たな誕生と考えた古人の心根が白い鳥を特別な存在に育て上げていったことを考慮したい。水辺の鳥である鸛《こうのとり》が赤ん坊を運んでくるとする西洋の民間伝承は、その基層において白鳥と子を授ける神の伝承と併行する。いずれも水辺の女性・白い鳥のなせる技であった。

キリスト教会のバプテスマのヨハネがキリストに授けた洗礼で、降《くだ》った精霊が白い鳩で表象されている。天の国に所属することを儀式で了解する洗礼は新たな所属を周知させる。キリストは天の国に属するものと周知される。白い鳥が神と密接に繋がっている一例でもある。

白鳥は人々の生活する地上界の上にいる天上界の神の使いとして遇され、それゆえに地上界の神々とは別格の神として信仰されてきたのではなかろうか。

6　産土様と動物

ここで想い起こされるのは、刈田嶺神社のように、その地にどっしり腰を据えて統《す》べる神と、簡単に動く神の相違である。

相馬の鮭川河口に広く祀られていた稲荷社は、うろうろと動いた。真野川、泉田川、新田川など、鮭溯上河川が並んでいる。各河川で河口に祀る神を調べたとき、例外なく稲荷の存在と残映に驚かされたことがある。岩手県三陸の河川も同様であった。狐が漁の予兆を教える伝承は全国にわたり、鮭の来遊を知らせる動物としてアイヌの人々は狐に神格を与えているという。

岩手県から福島県相馬地方の鮭溯上河川では稲荷信仰が広く見られる。稲荷は狐で顕現するが、それぞれの地で狐が産土様《うぶすな》という伝承に接した事は一度もない。鮭を産土様という例も聞いた事がない。現在、動物で産土様として崇められているのは白鳥くらいではなかろうか。

新潟県の鮭溯上河川でも同様である。各流域の稲荷の小社は、漁業者に与えた予兆と収穫量の結果をもって、人の信仰に開きが出た。各河川流域の小稲荷は、大した働きをしてくれないと漁業者が考えると、近隣の大社に信者が移ってしまう。新発田《しばた》市の大友稲荷は大社となっていくが、各河川流域の稲荷小社は祠《ほこら》を残すだけになっていく。

相馬でみた稲荷神社の寡占化は、新潟でも三陸でも顕著であった。御利益のない稲荷はどんどん淘汰されて大社に信仰する人が流れる。元の地に残るのは祠ばかりという実態があった。相馬では小高町の県社蛯澤稲荷が集約された神社として、地域の信仰を集める。しかし、ここでも狐が産土様という言辞に接したことはない。

鮭漁が始まる前、アイヌの人々はペツカムイノミという祭儀を行った。海の神、川尻の神、川の神にそれぞれ木幣《イナウ》を二本ずつ捧げて祈り、狐の神に二本の木幣を最後に捧げた。狐が鮭の来遊を知らせる神であったからであるという(7)。

相馬の真野川では、河口に川口、浮洲、稲荷の三つの神社が並ぶ。アイヌの人々と同じ信仰心が表出し、岩手県津軽石川の稲荷の祭りとも似ていると私は考えている。ここには西の伏見や豊川を持ち出して稲荷とする発想とは別の北の狐の信仰を想定するのである。そして、西の稲荷信仰の特徴は御利益の多寡をめぐって動き回っている。このような神様は産土様になれないのである。その地にじっと根を下ろし、その地を誇りとして生きている神のみが産土神となるのだ。その地の人たちに鮭を恵む狐でなければ産土様とは言えない。

アイヌの人々が敬う北の狐は産土様の原型なのである。

かつて、産土様《うぶすな》を標榜する動物は多かったものと推測している。その地を鎮め、民に安寧をもたらす動物は、伊吹山の白猪だけではなかったはずである。白鹿もその地の神を載せて産土様になった事があったろうし、兎が想定されたこともあろう。しかし、駿馬に産土様の伝承がないように、飼い慣らされて人の近くに置かれた動物には産土様の伝承が途切れる。牛、豚、鶏など、神の御用に役だった動物でも産土様にはなれない。その背景には、魑魅魍魎《ちみもうりょう》の大自然を統《す》べるその地の神が、人の力の及ばない動物の中から選択したものが産土様であったからだろう。

白鳥が産土様となったのは、日本武尊《やまとたけるのみこと》の伝承を上手に利用した北の風土にはぐくまれた人々の創造である。しかし、厳しい北の風土で自立していた民が、自らの地で持続して生きていく野生の標《しるし》とわが身にたとえて象徴したのが白鳥であった。ともに厳しい冬を越している仲間であったから。北の風土で生きる人たちが、そこを終《つい》の棲家と考えてまとまって生きていく上で、白い無垢な布をまとった鳥がその地の人とともに冬を過ごす場所こそが、産土の地となって選ばれたのである。

前章で論じたように、水辺に生きる白鳥が、羽衣をまとって毎年飛来する姿は、地元の産土様として、その地の神社の神々をも統《す》べる神格を持ってその地の人々に遇された。なぜなら、白鳥は生殖の神であり、子孫を持続的に与える天の神女でもあったからだ。「毎年産衣一領を裁ちして白鳥の社に献ず……村民もまた産衣を奉ず。白鳥の社児の神は宮邑に産するを以て、産衣を奉り子孫の繁栄を祈るなり」。織り姫、神女、水神としての白鳥は基層の神であると同時に統合の神でもあった。郷民がいつも戻っていく心のありかは、定期的に訪問して姿を現す白鳥で象徴されたのである。

第II部で論じる、「水（海）辺に求める処女（嫁）」の、ユーラシア大陸における基層の思惟を見事に顕在化させているのが小湊の使姫としての白鳥であり、刈田嶺の白鳥神社の産土様であったといえる。
北から南下してくる白鳥は、青森県小湊でより大陸の思惟に近い白鳥処女の水辺に求める嫁の姿となり、宮城県蔵王町の白鳥神社では西の『古事記』の伝説に近づいた。

注

(1) 折口信夫「琉球の宗教」(『世界聖典全集』一九二二年)、『折口信夫全集』第二巻(中央公論社、一九七五年、七〇頁)。
(2) 野本寛一『民俗誌・女の一生』(文春新書、二〇〇六年、一〇六頁)。
(3) 坂本太郎ほか校注『日本書紀』(日本古典文学大系、岩波書店、一九六七年)。
(4) 柳田國男『定本柳田國男集』第二六巻(筑摩書房、一九六九年、四二一頁)。
(5) 倉野憲司校注『古事記』(岩波文庫、一九六三年、一二五頁)。
(6) 蔵王町史編さん委員会『蔵王町史』資料編Ⅱ(一九九四年、八三四〜八六五頁)。
(7) 赤羽正春『鮭・鱒』Ⅱ(ものと人間の文化史133-Ⅱ、法政大学出版局、二〇〇六年)。

第四章　白鳥の文化

白鳥と人の相互交渉が元となり、人が白鳥の生態や姿（意匠）を、人の生活に取り込んで文化となっていく。人の日常生活に深くつながっていく縁《えにし》を追究する。

青森県警察署のパトカーには白鳥のロゴマーク（一五一頁図29）が、白鳥飛来地の掲示板には白鳥を象った標識が、銀行のポスターには家族を意識した仲睦まじい白鳥の姿（図16）が描かれる。警察・銀行いずれの標識にも家族を象徴して、家族愛を表現するものが多いのが特徴である。

スーパーマーケットの看板に円くデザインされ、家族の温かさを連想させて、集客を誘っているものもある。

多くの白鳥中継地となっている北海道浜頓別町にあるクッチャロ湖畔の白鳥通りには、街路灯に、向き合う二羽の白鳥の首がハート型になった意匠のポスターがあちこちに飾られている。ハッピーリングと名づけられている。右に述べた地方銀行のポスターと同じ意匠なのであるが、二羽の求愛の姿（一五三頁図31）を抽出して、人の幸せを招く図柄に取り込んだ。

白鳥の生態や姿から人が連想したものが、人の社会で広く認知されて使われていくようになる。これを「白鳥の文化」と名づける。

図16　ハッピーリング（青森県平内町，青森銀行小湊支店入口のポスター）．

白鳥の文化は歴史を溯れば鵠《くぐい》の文字や白鳥の文学（白鳥処女説話、羽衣伝説など）から抽出される。歴史的に所与の白鳥の文化ばかりではなく、現代社会に反映されている観点からも、「なぜこれほどまでに白鳥が人の生活に関わっているのか」研究することも白鳥の文化究明につながる。歴史に蓄えられた白鳥の文化は、現在進行している私たちの生活の基層にも、白鳥への想いが反映していると考えられるからである。

たとえば、青森県夏泊半島浅所《あさどころ》海岸付近は、「小湊のコハクチョウおよびその渡来地」として一九二二年（大正一一年三月）に国の天然記念物となっている。ここの雷電神社は白鳥を神の使姫として、また産土《うぶすな》様として崇めてきた。歴史的に多くの奇瑞《きずい》を顕し、住民を守ってきたからであることは記した。ここでの白鳥の文化は深遠な伝統の上に成立している。しかし、白鳥の文化としてどのように白鳥が人と関わってきたかと言えば、大切な神の使いとして最大限の敬意と尊敬を込めて眺め、ともに暮らしてきたというのが実態である。

しかしそのことが、現在の白鳥と人とのつながりを考える糸口となる。

小湊では、一九五二年（昭和二七年三月）に特別天然記念物の指定を受ける。コハクチョウだけでなくその渡来地であ

図17　特急「白鳥」のヘッドマーク

る浅所海岸の美しさを含めての指定である。白鳥と歴史的景観が合体している例は全国でもここだけであろう。景観が文化として取り入れられていく過程がここにはあり、信仰の対象であった白鳥が人の世に文化を提供していると考えられる。

そして、白鳥の文化を世間に広め周知化したのには、実は白鳥と積極的に関わる人が存在していたことに気づかされる。

白鳥との接触交感を確立した篤志の人が、白鳥の何らかの存在意義を現代社会に提示する。それは白鳥の美しさであったり家族愛であったりするのであるが、人の社会に有益なあるものを示す。それによって社会の人々が白鳥に親近感を抱き、各自の膨らむ想像力が白鳥の文化を積み上げていく。

翻ってみれば湖の足踏みペダルつきボートには白鳥を象ったものが全国にあり、遊覧船には白鳥の長い頸から上を取りつけた白鳥号が十和田湖や山中湖、猪苗代湖などで就航している。景観の一つとなるほどに違和感はない。遊園地にも白鳥の遊具がある。家族愛に包まれた子供のイメージに訴える白鳥。これはすでに景観を文化に取り入れて構成したものである。

かつて大阪〜青森間で運行していた特急「白鳥」は、先頭車両の飛び上がる白鳥をデザインした標識が寒風を切って白鳥の帰北を連想させた（図17）。大阪から日本海岸に出て、北陸本線、羽越本線を通る道は白鳥が北に向かう大動脈でもあった。現在もスーパー白鳥（一五二頁図30）として八戸、青森から函館にかけて、北の路線で風を切っている。北へ帰ることを連想させて白鳥が使われた。北が人に意識されたのも白鳥の文化の一つであろう。

人の社会に、北の発見は東、西、南に次ぐ最後のものであった可能性が高い。東は太陽の出る向きで、最初に人が意識した。西は陽の没する地、南は暖かい空気の来る生命に溢れた場所であった。最後の北は寒冷で生命が塞がれる方角として、生命の始まりと終わりが認識されてもおかしくはなかった。事実、古代中国で、北はそのように認識されてきた。そして、白鳥こそが命塞がれ、誕生する場所へと往き来できる聖なる鳥であったとする人々の共通意識が出来上がっていった。高松塚古墳の壁画で南は朱雀・北は玄武である。華美な飛翔体が翅を広げ、活動的な生命の逆りを感じさせる朱雀の鳥に対し、玄武はじっと身を屈める亀であり、甲羅に巻きつく蛇を担いで堪え忍ぶ図柄が対照的である。水神の表象とされるが、北の大地、水と沼の世界の連想であろう。

人が自然界の白鳥を人の文化にどのように取り込んでいったのか。白鳥の文化と呼べるまでに洗練されていった筋道を追うことで、白鳥と人の関係を描き出す。

1　白鳥に魅せられた人々

日本で白鳥の文化を創造するさきがけとなった人々は、動物学や鳥類の専門家や学者と思われがちであるが、決してそうではない。白鳥の文化確立に貢献したのは、白鳥に魅せられた市井《しせい》の研究者や篤志家、一般市民である。「白鳥学」というものが今後確立していくとすれば、その業績のほとんどは、白鳥をこよなく愛し、これの保護に全力をあげた民間人に帰せられることであろう。

現代の白鳥に関する興味関心は環境問題に収束しているように思われる。ラムサール条約の湿地保護の原動力の一つが白鳥渡来地の環境保全であった。白鳥保護の究極の姿が水鳥、白鳥の生息地を持続的に確保することと理解され、湿地保護に向かった。

白鳥渡来地の湿地保護が、現在のような大きなうねりとなる契機は純粋に白鳥の美しさや行動に魅せられ、これを写真映像で記録していた写真家の努力や、寒波に堪える白鳥を助けてきた地元の篤志家たちの志であった。

彼らは、白鳥の文化を築き上げた先駆者であった。しかも、白鳥の渡りと環境問題等国際的なテーマに先陣を切っていったのも、彼らであった。

写真家であり白鳥研究第一人者の本田清は一九三〇年新潟県亀田町生まれ。一九五八年から白鳥を撮り始め、一九六七年アサヒカメラ賞受賞。一九七九年『白鳥のいる風景』(日本放送出版協会)を発表し、白鳥の美しさとその生態や環境について論じ、白鳥の文化を広く周知化したさきがけとして偉大な業績を残している。この後も、白鳥の写真集を刊行し、標識調査等を実施する。一九八四年の『ハクチョウ――日本の冬に生きる』(平凡社)、二〇〇一年『白鳥の湖』は、白鳥の写真集という体裁を取りながら、環境問題や白鳥の動物行動学的解釈などを縦横に論じ、白鳥の文化を深化させ続けている(1)。この間、一九七三年に「日本白鳥の会」を多くの民間人と諮《はか》って設立する。

白鳥を写真に撮るという行動を彼に起こさせたのは、古くから飛来していた佐潟の景観や、瓢湖に飛来した白鳥を保護した吉川親子の献身的な努力などが元になっているという。内陸阿賀野川沿いの水原《すいばら》町（現在の阿賀野市）にあった瓢湖は用水池として僅かに九町歩ほどの湿地であった。ところが一九五〇年頃から数羽の白鳥が飛来するようになった。地元猟友会の新田加造らの熱意で銃猟禁止措置が取られて、白鳥保護の第一歩を記す。

当時、低湿地新潟は白鳥や鴨の飛来を待ちわびて、猟師が湿田の畦道などに待ち小屋を架け、ここに待機して夕方や早朝の水鳥の移動に合わせて猟をした。待ち小屋は大人二人が身を屈めて入るくらいの場所を確保し、屋根には藁や萱《かや》を葺《ふ》いて自然状態に近いように見せかけた。寝泊まりできるほどの小屋は湿地側に銃口が向けられるようになっていた。水鳥は飛んできて着水する時も、飛び立つときも、水面を掠めるように徐々に高度を上げ下げする。この状態を飛び立つ鳥の正面からみると、水鳥（照準）がゆっくり近づいてくることになり、命中率が高いのである。待ち小屋は低湿地のどこでも作られていた。瓢湖も例外ではなく、待ち小屋での猟をしている猟師が多く、鴨や時には白鳥も捕っていたのである。白鳥保護は鴨の猟まで規制するという英断であったが、「白鳥のため」が共通の意識となって実現にこぎ着けた。猟友会が理解を示したのは、この地で外科医院を開業していた家田三郎医師の力も関係しているといわれる。後に日本白鳥の会の会長となる家田は、日本白鳥の会機関誌『日本の白鳥』第一号（一九七三年）の「はしがき」で次のような天啓の言葉を発する。(2)

日本の人間として、私共は「ツバメ」を大切にした思いはありますが、これはどうも、「おかみ」の命令もあったかのように思われます。こんどの白鳥こそ、私ども貧しい者が大切にしようという、いわば庶民からの発想と申し上げてもよいようにも思いました。……

> 白鳥を大切にするということは、恐らく森や林や周囲の自然を大切にすることだと思うのでありますが、白鳥の来るような田舎の淋しい水辺に住むわれわれが、案外、日本の運命と、かかわりがふかいものだとも感じております。……
>
> ……貧しきわれわれこそが、いつまでも日本の人々の心に残るエトランゼ・白鳥の詩をつくろうではありませんか。

吉川重三郎が一九五四年白鳥の餌付けに成功して一躍注目を浴びた瓢湖に近い水原《すいばら》町で医院を開業していた家田の精神性が吐露されている。

家田は吉川親子・本田とともに歩んだ先達である。吉川重三郎は傷ついた白鳥を、人を診る外科医の家田に運び、治療して貰うという間柄であったという。

一九五〇年頃から数羽の白鳥が瓢湖に姿を見せるようになった。白鳥は厳寒期、雪で塞がれた大地の中で餌を求めていたのではないかといわれている。吉川重三郎は白鳥の美しさを語っていたというが、魅せられたのであろう。棲み着かせようと餌付けの試みを始める。同時に、湖面が凍結して白鳥の棲み家がなくならないよう、土地改良区と交渉して瓢湖に入る用水路から水を入れたりした。自身も結氷時、湖に入り氷を割って白鳥の居場所を確保するほど、白鳥に尽くした。一九五一年二七羽に達するが餌につかない。そして一九五四年一月二〇日に飛来した白鳥が二月四日になってはじめて餌についた。四年目のことである。この間の苦闘は息子・繁男の目を通して語られた著作によって描かれている[3]。自身体調が悪化しても、白鳥を絶えず気にしていたという。

厳しい自然界で生きる白鳥の餌付け成就は前例のない快挙であった。瓢湖の白鳥は、同年二月一〇日、新潟県天然記念物となり、三月一七日には国の天然記念物となる。

重三郎は餌付けに成功して四年目に引退する。重三郎の餌付けの動機はオオハクチョウの親子の愛情を描く場面に述べられている。餌のない冬、二羽の親鳥が、帰らない仔どもの帰りを待ち続け、一羽が飢え死にする。

従来、餌付けは家畜化する過程で人類が自然のものを手なづける手段として行ってきた、人間中心主義の共生行為であった。しかし、飢えている白鳥を救おうという動機でなされる餌付けは人と白鳥を対等に扱う共生の行為である。共に生きるという意志が人に働く限り、すべてを自然のままに任せる環境中心主義の、人の意志が及ばない共生とは異なる。

北海道浜頓別町クッチャロ湖で白鳥の餌付けに成功した山内昇の回想がある。


早春三月頃には多数の白鳥が氷上で、カラス、ワシ類、キツネなどに補食されているのを観察した。なぜ死亡するかも知らずただ傍観するのみだった。四〇年春台地で湖の氷上を対岸から牧草を馬橇で運搬して来る様子を見ていたら、馬橇からこぼれ落ちる牧草が風で広がり、その干し草を白鳥が食っている様子を見て、やっぱり氷上では何も食う物がないことに気付き餌付けを試み……

三キロ台まで痩せこけた白鳥は糞さえしなかったという。クッチャロ湖では山内夫妻の献身的な努力

図 18　白鳥の餌付け（瓢湖にて）.

によって一九七〇年、餌付けに成功する。

白鳥の文化は「飢えて可哀想」「保護しなければ」という、人の一方的・情意的な一面をもつ行為も元になっている。猿の餌付けによって猿社会の研究が進み、サル学が発展した。重要な手段は餌付けであった。霊長類学はサル学という人と極めて近い種とそれが生きる場所で観察が進められる手段で目覚ましい展開を見せている。

白鳥の餌付けの成功によって、人と白鳥が相互に関係を築くことで新たな日本の白鳥文化が産まれてきた。白鳥の行動を研究する動物行動学や保全生態学などである。

人に近い霊長類の研究であれば、人の行動についての比較が行いやすい。近似の種であるから考えや行動が似ているからである。

ところが、白鳥は人と極めて遠い存在である。そのことが餌付けの成功という快挙の意味を大きくした。逆に行動研究の意義を現代人が気づくの

図 19　瓢湖に飛来する白鳥.

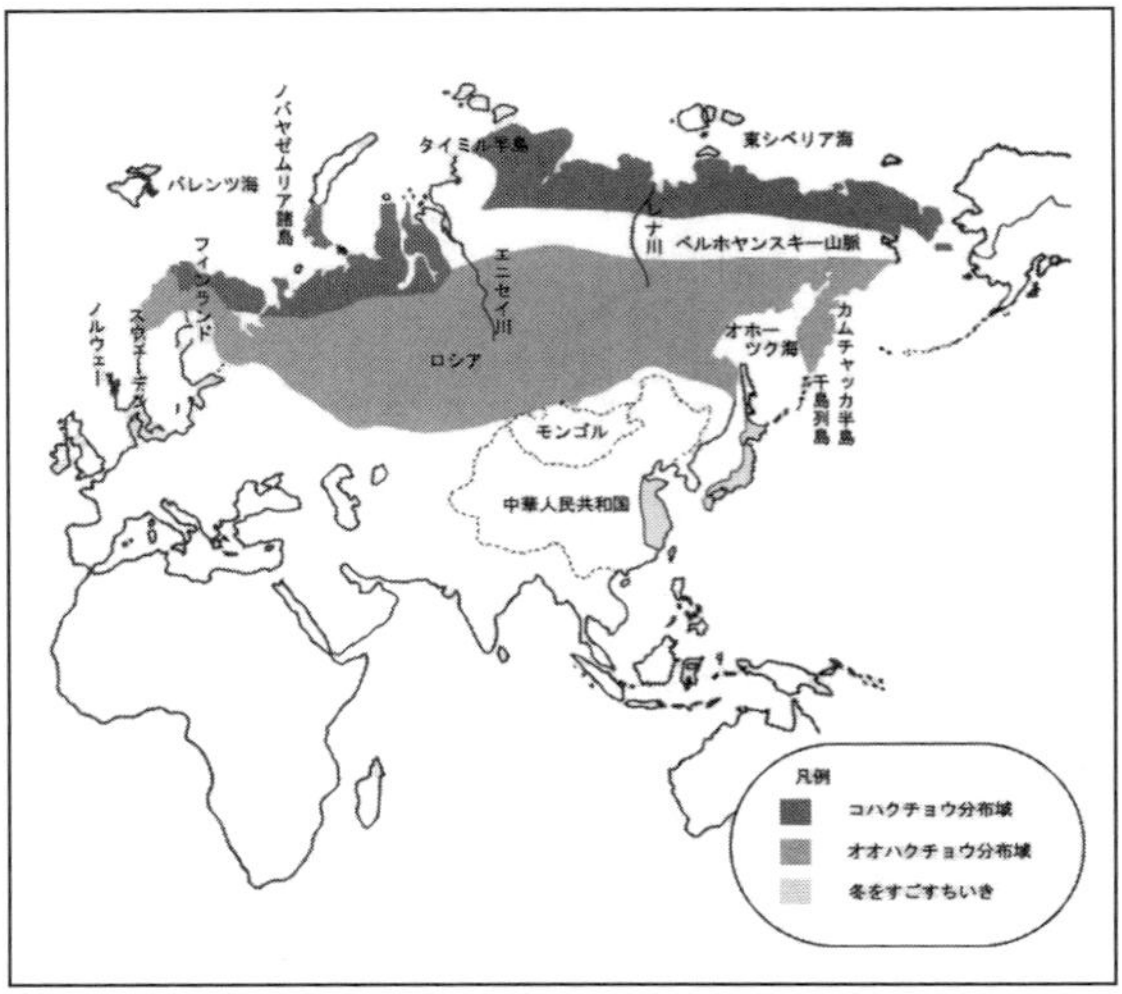

図 20　白鳥の飛去来を示す瓢湖の掲示板.

は環境問題が人類の生存と深くつながってくるようになってからである。餌付けの行為が一段と高い認識で語られるようになったのはごく最近のことなのである。

現在は動物行動学的に夫婦・親子の愛情を示す行動、敵対するものへの攻撃や防御の行動等、研究は広がってきた。しかし、それ以前の白鳥の生態は、ようやく解き明かされつつある段階でしかない。

白鳥おじさんとして親しまれた瓢湖の吉川重三郎は一九五九年一二月二四日に亡くなった。戒名は白雲鳥道居士である。白鳥が見事に読み込まれている。吉川繁男は一九五八年から父親の跡を継いで白鳥の世話をしている。現在三〇町歩まで増えた瓢湖には毎年六〇〇〇羽もの白鳥（オオハクチョウ、コハクチョウ）が飛来している。父親から受け継いだ頃は白鳥が近寄ってくれなかったことを悔やんでいるが、父親からの教え「白鳥の気持になりきれ」を実践して、コーイ・コイの呼びかけで一斉に白鳥たちが集まるようになった。その様は見事である。

白鳥の餌付け成功は明るい話題として取り扱われ、一九六一年から大阪〜青森間を結ぶ特急列車には、「白鳥」の名称がつけられた（一一〇頁参照）。羽越本線の水原《すいばら》駅は瓢湖の近くにあり、ここの白鳥が起源だといわれている。二〇〇一年に廃止されてしまうが。

現在の瓢湖はラムサール条約の登録湿地（二〇〇八年）であり、日本の重要湿地五〇〇にもなっている。白鳥のほかにオナガガモやホシハジロなどのカモ類も数多く飛来している。白鳥は夜明けから日没まで近隣の水田地帯で餌を漁っている。夜はねぐらとして利用する。国指定瓢湖鳥獣保護区（集団渡来地）の指定は二〇〇五年で、その面積二八一町歩には周辺の餌場が含まれる。特別保護地区は二四町歩である。

家田三郎が日本白鳥の会機関誌『日本の白鳥』第一号（一九七三年）の「はしがき」で高らかに謳った予言（一一三〜一一四頁）は自然保護・低湿地保護のモデルとして実現している。同時に、白鳥を通して現代人の生存持続性に関わる意識の高まりにまで人々を導いた。
日本の運命が白鳥との共生という姿に現れることは、これからもいえることだろうし、白鳥を通して進む研究は今後の課題であり、ここでも市井《しせい》の研究者たちの囚われない思考が要求される。
白鳥との共生をどのように認識して、どのように実行していくか。それぞれの選択ではあるが厳格な環境至上主義の自然保護一辺倒では行き詰まりは目に見えている。白鳥と人の関係をどのように再構築していけばよいのか。自然と人の関係で問われる課題は多い。
日本白鳥の会の発起人として連なった主な方々の行動が、現在の環境保全の政策実現を導いた。各地で保護活動に尽くした方々を抄録する。
北海道……伊賀岩太郎（ウトナイ湖）、玉田　誠（濤沸湖）
岩手県……高橋三太郎
秋田県……今野憲三郎
宮城県……横田義雄、相沢幸四郎（伊豆沼・大沼）
山形県……阿部敏雄（最上川河口での餌付け）
青森県……三上士郎、畠山正光（大湊での保護活動）
茨城県……後藤静江（古徳沼での餌付け）
福島県……八木　博（阿武隈川での餌付け）、大森常三郎、古川美忠雄（猪苗代湖での保護活動）
新潟県……吉川吉枝（佐潟での保護活動）、中西　朗
石川県……二木義孝（河北潟での保護活動）

島根県……岩田正俊、門脇益一、吉野安久、内田　映（中海での保護活動）

2　日本白鳥の会

日本白鳥の会の設立には本田清（新潟）、松井繁（札幌）らが係わり、一九七三年六月二四日（日）に東京四谷の主婦会館に於いて結成された。

この会が日本の白鳥研究と保護を推進していく母体となる。本田清は一九六九年に英文の国際グラフ誌に「日本における真の白鳥の湖」（一九六九）を発表。これが国際水禽調査局（ＩＷＲＢ）参加のきっかけとなった。本田は一九七一年、瓢湖で白鳥の餌付けをしている吉川繁男とともに招かれてイギリスのスリムブリッジで開催された第一回国際白鳥会議に出席する。

彼はここでの経験を「国内に渡来する白鳥類の側面しか知らず、視野の狭かった私に一種のカルチャーショックを与えずにはおかぬものがあった」と回想している。帰国後、彼は日本白鳥の会結成に向けて力を発揮し、白鳥の個体識別、環境の再生研究などを主導することになる。

日本白鳥の会会則第二条目的、第三条事業には次の文言が記されている。

（目的）本会は日本に渡来する白鳥を保護し、生態を解明するため、各渡来地の環境保全を図るとともに、広く、自然保護思想の普及と学術文化の進展に寄与することを目的とする。

（事業）本会は前条の目的を達成するために、次の事業を行う。

①白鳥に関する文献・資料の収集、紹介、あっせん。
②個人および団体の渡来白鳥保護研究活動に対する協力と援助。
③世界の白鳥研究者、または機関団体との提携交流。
④その他本会の目的を達成する事業。

第二回日本白鳥の会の出席者には環境庁鳥獣保護課長補佐、文化庁保護記念物課調査官、山階鳥類研究所主任研究員、山階鳥類研究所長などが来賓として招かれている。第二回総会の研究発表と情報交換のあらましは現在の白鳥研究の隆盛と発展を知るうえで極めて貴重な事例を網羅している。この当時既に研究の方向が示され、これに沿って白鳥の文化が発展し、周知化されてきたことが分かる。各自の提案した研究が四〇年後に脈々と研究課題として継続している様は学の展開が確固たるものであったことを意味する。

○北海道濤沸湖での白鳥の観察について
○雪面助走（着地）の計測
○白鳥相
○白鳥の食道
○北海道濤沸湖から白鳥が飛去する方向がオホーツク海であること
○話題の白鳥たち
○白鳥の故郷（繁殖地）

○主要地区に憩う白鳥数の変動
○白鳥の保護と給餌
○白鳥の飛翔高度の問題
○各白鳥渡来地での保護の実態

この当時、各飛来地で白鳥の観察が行われていた。小学生から大人まで誰でも参加できる研究の導入が白鳥によって成就した。特に青森県小湊の浅所《あさどころ》小学校は、国の特別天然記念物指定地域にあり、この子供たちは白鳥の観察と世話を常時行っている。畠山正光の献身で白鳥の給餌と行動観察が行われ、教育活動にも取り込まれた研究は注目される業績を残している。浅所小学校は、渡来地中心にある雷電神社に隣接し、子供たちは白鳥の渡来期間中に観察や保護ができる環境の真っ只中にある。

現在、各地にある白鳥渡来地では、多かれ少なかれ、近隣学校の教育活動に白鳥観察などが取り入れられている。専門の研究者だけが始めた研究のための観察ではないことが功を奏しているのである。

白鳥の離昇と着地は、動物行動学的研究と自然科学（物理学）的研究の導入につながっている。白鳥の強い飛翔力は軀の筋肉の究明にも向かった。風切り羽根の役割や飛翔の持続力など、どこまでどのようなコースを辿ってどのくらいの高度で飛んでいるのかといった問題にまで発展し、一つ一つ解明されつつある。この中で特に興味深いのは、インドに渡る白鳥がどのようにヒマラヤ山系を越えているのかという問題である。インドガンのヒマラヤ越えは高度九〇〇〇メートルまで達しているという報告もあり、血中へモグロビンの筋肉への分布など、生理学的に解明されつつある。

白鳥の顔が生息場所で異なることを述べたのは、白鳥の世話をしている人たちでなければ気づかないことであった。白鳥相といった言葉で表現しているが、渡来地によって白鳥の顔に独特の変化があるという指摘は、後に標識調査で渡来した白鳥が棲み家とする湖ごとに別の表情をしているという指摘につながっている。

白鳥が餌を嚥下するとき、食道の構造のせいか、餌が横に捻《ねじ》れて降りていくようだという観察から、白鳥の軀の構造が研究として発展していく。怪我をした白鳥を保護してきた人たちの医学的手法も白鳥の軀を究明する動機となっている。

白鳥の飛去については、春先どの方向に帰っていくのかが、当時の大きな疑問であった。シベリアで仔育てすることは文献等の情報で知られていたが、帰北のルート、帰北の具体的停留地などは全く分かっていなかった。北海道のクッチャロ湖に集合してここからサハリン・ルートやクリル諸島ルートで帰北する実態が分かってきたのは、標識調査で白鳥に印をつけて放す研究が進んだのと白鳥に電波発信機をつけて、これを衛星で追い、行動を逐一把握した結果である。

飛翔高度は海の上を飛ぶ白鳥などが一気に高度を上げていくことを観察して分かったことである。頸を曲げて飛ぶ白鳥の話題は、白鳥の中の個体差として現在でも、特別な白鳥が見つかると話題となるように、当時から目立ったものについては、それがどのような意味があるのかについて検討した。この動きは眼前の動物をどのように理解し、集団の中でどのような位置を占めるのかといった、新しい研究の方向へと進む。特に白鳥の場合、集団を組むのが家族であるとされており、親子関係とのつながりも斟酌する研究が進みつつある。個体識別は白鳥研究の深化に欠かせないが、現在渡りの行動研究で顕著な実績をあげている。

白鳥の繁殖地も話題となった。当時はまだはっきり断言できる段階ではなかったが、国際水禽調査局（IWRB）に会員が参加して、繁殖地であるシベリアで首輪をした白鳥をソ連（当時）の研究者に放して貰い、それが日本のどこに来るかで判断した。

首輪標識調査は一九七四年八月以来、ソ連の科学者グループがシベリア東北部のコハクチョウの幼鳥に着けた研究で本格化している。この年、一一月に日本に渡ってきたことが確認される。日本白鳥の会会員の観察によれば、西は島根県中海で、東は河北潟や越後平野でも餌をついばんでいた。

このように、白鳥の繁殖地と越冬地の渡りがクローズアップされてくるようになる。日本白鳥の会の人たちが調べている飛来数の多寡は、動き回る白鳥であっても、その場に飛来したという事実が価値を持ち、湿地としての存在意義が高まっていく。そのことは、標識白鳥について調べたことから、次のことが分かってきたからである。

白鳥は人による給餌地であるとないとにかかわらず自然餌の生育しているところならどこへでも行くという事実である。

健康な種の維持にとって不可欠ともいうべき自然餌の確保のために、彼らの生きていく場としての最低限の湖沼等、湿原の保全が必要である。(4)

白鳥に親しく接している人たちが出した結論がラムサール条約の締結に方向づけられるのは自然な筋道であった。

白鳥の餌付けが白鳥を保護するための給餌として始まったという事実も湿地保護の動きを後押しした。白鳥の餌がアマモ、コアマモ、アオサ、アナアオサ、ボーアオサ、ボーアオノリ、蓮根、水生昆虫、貝類など、湿地や干潟の水草などを中心としたからである。

白鳥に餌を与え続けることで白鳥の自然の中で生きる力が弱まると考えていた人たちも、冬の餌のない時期に食べさせて保護することは容認できる。

現在、鴨などの水鳥が保持し運ぶインフルエンザ・ウイルス、H5N1型とその変異種が警戒され、人が近づいたり接触することを禁止して、餌付けなどを止めているところが多くなっているが、今後の保護活動のあり方を考える試金石となっている。

ラムサール条約　一九七一年、イランのラムサールで開催された「湿地及び水鳥の保全のための国際会議」で採択された「特に水鳥の生息地として国際的に重要な湿地に関する条約」を、通称で「ラムサール条約」と呼んでいる。

締約国は、人間とその環境とが相互に依存していることを認識し、水の循環を調整するものとしての湿地及び湿地特有の動植物特に水鳥の生息地としての湿地の基本的な生態学的機能を考慮し、湿地が経済上、文化上、科学上及びレクリエーション上大きな価値を有する資源であること及び湿地を喪失することが取返しのつかないことであることを確信し、湿地の進行性の侵食及び湿地の喪失を現在及び将来とも阻止することを希望し、水鳥が、季節的移動に当たつて国境を越えることがあることから、国際的な資源として考慮されるべきものであることを認識し、湿地及びその動植物の保全が将来に対する見通しを有する国内政策と、調整の図られた国際的行動とを結びつけることにより確保されるものであることを確信して、次のとおり協定した。

と記され、国境を越えて移動する水鳥の生息地・湿地を次の世代に渡すことが必要であることを述べている。生態学的に水の循環の持つ意義を水鳥や湿地の植物に当てはめて根拠としたことで、具象化された生物が説得力を強化することになる。白鳥はラムサール条約と特に深く結びついていく。

日本の条約湿地数は二〇〇八年の時点で三七か所である。また、湿地面積は一三万一〇二七ヘクタールに及ぶ。

登録湿地の概要を環境省の資料から抄出する。このうち、水鳥の渡りや生息地としての湿地に白鳥の占める位相を考察する。

［北海道］

○宮島沼（美唄市）　シベリアで繁殖する雁・鴨類、白鳥類の越冬や渡りの中継地。

○雨竜沼湿原（雨竜町）　高層湿原。

○サロベツ原野（豊富町、幌延町）　オオヒシクイ、コハクチョウ渡りの中継地。

○クッチャロ湖（浜頓別町）　シベリアから南下する雁・鴨類の中継地。白鳥類の多く、特にコハクチョウがこの湖で羽を休める。

○濤沸湖（網走市、小清水町） 大規模なオオハクチョウやオオヒシクイの渡来地。
○ウトナイ湖（苫小牧市） 白鳥類や雁・鴨類渡りの中継地。
○釧路湿原（釧路市、釧路町、標茶町、鶴居村） 鴨類・白鳥類の越冬地。タンチョウの繁殖地。
○厚岸湖・別寒辺牛《べかんべうし》湿原（厚岸町） オオハクチョウ国内最大級の越冬地。
○霧多布湿原（浜中町） 雁鴨類、白鳥類の渡来地。
○阿寒湖（釧路市） 希少藻類マリモ繁殖地。白鳥渡来地。
○風蓮湖・春国岱《しゅんくにたい》（根室市、別海町） シベリアからの渡り鳥類の渡来地・中継地。
○野付半島・野付湾（別海町、標津町） タンチョウ繁殖地、雁・鴨類、白鳥類渡来地。

[青森県]

○仏沼（三沢市） 水鳥等、渡りの中継地。

[宮城県]

○伊豆沼・内沼（栗原市、登米市） 雁・鴨類、白鳥類渡来地。
○蕪栗沼・周辺水田（栗原市、登米市、田尻町） 雁・鴨類、白鳥類越冬地。
○化女《けじょ》沼（大崎市） 雁・鴨類越冬地。

[山形県]

○大山上池・下池（鶴岡市） 雁・鴨類、コハクチョウ等の越冬地。

[福島・群馬・新潟県]

○尾瀬（檜枝岐村、片品村、魚沼市） 高層湿原。

［栃木県］
○奥日光の湿原（日光市）　高層湿原。
［千葉県］
○谷津干潟（習志野市）　東京湾の干潟。
［新潟県］
○佐潟（新潟市）　雁・鴨類、白鳥類集団渡来地。
○瓢湖（阿賀野市）　コハクチヨウ集団渡来地で、コハクチョウは東アジア地域個体群の一パーセント。
［石川県］
○片野鴨池（加賀市）　雁・鴨類渡来地。
［福井県］
○三方五湖（若狭町、美浜町）　固有魚類生息地。
［愛知県］
○藤前干潟（名古屋市、飛島村）　鴫《しぎ》・千鳥類中継地。
［滋賀県］
○琵琶湖（九市八町の範囲）　雁・鴨類渡来地。コハクチョウ渡来地。
［和歌山県］
○串本沿岸海域（串本町）　非珊瑚礁域の珊瑚群落。
［鳥取県・島根県］

○中海（四市一町の範囲） 雁・鴨類、コハクチョウ渡来地。

［島根県］

○宍道湖《しんじこ》（松江市、出雲市、斐川町） 雁・鴨類越冬地。

［山口県］

○秋吉台地下水系（秋芳町、美東町） カルスト地下水系。

［大分県］

○くじゅう坊ガツル・タデ原湿原（竹田市、九重町） 中間湿原。

［鹿児島県］

○藺牟田池《いむたいけ》（薩摩川内市） ベッコウトンボ生息地。

○屋久島永田浜（上屋久町） アカウミガメ産卵地。

［沖縄県］

○漫湖（那覇市・豊見城市） 河口干潟、クロツラヘラサギ渡来地。

○慶良間諸島海域（渡嘉敷村、座間味村） 珊瑚礁。

○久米島の渓流・湿地（久米島町） 希少野生生物生息地。

○名蔵アンパル（石垣市） 希少野生動物、河口干潟。

白鳥類の集団越冬地で西に位置するのが中海・宍道湖であることは、よく知られている。九州まで往く群れの存在もあるが、湿地の周辺に餌となる稲の落ち穂がある水田地帯を控えていることが、集団を

図 21　全国の白鳥飛来地（抄録）.

引き寄せ続けている原因であろう。

白鳥飛来地　白鳥が飛来して冬を過ごすだけの場所とされる白鳥飛来地が全国に広がっている。北海道の登録湿地はすべて白鳥たちが飛来する場所であり、本州の飛来地まで入れると、日本の登録湿地三七か所のうち、実に三分の二が白鳥飛来地となっている(図21)。白鳥の餌付けに成功したところを中心に飛来数が跳ね上がった。

数羽の白鳥を厳寒に助けたことから多くの白鳥が飛来するようになった新潟県瓢湖で

は、二〇〇八年一一月二八日の六七〇四羽を最大数に、一一月上旬から二月上旬までの間、三〇〇〇羽以上の白鳥が停留滞在している。

ラムサール条約登録湿地を含む数多くの白鳥飛来地での日本白鳥の会会員の粘り強い観察調査によって、渡りと飛来白鳥の行動様式が解明されつつある。

産まれたシベリアで首輪を取りつけて放たれた白鳥の標識調査、冬を越した場所で白鳥に電波発信装置を取りつけ、帰北のルートを人工衛星で追尾する研究などが確立し、白鳥の渡りのルートが明らかになった（図22）。

それによると、コハクチョウはシベリアから南下する群れがサハリンの島影に沿って飛来するが、北海道北部浜頓別町のクッチャロ湖で、いったん、羽を休めることが多いという。中継地としての存在意義は大きく、日本で越冬する約一万羽のコハクチョウがこの海跡湖を経由するという。帰北はこの逆ルートを辿ることが指摘されている。

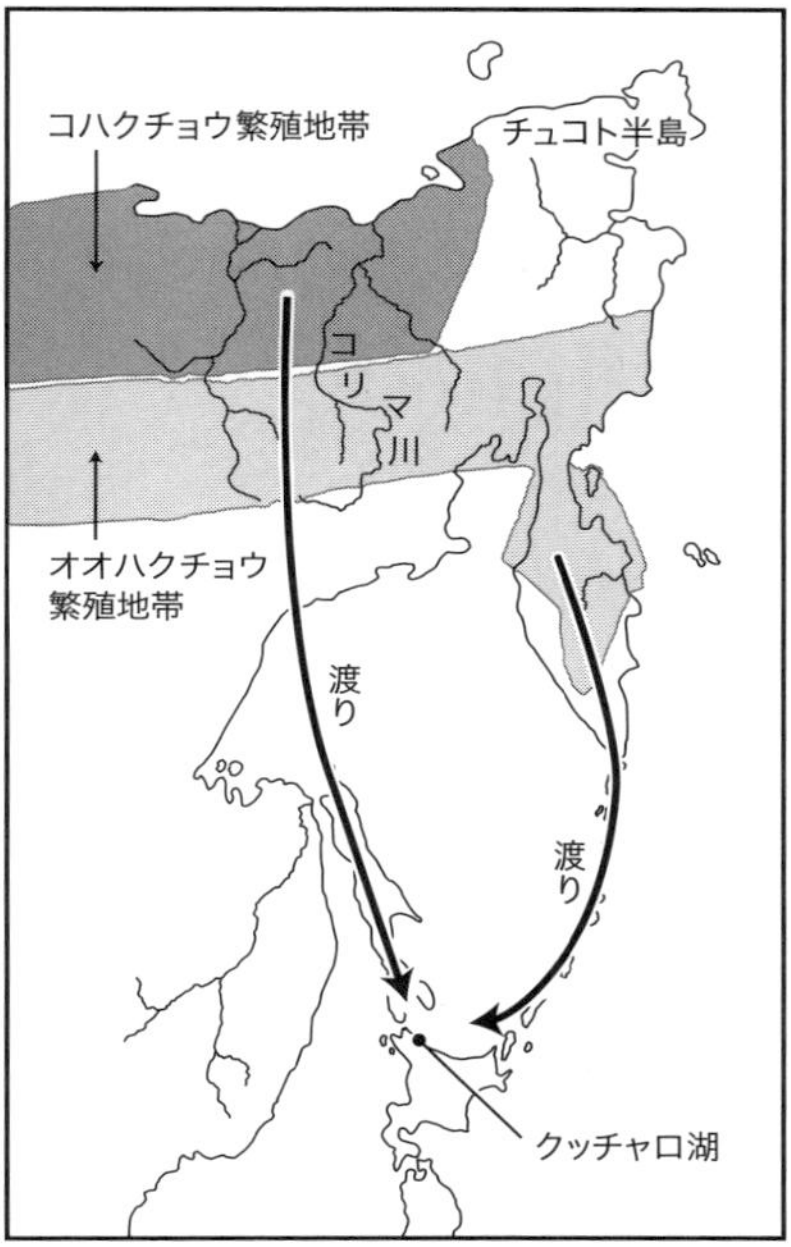

図22　白鳥の渡り．

二〇〇八年秋から翌年春までの飛来数をクッチャロ湖水鳥観察館のデータを元に検討する（図23）。

一〇月　二日　一羽初飛来。
　中旬　一〇〇〇羽を最高に停留。
一一月　下旬　一四一から四四五羽停留していたものが三〇・三一日に二二五九羽に。
一二月　上旬　七〇〇から二〇〇羽の間を確認。六日から八日にはオオハクチョウも入ってくる。
　中・下旬　二〇〇から六〇〇羽の幅で停留。
一月　上・中・下旬　二〇〇から五〇〇羽の幅で停留。
二月　上・中・下旬　三〇〇から五〇〇羽の幅で停留。
三月　上・中・下旬　三〇〇から五〇〇羽の幅で停留。
　上旬　三〇〇から五〇〇羽の幅で停留。
　中旬　六〇〇から八〇〇羽の幅で停留。
　下旬　一〇〇〇羽を超える停留。
四月　上旬　一〇〇〇羽を超える停留。
　中旬　一七日に五二二四羽で最高値。
　下旬　二〇〇〇羽程度に落ち着く。
五月　上旬　四〇七羽から漸減していき、一〇日に六羽。
　一二日　最後の一羽が帰北。

白鳥の入り込みが激しい一〇月中旬と一一月上旬は寒さが厳しくなり始める頃である。ちょうどシベ

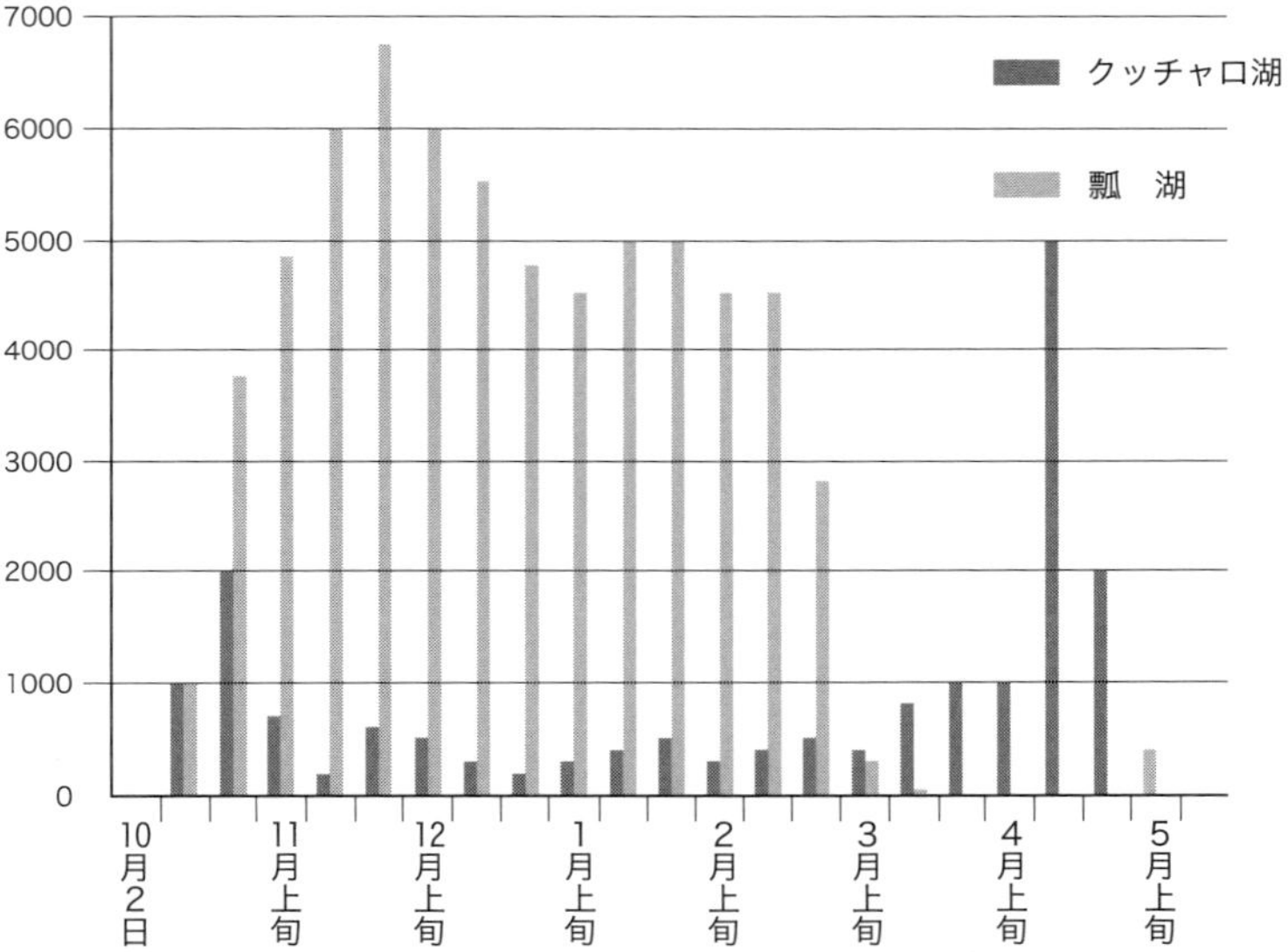

図 23　クッチャロ湖と瓢湖の白鳥飛来数（2008 年秋～ 2009 年春）.

リア寒気団からの寒波の到来と重なる。白鳥はクッチャロ湖に留まるよりは南下していく傾向が数字の上から読み取れる。少なくとも二度の大群の飛来が推測される。

一一月六日にオオハクチョウがコハクチョウとともに入ってくるが、これも、何波もの群れの飛来の一つとみられる。これ以降、三月上旬まで二〇〇から五〇〇羽の幅で留まっている白鳥はクッチャロ湖で越冬するものが主体となる。

日本での越冬を経てシベリアに戻るのは早春である。

三月中旬から増え始める白鳥は、帰北のためにクッチャロ湖で羽を休める、本州等、南から戻ってきた群れである。四月中旬に五〇〇〇羽を超える白鳥が集うのは、帰北に備えた群れの集積である。この後、順調な帰北が数字の上でみられる。

このように、白鳥の一時的停留が中心のクッチャロ湖を停留型と呼べば、山形県最上川河口、宮城県伊豆沼、新潟県瓢湖や佐潟などは、越冬地としての滞在型になる。
二〇〇八年冬から翌年の春まで、瓢湖滞在白鳥数のデータがある。

一〇月一〇日　三羽初飛来
　中旬　一〇〇二羽まで増加。
　下旬　三七五三羽まで増加。
一一月　上旬　四八三七羽まで増加。
　中旬　六〇〇〇羽に達する。
　下旬　六七〇四羽で最大数となる。
一二月　上旬　六〇〇〇羽程度で推移。
　中旬　五〇〇〇から六〇〇〇羽台で推移。
　下旬　四五〇〇から五〇〇〇羽台で推移。
一月　上・中・下旬　四五〇〇から五〇〇〇羽台で推移。
二月　上・中旬　四五〇〇から五〇〇〇羽台で推移。
　下旬　二八〇〇羽台まで減少。
三月　上旬　三〇〇羽台にまで減少。
一九日　最後の五一羽が帰北。

一〇月下旬から飛来数が増え始め、一一月下旬にピークの来る増大曲線を辿る。二月中旬まで四五〇〇羽程度の数を受け持ち、下旬からの帰北による減少曲線を辿って三月中旬で零になる。つまり、典型的な滞在型であることが分かる。冬の餌探しが厳しい時にしっかり餌が確保出来る場所に滞在して冬を越している。

冬を越すために渡ってきた白鳥は、クッチャロ湖に初飛来した一〇月二日から一週間後には新潟県にまで南下している。クッチャロ湖で一〇〇〇羽を超えた一〇月一三日から五日後に瓢湖でも一〇〇〇羽を超えている。第二派の大きな群れが南下した一〇月三一日から時を隔てることなく瓢湖には三〇〇〇羽を超える白鳥が集まっている。クッチャロ湖では飛来した白鳥がいったん留まるだけで、どんどん南下していくために、数字の上では五〇〇羽程度の数しか把握されないが、多くは本州の越冬地に到達しているのである。

白鳥の飛来で分かっているのは、クッチャロ湖に舞い降りたものが、道南苫小牧のウトナイ湖に至り、津軽海峡を越えて青森県小川原湖沼群に渡る。この後、

日本海沿岸を南下し、八郎潟（秋田県）、最上川（山形県）、佐潟・鳥屋野潟《とやのがた》・福島潟・瓢湖（新潟県）などに到着。その後さらに河北潟（石川県）、琵琶湖（滋賀県）、中海・宍道湖（島根県・鳥取県）などに至る。一方、青森県から太平洋側を南下する群れがあり、伊豆沼・内沼（宮城県）をはじめ、阿武隈川・猪苗代湖（福島県）、利根川中流地帯（群馬県）などへ散開していく。もう一つの飛跡として注目されるのは、太平洋側の伊豆沼や阿武隈川などから本州の内陸を横断し、日本海沿

岸地方、特に新潟県の鳥屋野潟《とやのがた》・佐潟・福島潟・瓢湖などに到達するコースがあり、帰北時にはこの逆のコースをとる群れもあることである(5)。

コハクチョウとオオハクチョウではシベリアでの繁殖地が異なるために移動ルートも違う。しかし、新潟以北の越冬地では両者が混在する。オオハクチョウの多くは北海道で越冬することが多かった。道東の濤沸湖・尾岱沼《おだいとう》・風蓮湖から太平洋側に沿って霧多布湿原やウトナイ湖に滞在するのである。しかし、白鳥への給餌が定着すると本州の給餌地に滞在することが増えた。

新潟で白鳥を見続けてきた本田清はコハクチョウとオオハクチョウの比率を次のように述べている(新潟県)。

一九五五〜六五年には八対二の割合でオオハクチョウが多数派であった。渡来総数は二〇〇〇羽前後。

一九七五〜八五年頃からコハクチョウの渡来数が急上昇し、一万羽を超えるほどになった。現在、新潟県に渡来する白鳥の総数は約一万二〇〇〇羽であるが、このうち八割がコハクチョウで占められる。

白鳥の渡来が増えた理由についても日本白鳥の会の研究報告がある。それによると、給餌活動している、白鳥がねぐらとする拠点滞在湿地での食糧では全体の白鳥すべてを賄い切れない。しかし、積雪による採餌が不可能な時期を除いて、白鳥たちは近くの水田に餌を摂りに出かける。日本海側の白鳥滞在湿地周辺は水田地帯で、稲の収穫が終了した後、稲の切り株から叢生する二番穂（一〇センチほどのヒコバエ）に稲が稔る。これをついばむために白鳥が連日水田に舞い降りている。早朝、払暁とともにねぐらから群れが飛び立ち、周辺の水田部に舞い降りる。一日ここで餌を摂り、夕方、日が落ちる頃、ねぐらに戻ってくる。これを繰り返している。四月、北海道ではねぐらの湖から大豆畑に通う白鳥に遭遇したことがある。新潟平野でも、転作作物の大豆は白鳥の大好物であり、春先、雪の消えた大豆畑に多くの群れが集まっている。落ち穂と収穫の際に弾けた豆が白鳥に栄養を与えている。

白鳥が採餌のために出かける姿は、ちょうど勤め人の勤務と重なる。朝七時頃、車で勤め先に行く車の中から白鳥の出かける姿を望み、五時頃の帰宅時にはねぐらに帰ってくる群れに遭遇する。

白鳥滞在型の新潟平野では、ねぐらと餌場を交代しながら移動する群れもあり、白鳥飛来地が広く散在していることで多くの個体を養っている姿が明らかになっている。

新潟平野の白鳥渡来地は、白鳥のねぐらと捉えることができる（一九八二年）。

瓢湖	一二〇〇羽
福島潟	八〇〇羽
阿賀野川小杉	七〇〇羽
鳥屋野潟	六〇〇羽
佐潟	六〇〇羽
阿賀野川大安寺	四〇〇羽

三枚潟　　　　三〇〇羽
大河津分水　　一〇〇羽
新保大池　　　五〇羽
沼沢沼　　　　五〇羽
朝日池　　　　三〇羽（以下略）

などとなっており、白鳥飛来地（一家族五羽程度のねぐらから）は新潟県下で三〇か所近くにのぼる。このうち、一〇〇羽を超える場所はねぐらの周辺が広大な湿地や水田地帯となっていることが指摘できる。福島県猪苗代湖はやはり白鳥飛来地であるが、周辺に広い水田地帯が広がり、餌の許容量に沿って白鳥が飛来している。只見川のダムにも飛来しているが、ここは山間で周辺に水田が少なく、白鳥の数も少ない。長野県の犀川と諏訪湖も白鳥飛来地である。しかし、餌の許容量のためか、白鳥が一〇〇〇羽ひしめく瓢湖のような賑わいはない。

冬の間滞在した渡来地を去って帰北するのは二月末からである。西から徐々に東日本へ戻ってきて、新潟平野の飛来地を経由しながら北へ帰っていく。瓢湖で確認された二〇〇〇年の初飛来から二〇〇一年の帰還までの観察記録を抄録する（図24）。

一〇月一四日（土）　二三羽、コハクチョウが初飛来。昨年より一〇日遅れ。
一〇月一七日（火）　二二五羽。
一〇月一九日（木）　二二六羽、周辺の田んぼでコシヒカリを食べる姿が見られる。

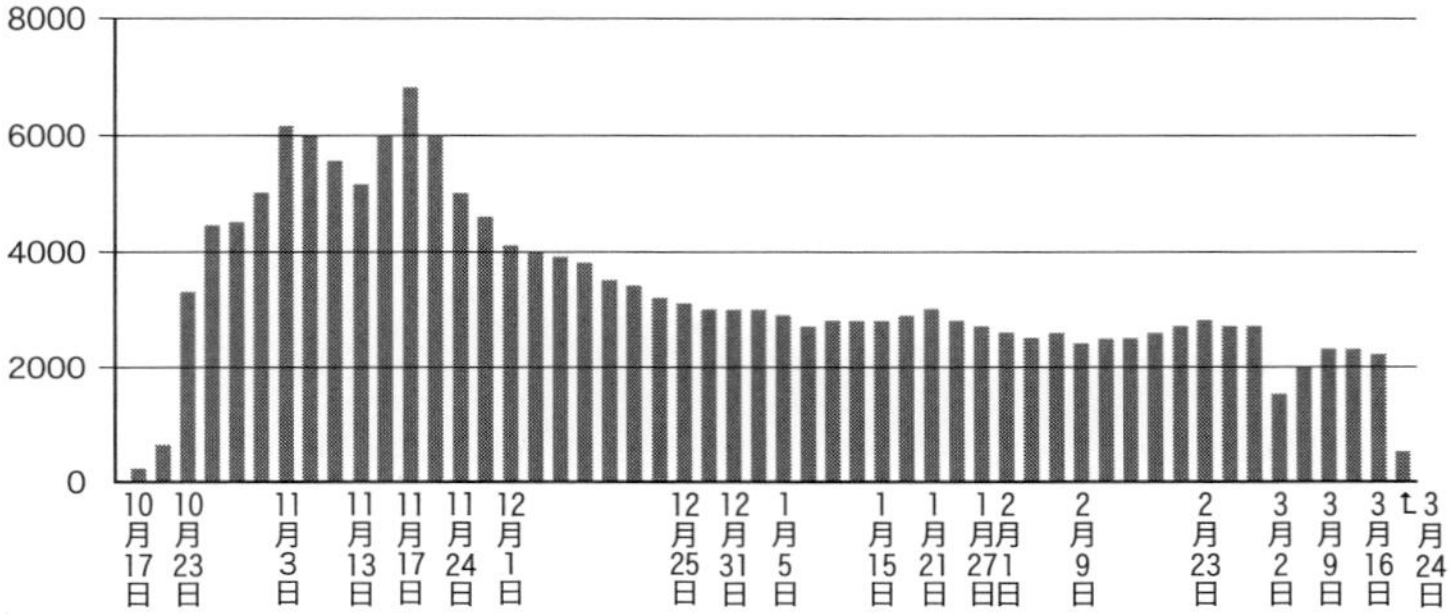

図24　瓢湖の白鳥滞在数（2000年度）.

一〇月二〇日（金）　六三八羽。早朝餌のある田に出かけ、夕方四時頃瓢湖に戻ってくる。

一〇月二三日（月）　三三〇〇羽。白鳥が多数突然にやってきた。まだ、夏季に花を咲かせた蓮の葉が、湖面の三分の二を覆っている。日暮れ五時頃には、狭いところにビッシリと集まっている。

一〇月二四日（火）　三六〇〇羽。

一〇月二五日（水）　三七四〇羽。朝六時三〇分頃に次々飛び立って餌場へ。

一〇月二七日（木）　四四五〇羽。

一一月　三日（金）　六一五〇羽。昨年より多い白鳥たちの来訪。

一一月一三日（月）　五一五〇羽。この時期、白鳥はもっと南まで移動していく。

一一月一七日（金）　六八〇〇羽。第二陣の到着で過去最高の数になる。グレーの仔どもの白鳥が例年より多く目につく。北の生育地での夏場の環境が良く、白鳥が多く生まれたと推測。新潟には雪が多く降る予測。

一一月二四日（金）　五〇〇〇羽。

一二月　一日（金）　四一〇〇羽。

一二月　八日（金）　三八〇〇羽。

一二月三一日（日）　三〇〇〇羽。

二〇〇一年
一月　五日（月）　二七〇〇羽。

一月一五日（月）　二八〇〇羽。今年は三〇年ぶりの大雪になった。

一月二一日（日）　三〇〇〇羽。

一月二七日（金）　二七〇〇羽。雪は降り続く。

二月　九日（金）　二四〇〇羽。

二月二三日（金）　二八〇〇羽。増えたのは、北へ戻る途中の白鳥たちが立ち寄っているため。

三月　二日（金）　一五〇〇羽。白鳥の見頃は終わり。

三月　九日（金）　二三〇〇羽。珍しい三月の大雪で、帰ることができない白鳥が増加。例年は、
　雪どけの田んぼで腹ごしらえをして帰るのだが、今年はまだ、一面が雪に覆われている。

三月一六日（金）　二二〇〇羽。田の雪も解け始め、米藁などを食べて栄養をつけている。


白鳥の帰北は春三月に入ると最盛期を迎える。二月下旬、西の端まで往って冬を越した白鳥が、春を告げる移動性高気圧の張り出した日に、暖かい気候に乗って徐々に北上して来る。そして新潟などにいったん落ち着き、ここから一気に北上を繰り返し、四月下旬、北海道の北の端、クッチャロ湖に集結す

図 25　編隊を組んで帰北する白鳥.

る。五月上旬にはほとんどの群れがクッチャロ湖から一気にシベリアに向かって帰北する。

二〇〇九年三月上旬、春の移動性高気圧が広く本州を覆った。移動性高気圧に覆われて、三日も晴天が続いた時、一斉に帰北する白鳥の群が編隊を組んで頭上を飛翔する姿を見送った（図25）。新潟県北、山形県境の朝日山地が海に入る所は新潟平野が海に向かって狭まり、海岸線に帰北の編隊が集中する。朝日山地の上を越える編隊も中にはあるが、その多くは海岸線を辿って飛翔していることが観察される。

早朝に数多くの編隊が北を目指して飛んでいるが、中には夜間にコォーコォーと呼び合いながら闇夜を飛ぶ編隊もある。この飛翔の姿を観察して判ったことは、早朝の最も気温の低いときに飛翔を開始していることである。上昇気流に乗れば楽であろうと人は考えがちであるが、白鳥の群れはすべからく帰北に際して空気が最も重たい早朝を選んでいることが観察される。

二〇一〇年三月一九日から二二日にかけては、大きな移動性高気圧が日本本土を覆っていた。朝六時三〇分から七時一五分の間に三〇羽から七〇羽の三つの大群が、先頭に立つ白鳥を頂点に山型の梯団編隊を組んで帰北する姿があった。見とれるほどに美しい編隊であった。新潟平野から一気に東北の次の停泊地に向かっている。このような白鳥の大編隊が頭上を通過していく日には、雲一つない日本晴れが続くことが多い。白鳥が近づくと、不思議と空は静まりかえり、いつもは騒がしい烏《からす》が、不気味な警戒音を立てる。遠くからコォーの音がかすかに聞こえ始めると、大編隊が来る。

本土からシベリアに帰るコハクチョウを追って、集結地の北海道クッチャロ湖に出向いたことがある。四月中旬のことで膨大な白鳥の集結を期待していたのであるが、数は一〇〇〇羽程度と比較的少なかった。クッチャロ湖に滞在している白鳥は、朝から広い湖の各所に散らばり、盛んに水底の水草をついばんでいた。オホーツク海最大の白鳥停留型の湖は四月中・下旬には最大数に達しているものであるが、餌付けを止めた滞在型の湖などの増大が影響しているのか、餌を自分で摂る必要性にかられた白鳥が、他の湖に展開していることが推測された。

というのも、オホーツク海沿岸を南下していくと、海に突き出た砂州の所に多くの白鳥が留まって餌を摂っているのである。サロマ湖では海底に首を入れて盛んに餌をついばむ姿が、各所に見られた。クッチャロ湖でも給餌を中止しているために、各所に散らばって餌を探す姿が見られたのであろう。

白鳥を保護するために行っている給餌は、白鳥保護に一定の役割を果たしている。そのことは、瓢湖での滞在数やクッチャロ湖での停留数に変化はあっても白鳥移動の性向に大きな変化はないことで証明される。

新型インフルエンザに備える給餌の中止は白鳥が採餌しやすい湖沼への拡散を促したといえる。本来の自然状態に近いものであり、給餌地に集結させてきた今までの方向から、より自然状態に近い姿に拡散させたと考えた方が理解しやすい。
白鳥に魅せられた全国の人たちが、飛来地を守りこれを育てようとする活動が、現在の登録湿地を招いたことは間違いない。この動きは白鳥を保護して種の持続的繁殖を促す安全保障としての役割を果たしていくばかりか、人と白鳥の本来の関係性を維持し続けるうえでも意義深いものと認識される。

3　白鳥の姿

白鳥研究の先駆者である写真家、本田清の『ハクチョウ――日本の冬に生きる』(6)は、白鳥写真集の最初で、「北から渡り来る」白鳥の飛翔の姿を一四頁にわたって掲載している。

秋、冬将軍が極北からシベリアの台地に押し寄せる。その厳しい寒気に追われて大陸の原野を旅立ったオオハクチョウとコハクチョウの群れ。山を越え海を渡る旅ののち、彼らはその白い舞姫のような姿を日本の湖沼に田園に現す。

同写真集の「越冬の日々」では、厳しい冬に生きる姿が展開される。朝霧の中、吉川繁男が瓢湖で餌を撒く姿や、氷に閉ざされ、この上で頸をこごめて雪だるま状態でじっとしている姿、泥に頸を入れて餌を探す姿、傷ついた白鳥などである。

「躍動する白い翼」では白鳥の飛びたつ姿や頸を絡《から》めて争う姿を、「北のふるさとへ帰る」では北のシベリアへ旅立つ白鳥の姿を追っている。そして、早春の白く光る山並みを指標に、山型に梯団を組んで北上する姿で終わっている。

被写体となった白鳥はその美しさと、厳しい冬を越える生命力、生き抜く行動の数々が人に伝わるように画面に切り取られている。
○白鳥の若いカップルが胸を擦り寄せる姿。
○ファミリーの縄張り争いで翼を広げて威嚇し合う双方の白鳥の姿。
○争って相手の頸のつけ根に食らいつく姿。
白鳥の渡来から帰北まで、時を追ってその生活相を写し出して、動物記となる。

連続する白鳥の各相をていねいに伝えるこれらの仕事に対し、社会的な白鳥の認識は眼に映じた瞬間の描写からのイメージが共有化されて意匠となっていく。

白鳥の生活相のどの部分が白鳥の文化として抽出され意匠化されていくのか。あらためて考察する。


「優美な姿」の意匠化　水面を優美に動く白鳥の姿が広く定着している。多くのデザインや絵画彫刻などに使われている。水面を白鳥がゆったり泳ぎ渡る姿は幼児や児童にとっても印象深いものであるらしく、描画では白鳥の姿を象ることが容易にできる程に定着している。教室でも白鳥の姿を容易に見つけることができるほどに子どもの頃から人の意識に白鳥は固定化され、周知されている。

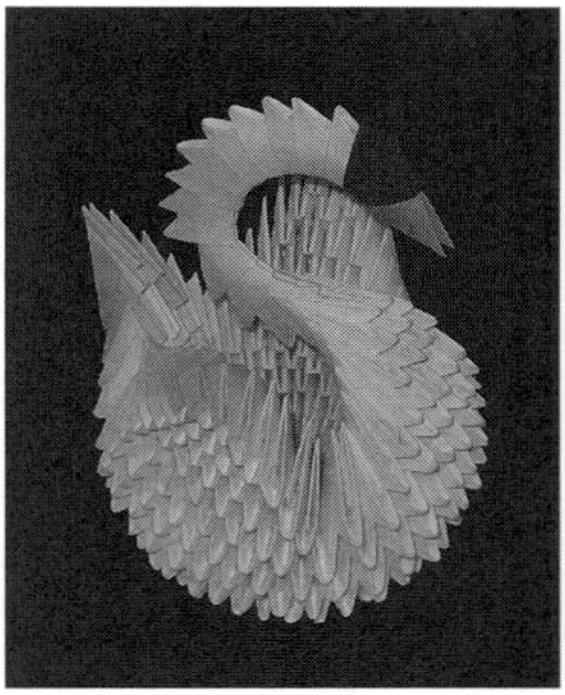

図 26　折り紙の白鳥（いずれも Wikimedia Commons より）.

磐越自動車道で郡山方面から猪苗代湖に入るトンネル正面には巨大な白鳥が描かれ、車はこのデザインの中に吸い込まれていく。猪苗代湖が白鳥渡来地であることを瞬間的に理解させてくれる見事なデザインである。白鳥渡来地を白鳥の姿で描いた道路標識は数多く、一目見て白鳥渡来地と分かるものさえある。

これら人が優美な姿を連想する意匠を白鳥以外の鳥に見出すことは困難である。白鳥といえば、条件反射的に優美な姿がイメージされるのは、人が白鳥の姿を図像化した多くの意匠と、幼ない頃から接触することによって、記憶に刷り込まれているからであろう。白鳥の折り紙（図26）なども派生する意匠の一つである。

音楽の世界でもそのことは徹底していて、サン＝サーンスの『動物の謝肉祭』「白鳥」は優雅なメロディーで学校教育活動に使われる音楽の定番となっている。学校で触れる最初の音楽鑑賞教材として使われ続けている。そして、どこの幼稚園・保育園でも昼寝の時間にかけられてきた実績がある。白鳥のゆったりした優美な姿がイメージされている音楽として、人の心に落ち着きを与えるものである。

シューベルト『白鳥の歌』は、彼の歌曲集の一つとして著名である。音楽家が白鳥から呼び起こした想像力が、セレナーデとして優雅な姿を音で表現している。

「飛翔する姿」の意匠化　白鳥の悠然と飛翔する姿は、多くの人に、出自を訪ねる旅の心を想い起こさせる。

アムール川流域に開かれたロシア、ハバロフスク州シンダの村を訪れた時、ナナイスキー（ナナイ人の住居《すまい》するところ）の学校に徽章が飾られていた。白い首筋を強調したアジアクロクマはハバロフスク州の徽章である。その横には大きな鳥の翼を広げた徽章があり、十字架状に描かれた水鳥が天を突く。こちらはナナイ族の徽章であるという。

長い首筋を真っ直ぐ立てて、十字の紋章となっている白鳥が飛翔する意匠は、大空を悠然と故郷に向かう姿を人々に連想させた。そして、十字の型で大空を悠然と飛ぶ白鳥の姿が、十字架と結びつくのは自然な心理であった。飛翔の姿が此の世からの移動の隠喩とされ、人はその姿に宗教的心情を垣間みていたのであろう。

夜空に十字を描く星座に特別な感情や意識が伝えられてきた。白鳥座である（図27～28）。

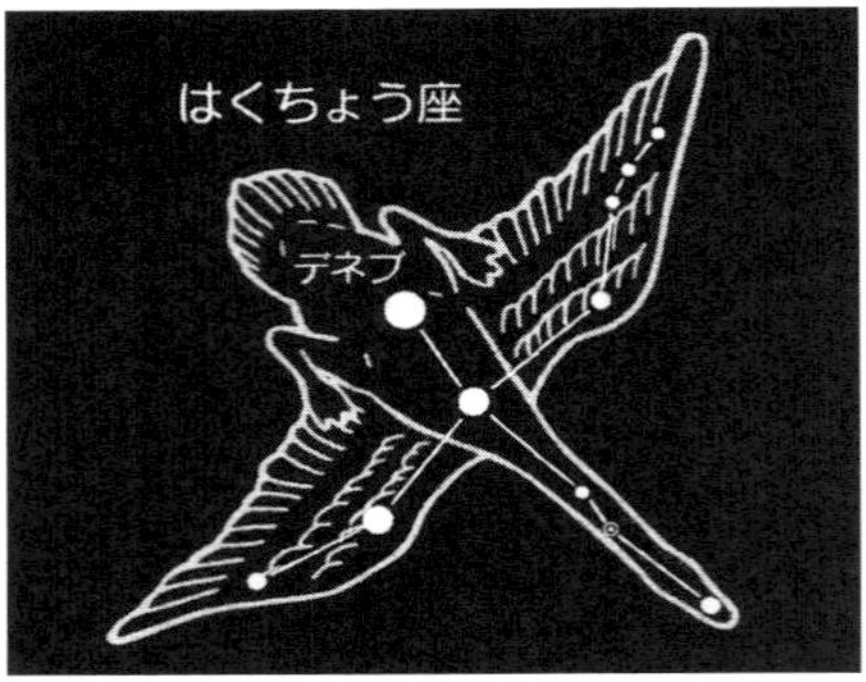

図27　白鳥座（藤井旭『星座天体観察図鑑』成美堂出版，1998，54頁より）．

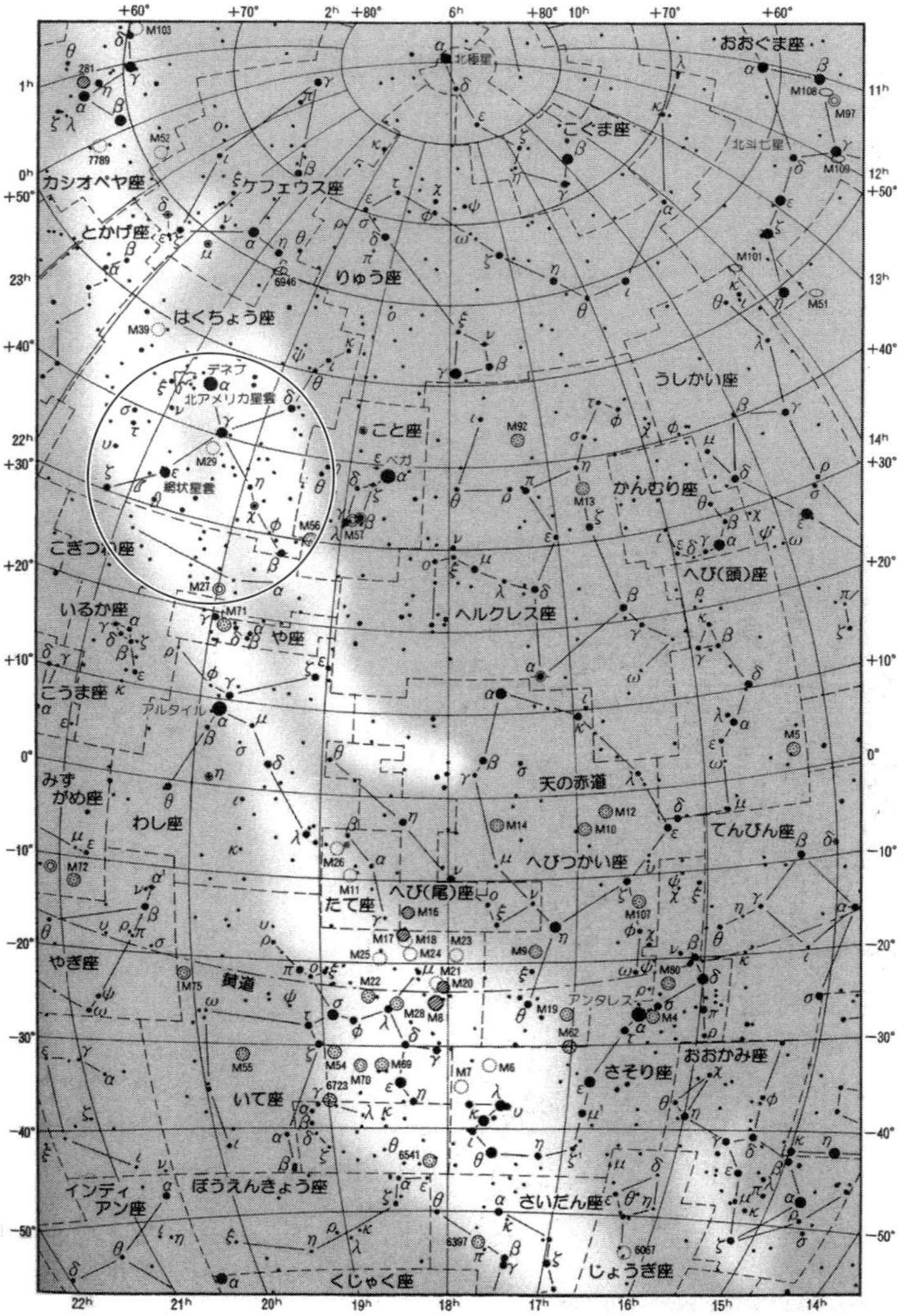

図28　夏の星座．はくちょう座（円内）は天の川に向かって十字をつくる（同前書，13 頁より）．

夏に天の川を横切る大三角形はデネブ、ベーガ、アルタイルを頂点とする。ベーガは七夕の織り姫でアルタイルが彦星である。天の川の両側を飾る。この夏の大三角形の一画に北十字の白鳥座がある。デネブを尻尾にして、頭を南に向けて大三角形を切っているのが白鳥座である。嘴《くちばし》には二等星のアルビレオが入る。この長軸が天の川に浸かっている。翼を構成する横軸にガンマ（三等星）が入り、十字を切る。ノーザンクロスである。

そして、天の川を辿った南の果てにはサウザンクロス（南十字星）があり、こちらも白鳥の形となる。宮沢賢治の『銀河鉄道の夜』は、北の十字から南の十字に天の川を辿る心象世界の物語である。

ギリシャ神話では大神ゼウスが、スパルタ王ティンダレウスの后レーダーに会いに行く時に化けた姿とされている。レーダーは卵を産んで、その一つからカストールとボルックスの双子が孵《かえ》り、もう一つからはトロイ戦争の起こりになる美女ヘレーネが孵ったという(7)。

ノーザンクロス（北十字星）とサウザンクロス（南十字星）の間を流れる銀河に天空の彼岸をみた宮沢賢治の心象世界を読み解くには、白鳥が悠然と飛翔する姿を理解しなければならない。

『銀河鉄道の夜(8)』ではジョバンニが天に召されるカンパネルラに伴って、天空に旅立つ銀河鉄道で旅を続ける。「七、北十字とプリオシン海岸」では「りっぱな目もさめるような白い十字架」が天の島の頂きに立っている姿をみる。車室からハレルヤの声が起こる。この十字架はカンパネルラとジョバンニを白鳥座に導く暗喩である。

「六、銀河ステーション」の会話に、

「ああしまった。ぼく、水筒を忘れてきた。スケッチ帳も忘れてきた。けれどもかまわない。もうじき白鳥の停車場だから。ぼく、白鳥を見るなら、ほんとうにすきだ。川の遠くを飛んでいたって、ぼくはきっと見える。」（カンパネルラ）

白鳥を天の鳥、十字架の鳥と認識していた賢治の思考をみる。そのことで、「八、鳥をとる人」の章が理解出来る。

「つるやがんです。さぎも白鳥もです。」

「さぎというものは，みんな天の川の砂がかたまって，ぼおっとできるもんですからね，そして始終川へ帰りますからね、川原で待っていて、さぎがみんな、脚をこういうふうにして下りてくるとこを、そいつが地べたへつくかつかないうちに、ぴたっと押さえちまうんです。するともうさぎは、かたまって安心して死んじまいます。あとはもう、わかり切ってまさあ。押し葉にするだけです。」

鳥とりは鶴、雁、鷺《さぎ》、白鳥の名前を挙げながら、鷺の集団での行動を死にまで敷衍する。天の川の川原でかたまって死んでいく姿を人のために死んでいく動植物に喩《たと》え、お菓子になった姿まで描く。ところが白鳥だけはこの場面でさえ具象化されない。「九、ジョバンニの切符」は白鳥区のおしまいであることをアルビレオ（白鳥座のベータ）の観測所として描く。白鳥座の嘴に当たるアルビレオは北十字星の柱、白鳥座の頭に当たる。「金色の星と、エメラルド色の五等星にわかれ、それが近ぢかとならんで輝いている、目もさめるような二重星」[9]である。賢治の描写もそのことを記す。[10]

　目もさめるような、青宝玉（サファイア）と黄玉（トパーズ）の大きな二つのすきとおった球が、輪になってしずかにくるくるとまわっていました。

ジョバンニは銀河ステーションから銀河鉄道に乗り、白鳥停車場で輝く十字架の姿に対面する。白鳥座とは賢治にとって十字架を意味したのである。

そして、「九、ジョバンニの切符」でカンパネルラが小さなねずみ色の切符を出したことで、ジョバンニと異なる天上に召し上げられたことに気づく。しかも、ジョバンニの切符は四ツ折りで三次空間から天上の幻想第四次の銀河鉄道でどこまでも行けるものであった。二人の永遠の別れがこの箇所で伏線として準備される。

天の川を北の十字架・白鳥座から銀河鉄道に乗ったジョバンニとカンパネルラは南の十字架（サウザンクロス・南十字星）で降りる。この間、天上で氷山と衝突して遭難した客船の乗客に出合ったりするが、最後まで神には会わない。ジョバンニは三次空間に戻ることができたがカンパネルラは彼岸にいく。

宮沢賢治の宇宙に彼岸をみる思想の展開は作品を貫いている。童謡「あまの川」を一九二一年に発表し、『銀河鉄道の夜』へと続く揺るぎない心の軌跡は、宇宙を天上の世界・彼岸とみる賢治の心象であったろう。

大きく翼を広げて宇宙に佇《たたず》む白鳥が文学に昇華していく姿があった。しかも、白鳥と十字架が結びつくほどに天空の彼岸に翼を広げる白鳥の姿は孤高であった。

「飛び立つ姿・羽ばたき」の意匠化　飛び立つ姿をデザインした白鳥の意匠は数多くある。本章冒頭に記した青森県警察のパトロールカーには飛び立つ白鳥意匠のマークがついている（図29）。県の鳥としての意味づけもあろう。

白鳥の北と南の渡りを交通機関が文化として織り込んだことは記した。国鉄時代に準急・特急につけられた名称では、鳥の名前が数多くみられた。特急つばめは大阪と東京を結んでいた。暖かい地から飛来するイメージがあった。

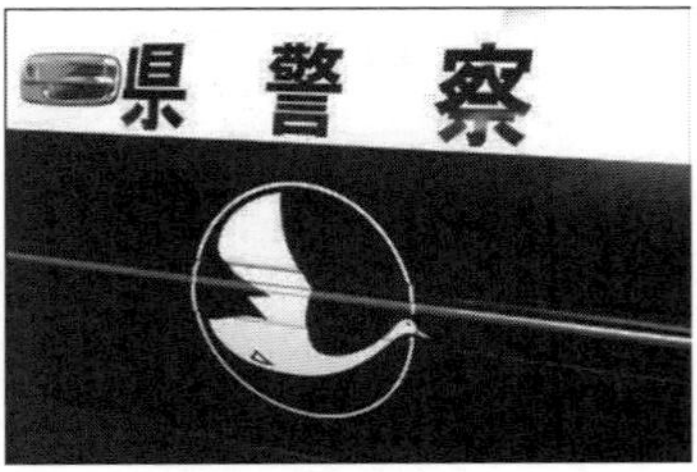

図29　青森県警察のパトロールカーにつけられた飛び立つ白鳥のマーク.

一九五〇年一月に「つばめ」が誕生したという。一九五六年一一月には東海道本線の全線電化が完成し、東京駅と大阪駅間を七時間三〇分で結んだ。

北の故郷に向かう鳥がイメージされたのが「白鳥」である。二〇〇一年三月に廃止されるまで大阪から日本海岸を辿って羽越線で青森まで通っていた特急白鳥は、先頭車両に飛び立つ白鳥を意匠化したヘッドマークが飾られていた（一一〇頁図17参照）。一日一往復していた長距離の特急で、大阪と青森をそれぞれ朝出発すれば、夕方には目的地の青森と大阪に到着する列車で、日本海側の人たちは関西と結ぶ貴重な長距離列車

図30　駒ヶ岳をバックにした「スーパー白鳥」のヘッドマーク

として重宝がっていた。しかし、上越新幹線の開通に伴って、廃止される。この列車の歴史は一九六〇年から始まるという。白鳥がはじめて列車名に採用された時は、秋田駅と鮫駅間で運転を開始した準急列車であったという。由来は経由地、国の天然記念物でもある青森県東津軽郡平内町《ひらない》の浅所《あさどころ》海岸に飛来する白鳥とされている。

一九六一年一〇月から二〇〇一年三月に廃止されるまで、大阪駅から北陸地方日本海岸に沿って青森駅に達する特急に白鳥の名称が与えられたのは、新潟県北蒲原郡水原町《すいばら》（現在の阿賀野市）の瓢湖に飛来する白鳥に由来するとされている。水原駅は吉川父子の餌付けで有名になった瓢湖に近く、白鳥飛来地の福島潟との間を通過する鉄路が北上していて、列車は飛来した白鳥が舞う水田地帯を通過するようになっていた。実際、白鳥の飛翔する姿を車窓から望むことがあった。

現在の「スーパー白鳥」は青森県八戸駅から青函トンネルを潜って函館駅まで通う。由来は北海道亀田郡七飯町の大沼に飛来する白鳥とされている。列車のヘッドマークには、駒ヶ岳をバックに大沼を飛ぶ白鳥の姿が描かれている（図30）。

いずれも、白鳥の飛来地に関わる鉄路を走るスピードの速い特急などに使われていることは、白鳥の帰北を意識したものと考えて間違いない。

飛び立つ姿は、北を意識したもので、白鳥の集団が故郷に戻る姿は帰北として人々に刷り込まれている。しかも、帰北を「北帰行」という文学的表現に昇華させた（一五四頁参照）。

「家族愛」・「カップルの姿」の意匠化　日本白鳥の会会員の研究報告に、白鳥の動物行動学的研究観察が掲載されるようになっている。越冬地では家族で行動していることや、帰北では家族単位で梯団を組むことなどが報告され、白鳥の家族に対する強い結びつきが広く人口に膾炙《かいしゃ》されるようになってきた。シベリアから飛来した白鳥の観察が進んでいた頃、飛来する群れの中にまだ灰色がかった仔どもの白鳥が親鳥と一緒に飛来することから家族での行動が理解されるようになっていった。

ねぐらとする飛来地から採餌のために周辺の水田に出かける際も、家族単位であることが観察されていて、冬を乗りきる強い絆が家族の紐帯でみられる。

また、滞在している飛来地でカップルが誕生することが多くあり、その際は首をお互いに対向させた状態で互いの嘴を合わせる行動がみられる。この状態になると、仲睦まじい雌雄の首筋が正面からみるとハート形になる（図31）。これを幸せの首輪として、ハッピーリングと命名している。北海道のクッチャロ湖をひかえる浜頓別町の商店街には、この意匠のペナントが街路灯を飾っていることは記した（一〇八頁）。

図31　ハッピーリングをつくる雌雄の白鳥（浜頓別町のホームページより）．

喧嘩する白鳥は首を斜めに突き出し、相手を嚙む動作を繰り返す。大声で威嚇しながらかかっていく姿から状況は理解出来る。

ところが、仲の良い状態では滑るように水面を移動しながら首筋で相手にサインを送っている。

長い首筋がサインを出す体の大切な部分となっていることが分かる。

本田清は一九七八年、日本白鳥の会機関紙に家族で行動する白鳥の実態を記している。一九七四年八月、極東シベリア、チュコト半島から巣立った二つの家族を観察した記録である。それによると、一つの家族は幼鳥五羽を連れた成鳥二羽の構成で、北海道クッチャロ湖を経由して一一月七日に新潟平野鳥《と》屋《や》野《の》潟《がた》に到着していること。春の帰北時までともに過ごし、一緒に帰北している実態を報告している。一方、もう一つの家族の幼鳥一羽は、家族と同一行動をとらないで太平洋側の湖沼を回っていて、帰北も別の群れにまぎれていたという。

白鳥の「仔別れ」が意外と早く、一年目の終わりには始まることを述べている。しかし、強靭な家族の紐帯は天上を山型の梯団で飛翔する姿に描かれるように親鳥を核に仔どもがつき従う、人の家族同様のつながりが顕著なのである。

白鳥に家族愛の姿を重ねる人たちの脳裏には、家族で梯団をなして飛ぶ白鳥の群れが投影されているのであろう。

4　北帰行

白鳥が北の繁殖地へ帰ることを現在では「北帰行」というようになった。新聞紙上やマスコミの報道では「白鳥の北帰行はじまる」といった見出しがみられる。

この事例から、白鳥が北に帰ることを北帰行という日本語で表現していたと考えるのが普通であるが、北帰行という日本語は本来なかった。

白鳥の会の研究者たちは「帰北」という言葉で表現している。
ところが、北帰行という言葉を使いたくなる何かが白鳥にはある。この言葉が認知されたのは、旧制旅順高等学校の寮歌「北帰行」が嚆矢であるとされている。

中国の旅順にあった旧制高校は昭和二〇年八月、日本の太平洋戦争敗戦と同時に廃校になる。

この学校に学んだ宇田博が寮歌として残したという。

寮歌「北帰行」の原曲歌詞は五番まであり、満州（中国東北部）をさすらう歌として、広く愛唱された。[11]この歌は戦後、歌声喫茶で流行し広まった。昭和三六年、レコード化によって一層知られる歌となり、小林旭主演映画『渡り鳥シリーズ』（日活）の昭和三七年正月封切り版『北帰行より・渡り鳥北へ帰る』の主題歌となる。

これが白鳥の渡りと重なり、鳥が北に帰ることを北帰行というようになっていく。

北に帰るという表現は、北を故郷とすることであり、北が希望や郷愁の地であることを意味したものである。多くの日本人にとって北が憧れの地となったのは、江戸時代享保年間から本格化する蝦夷地開発の頃からであろうか。蝦夷地の状況を見聞して幕府に開発への提言を行う『蝦夷拾遺』の刊行が、本多利明など経世済民を目指す当時の学界の提案者の間で起こってきたことがきっかけの一つである。背後には南下するロシアの影があったことはいうまでもない。日露戦争後、北緯五〇度以南の樺太（サハリン）が日本領土となってからは、樺太開発に進む人たちの間で北の故郷が出来上がっていく。しかし、太平洋戦争の敗戦に伴い、樺太はソ連軍によって占領され、日本人は北の故郷から閉め出されてしまう。

ヨーロッパにも北の故郷があった。民族の移動が繰り返されてきた土地柄だけに、地中海世界にも北の民族の移住定着がある。バイキングのシチリア上陸はパレルモなどに痕跡が残されているが、[12] 北国の十字軍への参加などによって北からイスラム世界との交渉があった。

アンデルセンは「白鳥の巣」という童話を残している。

バルト海と北海とのあいだに、古い白鳥の巣があります。その巣はデンマークと呼ばれています。そこでは、たくさんの白鳥が生まれ、育てられました。それらの白鳥の名は、けっして滅びることはないでしょう。[13]

この書き出しの後、「一群れの白鳥がアルプスの山々を越えてイタリアのミラノ地方」に住み着くランゴバルド人という。五六八年北イタリアに侵入してロンバルディア王国を建てる例を筆頭に記述が進む。

「輝かしい羽と、忠実な目を持った」ビザンツへ行った一群は皇帝の玉座を大きな白い羽を楯のように広げて守る。ヴェーリンガーという。東ローマ帝国の首都コンスタンチノープル（現在のイスタンブール）で傭兵として皇帝の親衛隊になる。

フランスの海岸へは残虐な白鳥が向かう。イングランドにもデンマークの白鳥が侵攻する。

故郷デンマークを白鳥の巣として、この国民が各地で残した功績とこれからもかたまって強い巣としてつながっていくことをアンデルセンは訴えている。

最後に、世界中の人がデンマークを指して、「白鳥の巣から聞こえてくる最後の歌」に耳を傾ける、として愛国の姿を白鳥の歌にだぶらせている。

ヨーロッパ文明のさきがけとしてケルトの文化が想定されているが、北欧からデンマーク、フランスのブルターニュ地方、イングランド、アイルランドの地帯は、白鳥と深いつながりがある。北国から南下する行動が、ローマ帝国の国々に及ぶとする考えは白鳥の渡りの行動と併行する。ユーラシア大陸全体でこのような動きのあったことは第Ⅱ部「シベリアの白鳥族」で論じる。

5 白鳥と人生

白鳥の文化について、白鳥と関わった人を起点に、多くの方面に及ぶ姿をみてきた。文化を形成してきた人たちの中には、白鳥の文化を社会に広めることを自身の人生の目的として、歓びに変えていく人たちが多くいた。

この中に、特筆しておかなければならないと考える一人がいる。人生を白鳥に捧げ、白鳥のために生きた人である。人生を白鳥とともに生きた記録は残さなければならない。文化が人生と交差した瞬間である。

瓢湖の白鳥で有名な吉川翁と同時期、白鳥の近くに居を移し、白鳥の餌付けに成功し、教育活動に白鳥の保護観察を取り入れた、青森県平内《ひらない》町小湊の畠山正光翁である。

白鳥と共に生きることを自ら述べた「小湊の白鳥とともに三〇年」記がある。(14)

私が白鳥保護観察に打ち込んで今日あるは、過去が原因をなしている。

私は海軍出身であり、松江という特務艦でパラオ島を根拠地として、大正十一・十二年と二カ年間、東・西カロリン、マーシャル、マリアナ群島地帯の海底測量に従事したことがある。航海中、一時は絶滅を伝えられたアホウドリの大群に遭遇する事がたまたまあり、実に壮観なものであった。以来軍をしりぞいて忘れるともなく忘れ去っていたが、国鉄職員であった私は、海南島から帰還して間もなく国鉄の小湊埠頭工事に軍の挺身隊とともに火薬爆薬取扱経験者として工事局より出張を命じられた。当地にきてみて驚いたのである。日本にもこんな大きな鳥のいるすばらしい所があったのかと。その時、あのアホウドリのことを思い出し、「よし、これを守っていこう」と、かたく心に誓った次第である。

工事中止後、私は一人残って残務整理にあたっていたが、残務整理も終わり、いよいよ引き上げねばならない時期が近づいた。しかし、私は引き上げなかった。永年勤務パスも恩給も振り捨て、国鉄を円満退職して、白鳥のためにとこの地に残ったのである。


昭和一九年二月から白鳥の保護観察を続け、二五年に持ち上がった転勤の話を断って国鉄を辞職。以後、三一年から本格的に餌付けを始め、保護を続けながら、三四年に九羽の白鳥の餌付けに成功する。この間、進駐軍の将校が白鳥を狙い撃ちする事件が起きている。これに敢然と抗議し、進駐軍司令官に止めさせた一人である。

小湊は陸奥湾に注ぐ河口洲の先に建てられた雷電神社を浮島のように抱き、遠浅の海が夏泊半島の樹林と反映して美観を保っている。白鳥たちは西風を防ぐ絶好の場所で越冬するのであるが、古くからの渡来地は遠浅で海苔養殖に適した場所であった。

餌付け保護の活動は地域との軋轢を起こしたことが語られている。戦後の食糧難の時代、自分は「食うや食わず」であったが、白鳥には少しずつ餌を与え続けていたのである。このような時に海苔の養殖事業が始まる。白鳥を保護する畠山に対する地域の漁民の非難攻撃は特に激しかったと回想されている。[15]

「叩いてしまえ、殺せ」と夜襲を掛けられたり、「今後も集落の世話になって暮らす気持ちがあるならば白鳥から手を引け」と、迫害を受けたことが記されている。

白鳥が使姫として神の使いであることを標榜している小湊でさえ、このような状況であった。畠山が餌付けに必死で取り組んだ戦後のこの時期は、白鳥が生存に必要な餌が摂れないことから餓死する事例が多かった。この状況をみかねて、白鳥に餌を与え始めたという。

戦後、白鳥への餌付け成功は、日本人の快挙として海外にまで喧伝された。昭和三〇年代には各渡来地で餌付けに成功していて、日本で越冬する白鳥も数が増していた。

餌付けの成功は白鳥の渡りの実態を調査する動きにつながっていく。冬の寒さの中、連日アノラック姿で餌をやっていた畠山が標識着標の白鳥を放鳥している。三羽を捕捉するだけでも、大変な苦労をしている様子が語られている。餌付けで人に慣れていた個体のみが捕捉されたのである。

白鳥の渡りを組織的に調査していた日本白鳥の会の動向は、ソビエト連邦の研究者との共同作業に発展していく。小湊に来る白鳥の繁殖地がチュコト半島近辺で、ここから日本に渡っていることが分かり始めていたからである。

三月一八日着標。成鳥は雄、幼鳥二羽は雌であった。四月一日に帰北した白鳥が四日に北海道クッチャロ湖で確認されている(16)。

北海道クッチャロ湖が日本からロシアに渡る中継地であることは、このような地道な調査の積み重ねで分かってきたことであった。

畠山翁の白鳥と共に生きる姿は、多くの日本人に感銘を与え、不屈の精神の裏にある信念を皆が学び取ってきた。現在、胸像が建てられ、白鳥保護の信念を貫いた姿が顕彰されている。日本人に自然保護の一つのモデルを示してくれた快挙である。地域社会が受け入れない時から、自身の行動で示した規範が、白鳥保護を日本の文化として築きあげていった。

餌付けの業績は、飛来する白鳥の保護と繁殖への筋道を示したことで了解される。ロシアではツンドラ地帯で繁殖するコハクチョウをレッドデータブックに登録して保護している。飛来地での順調な生存が確保されなければ、空を舞う美しい鳥の姿は日本から消えていた可能性がある。H5N1型鳥インフルエンザを保持する鴨が感染症を運ぶとされているが、鴨と白鳥の生息環境を同じくする親密なつながりほどの関係を、人と白鳥が結ぶことがあるのだろうか。白鳥は本来、攻撃性の強い、人に馴染まない鳥である。餌付けの行為は白鳥を人の支配下に置くものではなく、共に生きることで環境の保全が成就するという考え方に立つものである。白鳥の飛来から帰北までの間に膨大な環境の営みが繰り返されている。

翁にとって餌付けの行為が敵視される風潮は、生涯の快挙を否定されるものと感じたのかもしれない。

しかし、餌付けに関して科学的な考察を加えている。深い熟慮は、白鳥の立場に立って考える所から出発していることが推測される。

渡来地の自然保護のことまで考慮した本質的な考えを述べた記録がある。(17)

最近は餌付けが問題視されているが、捕獲の容易さも帰ってきた標識鳥の確認の容易さも、皆餌付けの成果であると私は確信している。

餌付けでもしておらなければ、番号を読み取れるほどの近距離までは近寄ってこないであろう。ただし、餌付けの方法を検討する必要があると私も考え始めている。自然の餌が豊富であれば餌付けの必要はあるまいが、餌の豊富な渡来地はそんなにはあるまい。当小湊も御多分にもれず年々餌の不足を来している。

渡来地の自然を守ってやることは人間には出来ることであるが、そのためには人間に守る心がなければできるものではない。しかし、白鳥の渡来地の自然は是が非でも守ってやらなければならない。それには好き嫌いに関係なく、渡来地の市町村民の協力が絶対に必要である。人間が守ってやらなければ鳥獣でも自然でも滅びてしまうであろう。そして自然が滅びるときは人間も滅びることを忘れてはならない。理解を求むること切なるものである。

ロシアの白鳥を絶滅危惧種に指定して保護する行為と、冬に餌のある日本で養う行為と相関性を持たせる必要がある。国際的な保護活動が必要なのである。翁は白鳥飛来地の自然環境保全が人や地域の力で現状維持できる態勢となることを提言して現代思潮をリードしているのである。給餌を止め、自然環境のままに任せておいて絶滅しても構わないと考える思想は、人類を現状の自然環境に任せて絶滅しても構わないとする論理に近い。

畠山翁の熟慮された思考が日本の自然保護という文化の一画を築いたことは間違いない。鳥インフルエンザが問題となれば、餌付けそのものから手を引くという現在の極端な姿勢は、畠山翁の築いた文化をよりよく理解していない。現在の課題を克服していくのも文化である。

6　白鳥の文化とその継承

白鳥が世の中の文化として取り入れられていく過程をみてきたが、文化発信の核と位置は人が担っていた。

文学の白鳥は宮沢賢治が自身の精神世界に宇宙と白鳥を位置づけたり、ギリシャ神話のゼウスのように美を利用する行為に出たりした。また、特定の民族を白鳥にたとえて大陸の南下を描くこともあった。同時に、精神世界へ飛ぶ鳥としても、大きな位置づけが西洋の説話に取り入れられた。

芸術にも数多く取り入れられ、その美から連想される音楽や、優雅な姿から取り入れられた彫刻や絵画は数知れないほどある。白鳥に化けたゼウスがスパルタ王妃に抱かれる意匠（一六八頁図32）は宝飾カメオなどで、いまも高い人気を誇っている。

白鳥は人類に至高の美を提供し続けているのである。この美をどのように描くのか。人によって行為が分かれ、それが文化になっていった。

哲学で描いたソクラテス、創世神話で描いた日本人、音楽で描いたチャイコフスキーやサン＝サーンス。枚挙に暇《いとま》がない。餌付けという文化も、白鳥に魅せられ、ともに生きようとする人たちの貴重な行為であった。

これら、発信元の核と位置は多くの連想や豊かな解釈が加えられて継承されていく。

フィンランドの創世神話『カレワラ』に着想を得て、レンミンカイネン組曲で「トゥオネラの白鳥」が誕生したり、白鳥処女説話の羽衣伝説が能の曲目になったりした。一つの文化が成立すると、これを核としてまた一つの文化が発展していく。白鳥の文化は連綿と続く。

一方、高度に交渉し合う文化ばかりではない。白鳥の意匠を最初に描くのは幼児の段階にある。一筆書きで白鳥を描いたことのない人はいないだろう。形の認識として白鳥は子供の段階ですでに認識可能な姿として登場してきているのである。人が認識を固めていく初期の幼児段階で、白鳥が大きな役割を果たす。

白鳥は、人が今まで認識できなかった美や他者といった外界を認識し、自意識を確立する過程や段階で出合う鳥なのである。これを支えていたのが白鳥の文化であった。

注

（1） 本田清『白鳥のいる風景』（日本放送出版協会、一九七九年）、『ハクチョウ――日本の冬に生きる』（平凡社、一九八四年）、『白鳥の湖』（新潟日報事業社、二〇〇一年）ほか。

（2）家田三郎「はしがき」（『日本の白鳥』第一号、日本白鳥の会、一九七三年）。
（3）吉川繁男『瓢湖白鳥物語』（三省堂、一九七五年）、『ハクチョウと生きる――瓢湖のハクチョウをめぐって』（一九七九年、大日本図書）。
（4）前掲注（1）『ハクチョウ――日本の冬に生きる』七五頁。
（5）同前書、所収。
（6）同前書、所収。
（7）呉茂一訳『ギリシア神話』（新潮社、一九六九年）、野尻抱影『星の神話・伝説』（講談社学術文庫、一九七七年）。
（8）宮沢賢治『銀河鉄道の夜』（『宮沢賢治童話全集』一一、岩崎書店、一九七九年）。
（9）前掲注（7）『星の神話・伝説』一四〇頁。
（10）前掲注（8）『宮沢賢治童話全集』一一、所収。
（11）宇田博『大連・旅順はいま』（六法出版社、一九九二年）。
（12）遠藤紀勝『バイキング――海に生きた勇者』（駸々堂、一九七七年）。
（13）アンデルセン／大畑末吉訳『アンデルセン童話集』三（岩波文庫、一九八四年）。
（14）畠山正光「小湊の白鳥とともに三〇年」（『日本の白鳥』第五号、日本白鳥の会、一九七八年）。
（15）同前。
（16）畠山正光「小湊における標識着標ハクチョウ類放鳥記録」（『日本の白鳥』第四号、日本白鳥の会、一九七七年）。
（17）畠山正光「会員のたより」（『日本の白鳥』第九号、日本白鳥の会、一九八二年）。

第五章　白鳥の歌

シューベルトの歌曲『白鳥の歌』は『美しき水車小屋の娘』『冬の旅』に続く作品で、遺作集として一般に周知されている。

『白鳥の歌』は、ルートヴィヒ・レルシュタープの詩による歌曲として七曲、ハインリヒ・ハイネの詩による歌曲が六曲、ヨハン・ガブリエル・ザイドルの詩による歌曲が一曲の計一四曲で構成されている。編集順は「愛の使い」「兵士の予感」「春の憧れ」「セレナーデ」「住処《すみか》」「遠国にて」「別れ」「アトラス」「君の肖像」「漁師の娘」「街」「海辺にて」「影法師」「鳩の便り」である。「セレナーデ」がとりわけ広く演奏されているが、この全体の曲を指して『白鳥の歌』としたのは、シューベルトの絶筆とされたからであろう。

遺作集を『白鳥の歌』とする心意は、シューベルトに限らず、人の最期の華やかな仕事を指してのことである。「死の間際、白鳥がひときわ美しい声で鳴く」ことを人に連想させ、人の生に当てはめた結果と考えられている。古代ギリシャの時代から白鳥の歌は連綿と受け継がれてきた。

人が死を意識し、最期の仕事に励むことは、遺作・絶筆などと表現されているが、辞世の句・辞世の歌は、東洋の島国にも広く行き渡っている。西洋の白鳥の歌に相当するものは、古代日本では挽歌であろうと推測している。

西洋での白鳥の歌と、極東の挽歌は、その基層につながりがみられる。

1　ギリシャ神話と白鳥の歌

白鳥の歌はシューベルトだけのものではない。古代ギリシャに白鳥の歌はすでにあった。

紀元前三九九年、裁判から一か月後、ソクラテスは牢獄で毒杯を仰ぐ。ソクラテス最期の瞬間に立ち合って死による肉体と魂の行方について哲学的議論を記したのが『パイドン』である。魂の不死と純粋性を語った書『パイドン』は、ソクラテスの魂についての考察を述べた白眉である。プラトンは、それを哲学的思想のかたちに発展させた。

ソクラテスは、死を控えた白鳥が盛んに美しく鳴くのは、人が考えるような死を恐れての行動ではなく、主なる神のもとに行けることを喜んでのことであると語る(1)。


君たちにはどうも、ぼくはあの白鳥よりも下手な占者だと思われているようだ。白鳥はいつも歌いつづけてきたのだが、自分が死ななければならぬことを知ると、その時は、いつもよりもっとさかんに、もっと美しく歌うものだよ。主なる神のみもとに行こうとしているのを喜んでね。ところが人間は、自分が死を恐れるものだから、白鳥のことも思い違いして、彼らは死を嘆き、悲しみのあまり歌うのだなどと言い、どんな鳥だって飢えや寒さの苦痛を訴えるときには決して歌わないものだということを考えてもみない。……白鳥にしても、悲しみゆえに歌っているとは思えないね。
ぼくの考えでは、白鳥はアポロンの鳥だから、予言の力をもち、ハデスにおける幸せを予見して、最期の日には、それまでよりもさらにひときわ、歌い喜ぶのだ。ぼくは、自分も白鳥と同類の召使いであり、同じ神にささげられたものであり、彼らに劣らぬ予言の力を主なる神から授けられており、この命を終えるにあたっても、彼ら以上に悲しみはしないと思う。

ソクラテスは白鳥が膝の上に留まる夢をみたことを述べていて、魂が白鳥の姿をとることを考えていた節がある。というのも、プラトンの『パイドロス』で、対話者のソクラテスは魂の不死を説き、その魂が宇宙をくまなくめぐり歩き、翼のそろった完全な魂が宇宙の秩序を支配する、ことを述べる。翼こそは神にゆかりのある美・智・善などにはぐくまれたものであるとする(2)。

この思惟をもたらしたのは、ギリシャ神話に数多く登場する翼をもつ魂と神々の存在であろう。白鳥は完全なる魂の形象であった。

美と愛の女神アフロディテの優雅な二輪馬車は、美しい白鳥に曳かれて大空を駆ける。息子エロスの恋の矢で美少年アドニスに恋したアフロディテの話である。白鳥の馬車に乗って彼に会いに行くが、キュプロスまで出かけている間に大猪の角で突かれて倒れ、アフロディテが取って返しても間に合わずアドニスは死ぬ。

また、白鳥座の起源も語られている。ゼウスがスパルタの王妃レーダーの元へ行く時に化身したのが白鳥だとされている。レーダーの美しさに魅了され、ゼウスはレーダーをものにしたいと一計を案じる。

図 32　パオロ・ヴェロネーゼ「レーダーと白鳥」（部分，16 世紀）．

ゼウスは愛の女神アフロディテに頼んで、アフロディテに一匹の鷲に化けてもらい、自分は白鳥となってスパルタに赴《おもむ》く。白鳥のゼウスはレーダーが窓辺にいるのを確かめると、彼女の前でアフロディテの鷲に追い回される。レーダーは白鳥を自分の胸に呼び込む。ゼウスが化けた白鳥はレーダーの胸で想いを遂げる（図32）。白鳥座の形はこの時の姿であるとされる。

太陽神アポロンの息子パエトンが太陽を曳く馬車からエリダヌス川（エリダヌス座）に落ちた時、その亡骸《なきがら》を探し続けた親友キュグナスが白鳥に化身する。太陽神アポロンの息子パエトンはアポロンの息子であることに誇りをもっていた。友人たちがそれを信じようとしないために、パエトンはアポロン宮殿を訪ねる。アポロンはパエトンが自分の息子であることを認めて、願いを一つ叶えると約束する。パエトンは友人たちに、自分がアポロンの息子であることを証明するためにアポロン以外はできない太陽を曳く馬車の操縦を申し出る。パエトンは馬車とともに大空へ飛び出して行く。順調に進むかに見えたが、馬たちは手綱を取るのがアポロンでないことを知ると、暴れ、馬車は定まりなく走り回り、すべて太陽の火に焼かれて多くの森や都市が火に包まれてしまう。この惨状をみたゼウスは、雷光を放ってパエトンを撃ち殺す。亡骸はエリダヌス川（エリダヌス座）へと落ちていった。この様子を見ていたパエトンの親友キュグナスが、エリダヌス川の中のパエトンの亡骸を必死で探し続ける。探し続けるキュグナスに哀れを感じたゼウスが、キュグナスを白鳥の姿に変えてやる。天に昇り白鳥座になる。

白鳥の姿は、神（ゼウス）であったり、高潔な精神の塊・魂（キュグナス）であった。肉体は滅びても、魂の不死は貫かれ、翼をもって天空に運ばれ、神とまみえることが考えられていた。

白鳥の歌は多くの思想家の仕事にも顕れる。教育学者のペスタロッチは一七四六年にチューリヒで生まれる。五歳の時、医師であった父を亡くすが、牧師であった祖父などの影響で社会正義に立つ高い教育を受けたとされている。一七六八年に農場経営を始め、農村の貧しい子どもたちに出合い、彼らを集めて学校を開く。経済的自立のための職業教育実践が、ノイホーフでの教育実践となる。

一七八〇年から一八年間にわたって著作活動を行う。『隠者の夕暮』『リーンハルトとゲルトルート』を著す。民衆が貧困から抜け出すための教育や生活の方法について述べた。一七九八年には、シュタンツでの孤児の救済活動を記した『シュタンツだより』を出している。一八〇〇年にはブルクドルフに学校を開校。『ゲルトルート児童教育法』などを著す。

一八二五年には学校を閉鎖し『白鳥の歌』を出版する。死を身近に感じたペスタロッチが、白鳥は死ぬ前に声を限りに歌うという伝説からつけた書名とされている。この二年後に彼は亡くなる。

ギリシャの哲人が思量した、高潔な魂に翼が生えて天に運ばれることも、魂が白鳥となって天に昇ると認識されることも近似の思考である。ギリシャ哲学の段階を踏まえて西欧では白鳥の歌の伝統が継承されている。これに対し、わが国の神話には、『古事記』で日本武尊《やまとたけるのみこと》の魂が白鳥となって飛翔したとする伝承がある。特異な事例と考えられやすいが、私は近似の思惟と、つながりをみているのである。

白鳥の歌では、死を受け入れて高らかに歌う西洋の白鳥に対し、日本の白鳥は静謐《せいひつ》である。ソクラテスがアポロンの鳥といった白鳥は強い光を放つ太陽と結ぶ。死は強い光、白で印象づけられる。わが国でも、死は白装束で表現され、遺体には白い晒布《さらし》が巻かれ、これを彼岸に送る遺族も白を着用した習慣が定着している。

白鳥の歌では白く輝く光と飛翔する翼が現れ、彼岸に希望をみていたことが確認される。死に際して高らかに歌う白鳥は希望を伝えていたのである。

2　アンデルセンと白鳥の歌

アンデルセンの『絵のない絵本』第二八夜は、「海が凪《な》いでいたと月が語る」ところからはじまる。(3)一羽の白鳥の翼の力が衰え、群れから離れて海藻の繁る海の面に落ちてくる。その後、暁の光が赤い雲を照らすと白鳥は力づいて飛び立つ。

暁の光が白鳥を力づける。白鳥は暁の光の隠喩として、希望の存在である。

『千一夜物語』のように、孤独な若者の窓辺に、毎晩、月が来て語ってくれる物語として三三夜の『絵のない絵本』が編まれた。この第二八夜の白鳥の歌は希望を見出す語りとなっている。
盛岡高等農林学校時代、大正七年五月から八年七月の間に宮沢賢治が翻訳したアンデルセンの白鳥の歌がある。

「アンデルセン氏白鳥の歌(4)」

「聞けよ」('Hore,')
また、
月はかたりぬ
やさしくも
やさしくも
アンデルセンの月はかたりぬ

みなそこの
黒き藻はみな月光に
あやしき腕をさしのぶるなり

おゝさかな、
そらよりかろきかゞやきの
アンデルセンの海を行くかな

ましろなる羽も融け行き
白鳥は
むれをはなれて
海にくだりぬ

わだつみに
ねたみは起り
青白きほのほのごとく白鳥に寄す
青白きほのほは海に燃えたれど
かうかうとして
鳥はねむれり

あかつきの琥珀ひかれば白鳥の

こころにわかにうち勇むかな

白鳥の
つばさは張られ
かゞやける琥珀のそらに
ひたのぼり行く

宮沢清六「兄、賢治の一生」(5)によれば、大正七年は賢治が農林学校本科を二二歳で卒業した年にあたり、菜食・寒行をしながら法華経の道を強く実行しようとしていた時代であるという。同時に、妹が肺を病み、看病・帰郷と、家族の苦難があった年でもあるという。

ドイツ語のアンデルセン『絵のない絵本』の中から、賢治は、なぜ二八夜の白鳥の歌だけを訳出したのか。

ここには、妹の病が影を落としていたからではなかったかと考えられる。同年作られた短歌に、「縮まれる肺いっぱいにいきすれば……」の文があり、妹の病を慮《おもんぱか》って祈るような言葉が続いている。そして、アンデルセンの白鳥の歌は、死の淵としてのわだつみ＝海に下がった白鳥が、暁の琥珀状の朝焼けに身を奮い立たせて羽ばたき、のぼっていく、希望を取り戻した歌なのである。アンデルセンは月が語るとしながら、強い朝焼けの光によって白鳥が再生する希望の歌を詠んでいたのである。賢治はここを忖度《そんたく》し、妹の病気回復を祈って白鳥の歌を訳出したのであろう。ここにソクラテスと類似の思惟をみる。

3　挽歌

白鳥の歌が自身の死に臨んで高らかに歌うのに対し、挽歌は死者の柩を曳いていくときに、縁者がたむける歌である。シューベルト『白鳥の歌』が自身の命名ではないように、死後、他者によって歌われるのが本来の姿であった。

『万葉集』の基本的な部立ては「雑歌」「相聞」「挽歌」である。巻一は雑歌だけで成り立ち、巻二は相聞と挽歌で構成されている。中でも挽歌は三七代斉明天皇から天智天皇、天武天皇、持統天皇、文武天皇、元明天皇の白鳳期の歌を並べて編纂してある。古代日本の人々が死に臨んで抱いた想いが顕れている。ここには柩を曳きながら歌った人々が死後の世界をどのように観念していたのかを垣間みることができる。白鳥を含む水鳥の働き、魂の布などから観想する。

一四五番に山上臣憶良《やまのうへのおくら》の歌がある。(6)

天翔り　あり通ひつつ　見らめども　人こそ知らね　松は知るらむ

皇子の御魂は天空を飛び通いながら常にご覧になっておりましょうが、人にはそれが分からない、しかし松はちゃんと知っていることでしょう。

一四一番の有間皇子が無事の帰還を願って道端の松の枝を結んだことに対して詠んだ歌である。明らかに『古事記』で倭建命《やまとたけるのみこと》が松に刀剣と布を添え結んで無事の帰還を願った場所に立ち帰る、崩御直前の故事につながる。命は死後、白鳥となって天翔る。

このように、死後、天を翔るとする考えは、当時の人たちに一般的なものとして把握出来る。

二一〇番には妻に死なれた男が葬儀以降に詠んだ挽歌がある。

うつせみと　思ひし時に　取り持ちて　我がふたり見し　走出の　堤に立てる　槻の木の　こちごちの枝の　春の葉の　茂きがごとく　思へりし　妹にはあれど　頼めりし　子らにはあれど　世間を　背きしえねば　かぎるひの　燃ゆる荒野に　白栲《しろたえ》の　天領巾《ひれ》隠り　鳥じもの　朝立ちいまして　入日《いりひ》なす　隠りにしかば　我妹子が　形見に置ける　みどり子の　乞い泣くごとに……

頼りにしていた妻が陽炎《かげろう》の燃え立つ荒野に、真っ白な天女の領巾《ひれ》に蔽われて、鳥でもないのに朝早くからわが家を後にして行かれ、入日のように隠れてしまったので、妻が形見に残していった幼子が泣くごとに……、という歌である。羽がいの山に妻を探しに行ったが会えなかったという、妻を失って呆然としている状態が描かれている。領巾《ひれ》は首から肩にかけた女性の着衣である。

この挽歌は、死者の魂が鳥となって天に昇ること、その魂は白栲《しろたえ》の領巾に包まれていることを羽がいの表現で示している。羽がいは鴨の羽に包まれることを意味した表現として六四番に「鴨の羽がひ」の記述があり、鳥の翼に包まれた状態で魂が載ることを考えていた節がある。つまり、次のように思量されるのである。

①柩に安置された遺体は白栲《しろたえ》の領巾（布）に包まれている。②死人の魂は白栲の領巾（布）に包まれる。③天に昇る段階では水鳥が白栲の領巾（布）を運ぶ。④この後、魂は羽がいによって水鳥が飛翔させる。

『万葉集』の理路整然と並べられた挽歌を読み進めていくと、『古事記』にある倭建命《やまとたけるのみこと》の柩から白鳥が飛び立つ情景と同じ光景が浮かぶ。そして、『日本書紀』の、柩の跡には白布が残っていたという記述に当たるのである。魂が白鳥となって飛んでいけば、③④は白い水鳥として最もふさわしい白鳥にその任を預けた可能性がある。

白い布で魂を包むことは、現在も各社の神迎えで行っていることである。来臨していただいた神を迎えると、神官が棹に張った幔幕を廻して包み、御輿に遷《うつ》って頂いたり、幔幕をささげたままで住民に魂（神）を示威する。

天に昇って神となった御霊も白い布でくるまれるように、飛翔する白い鳥は魂の表象であった。ところが、白鳥に直結しないで、水鳥が人の魂を遷した鳥であると認識されているふしが広く確認出来る。一五三番には大后の御歌が詠まれている。

鯨魚取り　近江の海を　沖放けて　漕ぎ来る船　辺付きて　漕ぎ来る船　沖つ櫂　いたくな撥ねそ
辺つ櫂　いたくな撥ねそ　若草の　夫の　思う鳥立つ

この挽歌では「天皇遺愛の鳥を夫の霊魂の象徴、つまり、夫そのもの」(7)と考えている。近江の海をはるかに漕ぎ来る船よ、岸辺に沿ってくる船よ、櫂をやたらに撥ねないで欲しい。夫の思いのこもった鳥、御魂の鳥が飛び立ってしまうから。

自身の魂を彼岸に送るのが水鳥で、しかもふだんから飼っていたことがこの記述から分かる。

四一六番の挽歌は大津皇子が磐余の池に浮かぶ鴨を見て詠んだとされる最古の辞世歌とされている。

百伝ふ　磐余の池に　鳴く鴨を　今日のみ見てや　雲隠りなむ

霊魂が鳥に化して雲隠れすることを死の間際に表現している。

この鴨は鳥取部《ととりべ》の人たちによって飼われていたものと考えている。現在も宮内庁では鴨池に鴨を飼育して儀式には長い柄の先に逆三角形をした網を張る叉手網《さで》で捕らえたり、捕った鴨を再び放したりしている。

『万葉集』では、歌われる貴人の近くに水鳥を飼育していた鳥の宮があって鴨を飼育していた様子を詠んだ歌が連続して記述されている。

一七〇番は殯宮《あらきのみや》を詠んでいる。挽歌の殯宮での光景を詠んでいるのであるから鳥は霊魂の顕現と考えられた。

鳥の宮　まがりの池の　放ち鳥　人目に恋ひて　池に潜《かづ》かず

鳥の宮は蘇我氏が使っていた邸宅で後に舒明皇統の離宮となった場所とされている。ここにまがりの池があって放ち鳥が飼われていたというのである。風切羽を切って放し飼いにした水鳥（鴨や白鳥であろう）が皇子の霊魂とみられたのである。

連続する一七二番と一八二番は、霊魂としての水鳥を描写している。

　鳥の宮　上の池なる　放ち鳥　荒びな行きそ　君座さずとも

放ち鳥よ、つれなく見捨てていかないでくれ。主の君がいなくても。

　鳥座立て　飼ひし雁の子　巣立ちなば　真弓の岡に　飛び帰り来ぬ

鳥小屋で飼っていた雁の仔よ、巣立ったならばこの真弓の岡に飛び帰って来ておくれ。

真弓の岡に殯宮《あらきのみや》が営まれたことを意味していることを背景として詠まれたものである。おそらく草壁の陵墓がここに造営されて、遺体を一旦安置したのであろう。真弓の岡に戻っておいでと雁の仔に言うのは、皇子が真弓の岡にいることを意味していて、殯《もがり》の仮安置の場所に滞在していたことを示している。この後、永遠の墳墓に遷《うつ》されるのであるが。

『古事記』の倭建命《やまとたけるのみこと》が白鳥となって飛翔し、留まったところを白鳥の御陵としている。河内国の志幾となっている。殯宮の原初はこの場所であったと考えている。

霊魂が鳥となって飛翔し、いったん留まる岡は、天上に昇るまでの待機所であり、自身が住んでいた故郷を一望する見晴らしのよい場所であったことが確認される。この岡に殯宮を設ける。

宮城県の白鳥神社では蔵王の峰の前面に青麻神社の岡がそびえ、もとはこの場所に白鳥神社を祀っていたと伝えられている。つまり、青麻神社の岡は天上としての蔵王山に向かう待避所としての殯宮であつたことが考えられるのである。

水鳥が放たれたのはどの時点であったか。鳥の宮の主が草壁の殯宮に遷る以前か、それとも以後か。主の霊魂が白鳥になった倭建命では死の瞬間であった。万葉人の挽歌でも殯宮の設定が、霊魂の鳥が留まる岡など天に飛翔する前段階の場所とされている。つまり、水鳥が主の死の瞬間に飛び立ち、高い岡に向かう。ここに留まって殯宮の設定場所を教える。この後、殯の周辺で飛翔し、霊魂が主と共にいることを示威し、数日後には天に飛翔する姿で昇天を現した。

序章で、殯に貴人の霊魂の形代《かたしろ》である翡翠《かわせみ》を空想したが、鴨や白鳥も同じ水鳥である。放つ鳥は、主とともにいる鳥（魂）を示したのだろうと推測する。水鳥は自らの棲み家から容易に離れない。

4　水鳥の埴輪

水鳥が近くの池で飼われていて、主の死去で放たれる光景が現出してきた。鳥には雁鴨類で代表される真雁、鴨や鴛鴦《おしどり》、鷺《さぎ》などの水鳥が想定されるが、白鳥もいたのではないかと推測する。

そのことを示す考古学上の成果として水禽埴輪が挙げられる。古墳造営時に水鳥（水禽）の埴輪を設置するものである。この中で、死者の魂と水禽の関係で注目しているのは、大阪府藤井寺市津堂城山古墳の北東内濠の方墳状施設から検出された水鳥形埴輪である（図33）。四世紀後半全長二〇八メートルの墳丘に二重の濠と堤が巡らされ、前方部の濠の中に島状の施設が設置してあり、ここに三体の水鳥形埴輪が据えられていたのである。わざわざ濠の中につきだした陸地を作り、ここに水鳥型の埴輪を置く心理は、『万葉集』の挽歌に描かれた殯《もがり》の際、鳥の宮、上の池にいた雁鴨類水鳥そのものではないか。しかも、設置水鳥形埴輪を据えていた。くびれ部には衣蓋《きぬがさ》、衝立、盾、家形など、巨大形象埴輪が出土しているのである。

水鳥形埴輪は外観からコハクチョウの特徴を示している。しかも、全国に目を転じると、約六〇の古墳から一〇〇体程度出土している。主なものを列記する。

○群馬県太田市天神山古墳から水鳥形埴輪出土。
○埼玉県行田市稲荷山古墳南西小円墳から総高七五センチ、頸長の水鳥形埴輪出土（古墳時代後期の作製、嘴を突き出した小さい頭部と、細長い首から、水辺に立つ水鳥を表現している）。
○同、瓦塚古墳の墳丘や中堤から水鳥形埴輪など出土。
○静岡県磐田市堂山二号墳円墳から水鳥形埴輪出土。
○大阪府羽曳野市誉田白鳥埴輪製作遺跡。埴輪窯一一基出土。円筒埴輪や形象埴輪（家、盾、衣蓋、靫、馬、水鳥）出土。

以上、古墳と水鳥の結びつきは、前節論じてきたように、万葉歌人の観想から描くことができた。同時に、水鳥形埴輪の出土と併行して、古墳に白鳥の名称がつくところがあり、注目される。

○山口県の白鳥古墳。熊毛郡平生町熊毛半島の中央部にある全長一二〇メートルの前方後円墳で、古墳時代中期（五世紀）造営。

○三重県鈴鹿市の白鳥塚古墳。七基から成る白鳥塚古墳群の主墳。帆立貝式古墳である。

これら古墳の中には、殯宮《あらきのみや》を示すものがあったとしても不思議ではない。『古事記』で倭建命《やまとたけるのみこと》は国内平定の後、能煩野《のぼの》で崩御。遺体は白鳥となり飛翔。白鳥は河内国志幾に留まった。後に、仲哀帝はこの地に父の霊魂を鎮めるために御陵を造る。濠には白鳥を放したと伝えられている。つまり、水鳥によって運ばれた御霊を祀るのが御陵としての古墳であったと考えることは許されよう。

図33　藤井寺市津堂城山古墳出土の水鳥形埴輪（アイセル・シュラホール展示より）.

古墳が高台に立地している全国の事例に照らしても、殯宮の性格が反映される。民を見守るために高台に設営したとか、古代国境の高台に境の標・地鎮めのために設けた、など考えられるが、葬送のあり方としては、殯宮に行き着くのである。死者の魂を運ぶ鳥がどの高台に飛んでいって留まるのか、古人はふだんから観察していたのではなかったか。

考古学上の課題として、水鳥形埴輪と、弥生時代の鳥形木製品との違いが明確でないことがあった。

不思議なことに日本の縄文時代には鳥意匠の土器や鳥形の造形はほとんどみられない。一万年の間、鳥に対する縄文人の想い入れはどうなっていたのだろう。ところが、続く弥生時代からは鳥意匠が頻出してくる。銅鐸には鶴か鷺《さぎ》と思われる水鳥が描かれているものがある。

弥生時代の鳥形木製品は紀元前二世紀頃から近畿地方で作られるようになり、一世紀後半には東海地方に伝播したとされている。大阪府の池上・曽根遺跡の環濠から鳥形木製品が出土。静岡県では登呂遺跡や雌鹿塚《めがづか》遺跡から出土している(8)。

鳥形土器は鳥の姿を象った土器で、やはり静岡県浜松市井通遺跡などから出土している。一連の流れに沿うように鳥や動物を象った形象埴輪が古墳から出土する。

そして、四世紀後半、古墳に設置された水鳥形埴輪が発掘されるようになるのだ。

弥生時代から古墳時代と、鳥に関する人の思惟はつながっていたのだろうか。

翼を広げて飛翔する鳥の形をとる鳥形木製品は鳥竿を立てて農耕儀礼を行う事例から考察されたり、墓の上に「スヤ」と呼ばれる祠《ほこら》を建て、屋根に木製の鳥を取りつける長崎県の例が考慮されたり、鳥居の起源として魔を払う役割が想定されたりした。しかし、古墳から埴輪として出土する水鳥形埴輪は明らかにその設置の意図が死者に対するものであることは強調することができよう。

5　白鳥と白布

現在の喪服は黒い。しかし、上代には白い布で覆われていた。死者は白布をまとい、葬送の人々も白衣で参列した。死者の白布には魂がまとわっていると考えられ、形見として縁者に残されることがあった。『万葉集』六三六番「我が衣形見に奉る……」などの他に、衣を魂のありかとして手元に置くことが散見される。

『万葉集』一五〇番に天皇が崩御されたときに婦人が作った歌として、次のものがある。

うつせみし　神に堪へねば　離れ居て　朝嘆く君　放り居て　我が恋ふる君　玉ならば　手に巻き持ちて　衣ならば　脱ぐ時もなく　我が恋ふる……

神となった大君のお供をすることができないので、もし大君が玉だったらいつも手に巻きつけて持っていよう、また衣だったら脱ぐ時もなくいつも身につけていよう、という歌である。

衣は麻で織られた白い布である。白布は魂のこもった形代であった。だから形見となった。白い水鳥は帝の魂の表象であると同時に、衣を織る女性の表象でもあった。魂を羽がいして飛翔する衣を織る女性・織り姫を白鳥で表象したのは、死者の魂を羽がいして飛び去る姿を重ね合わせた結果である。

青森県雷電神社の白鳥は使姫と呼ばれている。漠然と神の使いと考えるべきではなく、織り姫の使いと考えるべきなのだろう。

そのことは、『万葉集』に二つしかない白鳥の歌の理解につながる。

五八八番は笠女郎《かさのいらつめ》が大伴家持に贈った歌である。

白鳥の　飛羽山松の　待ちつつぞ　我が恋ひわたる　この月ごろを

飛羽山の松ではないが、おいでをお待ちしております。この何か月も。という歌である。もう一つは一六八七番、柿本人麻呂の歌である。

白鳥の　鷺坂山の　松蔭に　宿りて行かな　夜も更《ふ》けゆくを

鷺坂山の松蔭に泊まりましょう、夜もふけてきたことですし。という歌である。いずれも、恋の歌である。なぜ白鳥が松（待つ）と懸かって考えられたのか。『古事記』とのつながりをみているのであろう、と推測している。

白鳥は倭建命《やまとたけるのみこと》の魂を運んでいる。倭建命は松に衣と刀を手向けた場所まで戻ってきて死を迎える。衣も刀も倭建命の魂そのものである。魂を運ぶ鳥が衣と刀の表象であったとする論理は万葉人に受け継がれたと考えてもよかろう。

白布は魂のありか、松に手向けた布と刀は主の魂のありかを示す。その布（魂）を運んだのが白鳥であった。松と白鳥はこのようにつながっていったのではなかったか。

第3節「挽歌」の冒頭に記した『万葉集』一四五番の松も、このつながりの中にあったと考えられるのである。

ソクラテスは「翼のそろった完全な魂が宇宙の秩序を支配する」ことを考え、白鳥が魂を運ぶ鳥であることを記している。同様の思惟が古代日本の倭建命の魂で顕れる。松に掛けた布は魂のありかとして、あるいは魂を包むものとして思量される。

ここで、布が翼と重なり合う事例を追加する。古代エジプトの原始キリスト教会建物ドームに、十字架にからまりつく白布の意匠がある（第六章参照）。

キリストの昇天を扱った意匠では、中央に描かれた昇天するキリストの四隅に白い布をなびかせた四天使が描かれるものが多い。昇天するキリストを囲む四天使は翼を備えるようになっていく。天使の白い布をなびかせる意匠から白い翼を背負った意匠への変化には布（魂の表象）から翼（魂を包む表象）への変化が見てとれる。

ソクラテスの考えた、完全なる魂に到り、翼をもって宇宙を飛翔する姿は、その基層に魂を衣で表し、衣が昇天したり空中を飛翔する意識が潜んでいると考えることができるのではなかろうか。

中国敦煌の飛天は布をまとって天と地を往き来する様が描かれている。翼のある魂と同じ意味を持つ図柄と考えられるのである。東西の文化が融合していくヘレニズム文化に、飛天の衣が天使の翼と混じり合う意匠がみられる（第六章参照）。

ソクラテスの、翼の生えた完全なる魂、として描かれる白鳥の翼は、僅かに東側に位置をずらすだけで飛翔する白い衣となっていた。『千一夜物語』の「空飛ぶ絨毯」の話を連想するまでもなく、織物・布が空と地を往き来するとすると考えた古人の想念が衣と翼を結びつけていったことは間違いなかろう。

ギリシャ神話には衣が自身や配偶者の魂そのものであることを示す語りがある。

オデュッセウスがトロイア遠征に出かける。妻のペーネロペーはイタケーに留まって子供を育てながら留守を守る。夫が冒険で長年留守にしている間、ペーネロペーの美しさにひかれ、一〇八人の求婚者が現れる。結婚を迫られると、ペーネロペーは一計を案じた。彼女が織っている織物が織りあがったとき、求婚者のひとりを選ぶというものである。求婚者たちはこれを信じたが、ペーネロペーは昼に織った織物を夜になると解いていた。三年後に露見してしまうが、王宮にあった弓を引くことができたものと結婚すると宣言して難を逃れる。

戦争と放浪を経てオデュッセウスが戻ってこの弓を引く[9]。

ペーネロペーの織っている布は配偶者のものであり、自身の魂を込めた具象である。魂の具現物としての布なのである。布は織姫の魂であり、布を受け取る人は伴侶であった。布を解くのは自身の魂をも解いてしまうことになる。魂は白い衣に包まれ、完全なる魂が翼を備えるとする理解は、魂を運ぶのが極東では白い布であり、地中海世界では白鳥であった。

注

(1) プラトン／池田美恵訳「パイドン」(『世界の名著』六、中央公論社、一九七八年、五三五～五三六頁)。
(2) プラトン／藤沢令夫訳『パイドロス』(岩波文庫、一九六七年、七二頁)。
(3) アンデルセン／大畑末吉訳『絵のない絵本』(岩波文庫、一九五三年、八四～八五頁)。
(4) 宮沢賢治『雨ニモマケズ』(『新版・宮沢賢治童話全集』一二、岩崎書店、一九七九年、一〇二頁)。

(5) 同前『新版・宮沢賢治童話全集』一二、二三頁。
(6) 佐佐木信綱編『新訂 新訓・万葉集』上・下巻(岩波文庫、一九二七年)、青木生子ほか校注『萬葉集』(新潮日本古典集成、一九七六年)。
(7) 同前、青木生子ほか校注『萬葉集』一二〇頁。
(8) 磯部武男「発掘された鳥は語る」(『しずおかの文化』静岡県文化財団、二〇〇八年)。
(9) 呉茂一訳『ギリシア神話』(新潮社、一九六九年)。

第六章　天使と飛天

乾いた灼熱の大地に生まれたキリスト教では、麻布、亜麻布《あま》をまとうことに特別な位置づけがある。イエスの誕生に、ベツレヘムで「マリアは月が満ちて、初めての子を産み、布にくるんで飼い葉桶に寝かせた。」（『ルカによる福音書』二章七節）

イエス・キリストは神の小羊として、人を救う贖《あがな》いのために十字架につけられる。死後イエスの体は、墓に葬られる。遺体を引きとったのがヨセフである。「きれいな亜麻布に包み」、「ヨセフは亜麻布を買い、イエスを十字架から降ろしてその布で巻き、岩を掘って作った墓の中に納め……」（『マタイ伝』二七章五九節、『マルコ伝』一五章四六節、『ルカ伝』二三章五三節、『ヨハネ伝』一九章四〇節）と、記述される。

復活の後、天に昇ったイエス・キリストの姿は『ヨハネ黙示録』（一章一三節）にある。「燭台の中央には、人の子のような方がおり、足まで届く衣を着て、胸には金の帯を締めておられた。」

『ヨハネ黙示録』は、これから起こる終末の出来事を神の僕《しもべ》たちに示すため、イエス・キリストの黙示として、天使が此の世のヨハネに伝えたものである。此の世の終わりに関わる記述として聖書の最後に編まれている。

黙示録にある重大な出来事である小羊の婚宴は天に昇ったイエス・キリストの婚姻を描く。

（前略）小羊の婚礼の日が来て、
花嫁は用意を整えた。
花嫁は、輝く清い麻の衣を着せられた。
この麻の衣とは、
聖なる者たちの正しい行いである。（『ヨハネ黙示録』一九章八節）

「輝く清い麻の衣は聖なる者たちの正しい行い」の象徴であることが了解されている。この時、ヨハネが天使を拝もうとすると、天使はこれを拒み、「イエスの証《あかし》を守っているのであって仕えるものである」として、神への礼拝を指示する。

一連の出来事の中で、麻の衣の持つ意義が浮かび上がる。

婚礼に続く「白馬の騎手」は、天の軍勢を率いるイエス・キリストの姿であり、白く清い麻の衣を身にまとう一群をも引率する。この軍勢は太陽の中に立つ天使の号令ですべての空の鳥たちに命じ、神の大宴会であるからと、此の世の権力者や偽善者・偽預言者を貪り食べさせてしまう。

黙示録に記述される此の世の終末と類似の記述が、預言されていたのは旧約聖書の世界である。旧約の記述でも、イエス・キリスト以後（新約）が予言されていた。旧約聖書『ダニエル書』一〇章「終わりの時についての幻」に次の記述があり、ここでも神の姿は麻の衣で象徴される。

ペルシアの王キュロスの治世第三年、ダニエルに一つの言葉が啓示された。

ダニエルは三週間にわたる嘆きの祈りをしていた。一月二四日のこと、チグリスという大河の岸に私はいた。目を上げて眺めると、見よ、一人の人が麻の衣を着、純金の帯を腰に締めて立っていた。体は宝石のようで、顔は稲妻のよう、目は松明の炎のようで、腕と足は磨かれた青銅のよう、話す声は大群衆の声のようであった。

白く清い麻の衣を身にまとうのが神の姿で神は天上にいる。側に仕えているのが天使であり、鳥は天使の命令で動く。天と地を実際につなぐものは天使であり鳥である。
天上の麻布、地に降《くだ》る天使と鳥が、キリスト教から派生する数多くの芸術作品に結晶している。

1　天上の亜麻布と「衣を裂く」

亜麻《あま》布がイエス・キリストの遺体を包んだ聖なる布であったように、この衣を身にまとうのは神の意志にかなうものとして位置づけられている。
旧約聖書『創世記』にイスラエルの子・ヨセフの物語がある。兄たちに疎まれエジプトに売られてしまうが、エジプトのファラオがみた夢の謎を解き、飢饉を救う。ファラオの信頼を得て宮廷の責任者になる。ファラオは「印章のついた指輪を外してヨセフの指にはめ、亜麻布の衣服を着せ、金の首飾りをヨセフの首にかけた。」(『創世記』四一章四二節)
イエス・キリストの聖衣、ファラオの衣服が編まれた亜麻布はアマ科植物の茎から採る繊維で織られる。この植物は高さ一メートル、小葉は互生、青や白い花を咲かせる。日本では明治時代に北海道開拓使が栽培に成功したとされ、歴史上、日本でいう大麻や苧麻《ちょま》の麻とは異なる。『出エジプト記』に、イスラエルの民をエジプトから去らせない頑《かたく》なファラオに対し、雷と雹《ひょう》で作物を実らせない場面が出てくる。「亜麻と大麦は壊滅した」（九章三一節）という記述である。大切な作物として栽培されていたことが記録されている。

聖書に描かれた時代、この衣を身にまとうことが出来た人たちは権力者や神の意志に沿う聖職者など、特別の人であることが了解されている。祭所の幕屋にも祭壇にも亜麻のより糸を使うことが指示されており、祭祀を司る者の衣服は亜麻の布で織られる。

『申命記』二二章には「毛糸と亜麻糸を織り合わせた着物を着てはならない」とされ、神の僕《しもべ》としての民の生活に、事細かい繊維の禁忌まで決められている。

ところがこの聖なる「衣を裂く」という記述が描かれている箇所がある。特に旧約の時代、戦に明け暮れた人々が、勝利を神の意志と捉えていた頃の記述である。

ダビデは自分の衣をつかんで引き裂いた。共にいた者は皆それに倣った。彼らは、剣に倒れたサウルとその子ヨナタン、そして主の民とイスラエルの家を悼んで泣き、夕暮れまで断食した。（『サムエル記下』一章一一節）

『創世記』のヨセフがエジプトに売られる場面でも、父親の嘆きが衣を裂く。父ヤコブは息子が野獣に喰われて死んだと思っていた。

ヤコブは自分の衣を引き裂き、粗布を腰にまとい、幾日もその子のために嘆き悲しんだ。（『創世記』三七章三四節）

衣を裂き、嘆く場面は、神の意志が自分の思いと決定的に異なった場面で、人が神の意志を渋々受け入れて悔い改めるところで表現される。

神の意志にかなう者として授けられた貴重な亜麻布の衣を裂くというのは、自身の高慢な心を悔い改める懺悔を意味する。衣を裂き、改めて、神の意志を知るのである。

この布をまとうことは、神とつながる者を隠喩としている。

中国唐代の『酉陽雑俎《ゆうようざっそ》』の死者の衣を切り取って置くこと、日本の古俗である死者の形見としての袖、日本武尊《やまとたけるのみこと》の布。いずれもまとっていたその人を示すものであると同時に、天との結びつきが布に込められ隠されていることを忘れてはならない。

2　地に降る天使と鳥

キリスト教世界では天に昇ることが出来るのは、此の世で神の僕《しもべ》として清い生活を送った者の特権とされる。一人一人は死後の裁きを経て天国か地獄か、神によってふるい分けられる。天に昇ることが出来る者はよほどの聖人でしかない。そして黙示録には此の世の終わりが準備されていて、ここには神の「最後の審判」まで整えられている。

特別な例としては、生きながら天に昇ったステパノのように、天上の神が彼の行状を見届けて聖化し成就した特別な事例もある。天に昇ることはキリスト者の究極の歓びであり名誉である。当然のように天は極めて狭い門であった。

人が願って昇ることが出来る場所ではない天では、神がすべてを統《す》べる。神の意志を伝え、人を守護し導くためには、神から派遣される使者が必要であった。特定の人に現れて導く。これが天使である。しかし、神が直接語りかけて導かれる場合がある。『出エジプト記』ではモーセに、新約の時代にはイエス・キリストに神が直接働きかける。これら、画期となる場面での神の介在と、天使を通した神の介在は人の思惑とはかけ離れたことであった。

『マタイによる福音書』三章にバプテスマのヨハネからイエス・キリストが洗礼を受ける場面がある。

　イエスは洗礼を受けると、すぐ水の中から上がられた。そのとき、天がイエスに向かって開いた。イエスは、神の霊が鳩のように御自分の上に降《くだ》って来るのを御覧になった。そのとき、「これはわたしの愛する子、わたしの心に適う者」と言う声が、天から聞こえた。

天が開くのは神の降臨の証《あかし》である。ここから鳩のように降ってくる霊はキリスト教絵画の意匠となって、白鳩がキリストの頭上に描かれる。天と往き来できる鳥に神の霊の具体的姿を重ね合わせた人々の存在がある。

新約聖書で天使が神の意志を伝えに来る場面は「受胎告知」にも描かれている。

○新約聖書『マタイによる福音書』一章二〇節から

主の天使が夢に現れて言った。「ダビデの子ヨセフ、恐れず妻マリアを迎え入れなさい。マリアの胎の子は精霊によって宿ったのである。」(中略)

占星術の学者たちが帰って行くと、主の天使が夢でヨセフに現れて言った。「起きて、子供とその母親を連れて、エジプトに逃げ、わたしが告げるまで、そこにとどまっていなさい。」(中略)

ヘロデが死ぬと、主の天使がエジプトにいるヨセフに夢で現れて、言った。「起きて、子供とその母親を連れ、イスラエルの地に行きなさい。」

○新共同訳聖書『ルカによる福音書』一章一一節から

香をたいている間、大勢の民衆が皆外で祈っていた。すると、主の天使が現れ、香壇の前に立った。……六か月目に天使ガブリエルは、ナザレというガリラヤの町に神から遣わされた。ダビデ家のヨセフという人のいいなずけであるおとめのところに使わされたのである。そのおとめの名はマリアといった。天使は彼女のところに来て言った。おめでとう、恵まれた方、主があなたと共におられる。……

天使は言った。「マリア、恐れることはない。あなたは神から恵みをいただいた。あなたは身ご

図34　レオナルド・ダ・ヴィンチ「受胎告知」（ウフィツィ美術館蔵）.

もって男の子を産むが、その子をイエスと名づけなさい。」

「受胎告知」はキリスト教世界の最も知られた場面であり、多くの絵画などで意匠化されて、信仰を広めるために語り続けられている。

レオナルド・ダ・ヴィンチ「受胎告知」（ウフィツィ美術館蔵）は右にマリア、左に天使が描かれている。天使の背中には鳥の羽がついている（図34）。

天と往き来できる姿として、天使は鳥の翼を背負うことで具体的に意匠化され、人の意識に取り入れられてきたことは容易に想像がつく。

バプテスマのヨハネからの受洗に、天から降《くだ》った鳩が描かれるように、天との往き来は当初、鳥で表現されていたのである。

3　天地の往来と天使

キリスト教世界では神と人をつなげる使者として天使が想定されている。天使に翼を持たせた理由について考える。神は天にい

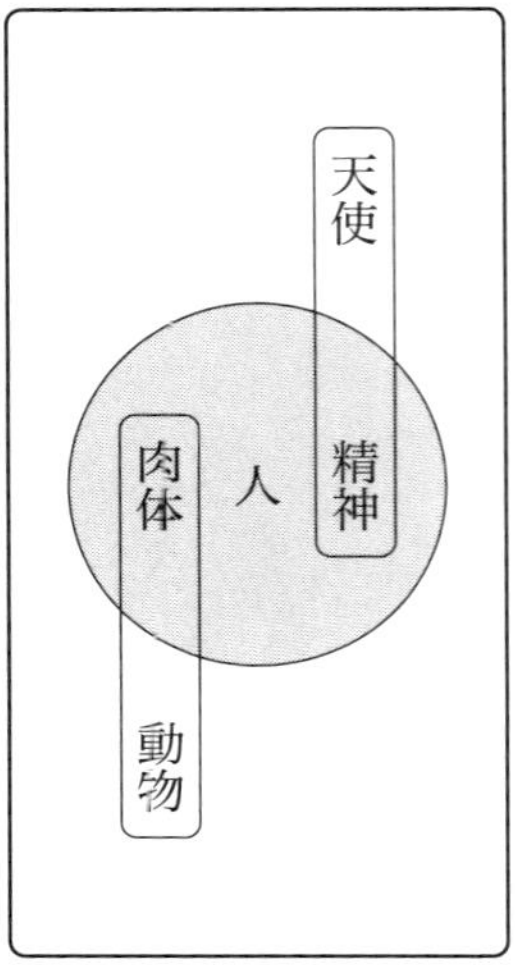

図35　天使・人・動物の定義.

て人は地で啓示を受ける。天から降りてきてまた戻っていくためには、空を飛ぶ翼が必要なのである。

ところが、天使の概念は途方もなく難解であり、空を飛ぶ鳥をまねて天使の意匠にしたというような単純なものではない。しかも、神の衣としての亜麻布が天使とどのような関係にあるかの検討などは、一般のキリスト教会信者に語られてきた形跡もない。ところが人は天に白衣の神を仰ぎ見て、神からの使者・天使を論じている。

天使は「人間を中間に置いた場合に動物とは反対の側に見出されるもの」という定義がある。[1] 人間は心（あるいは精神）と肉体からできているが、動物は肉体だけで精神のない存在である。天使は目に見える体は持たない精神のみの存在、と解説する（図35）。

聖書では「受胎告知」と「黙示録」終わりの時の記述に頻出する。旧約聖書『ダニエル書』一〇章「終わりの時についての幻」（新共同訳聖書 一三九七～九八）では次のように記される。

ペルシア王国の天使長が二十一日間私に抵抗したが、大天使長のひとりミカエルが助けに来てくれたので、わたしはペルシアの王たちのところにいる必要がなくなった。それで、お前の民に将来起こるであろう事を知らせるために来たのだ。

今、わたしはペルシアの天使長と戦うために帰る。わたしが去るとすぐギリシアの天使長が現れるであろう。しかし、真理の書に記されていることをお前に教えよう。お前たちの天使長ミカエルのほかに、これらに対してわたしを助けるものはいないのだ。

麻の衣を着て純金の帯を締めるのは新旧約聖書を貫く神の姿である。これに仕える天使にはいくつもの階層がある。

天使の社会には神に最も近い最上位の天使から始まって人間に最も近い最下位の天使に到る位階秩序（ヒエラルキア）が見出される。（中略）上からセラフィム、ケルビム、王座、主権、ちから、権能、かしら、大天使、天使の順となっている。[2]

天上に位階があるとする考え方で、トマス・アクィナスが天使論を発展させた。[3]一方、ルドルフ・シュタイナーは「人間よりも上の位階の霊的ヒエラルキー」として天使の本質を定義する。それによれば、

一般的な天使の名称	『神秘学概論』（シュタイナー）での名称
セラヒィム（熾天使）	愛の霊たち
ケルビム（智天使）	調和の霊たち

トローネ（座天使）　意志の霊たち
キュリオテテス（主天使）　叡知の霊たち
デュナミス（力天使）　運動の霊たち
エクスシアイ（能天使）　形態の霊たち
アルカイ（権天使）　人格の霊たち
アルヒアンゲロイ（大天使）　火の霊たち
アンゲロイ（天使）　薄命の霊たち

に分かれている。(4)

シュタイナーは人と天使の交わりを眠りや無意識の状態に求め、人の霊的成長によって守護天使がより強く働くことを述べている。天使の翼は人の霊を包み込む。ここでは、天使が単なる神のメッセンジャーではない。一人一人の周りにいて、人の霊的成長を促す役割を果たすものなのである。衣同様、まといの天使という喩えを提示できる。

4　天使の姿

古人が天使をどのように意識していたのか知る必要がある。白鳥処女説話が語られ始めた世界では中国の『捜神記』、シベリアで語られてきた民話「白鳥女房」、あるいはペルシャの『千一夜物語』といずれも大陸の水辺が舞台となっており、説話は人の生活が始まった水辺でともに暮らした、白鳥に限らない普通の水鳥たちが始源である。

同時に、キリストや聖書の聖人のまとった白く輝く布、亜麻布・麻布が天使と深く関わる。背中に翼を背負う姿となる以前には、白く輝く布をはためかせて天に昇るキリストの姿が描かれ、天には白く輝く布をまとった神の軍団が天使を従えて控える。

天使の姿には白鳥処女説話が内包する二つの要素、羽衣・布と家族のいずれの要素も入り込んでいる。キリスト教関係の意匠をみていくことによって、人々が天使をどのように意識化していたのか探りたい。特に三一三年コンスタンティヌス大帝によるキリスト教の公認、いわゆる「教会の勝利」から広く描かれるようになる聖書の物語や神の姿と天使の描写に手がかりを探る。

ローマ、サンタ・コンタンツァ聖堂の周歩廊天井モザイクに、三六〇年頃作られたと推定される、童子と動物モティーフのメダイヨン装飾がある。グピドー（キューピー）を思わせる童子が背に白い羽を負い裸体に長い衣を巻いてはためかせている。エジプトのソハーグにあるディル・エル・アビアド（白修道院）のドーム形天井に四六六年以前に作られたとされる十字架を中心とした意匠がある。十字架にキリストがまとった聖衣が架けてある。ちょうど縦柱の後を通して横木両側になびかせるように聖衣両端が描かれている意匠である。円形に描かれたこのモチーフを両脇で天使が支えている。天使には僅かに背負った羽が小さく描かれている。(5)

翼を背負った天使の出現が、初期キリスト教意匠のどこまで溯るのかは不明である。ギリシャ＝ローマ神話の翼を背負ったイカロスやグピドーの意匠とつながっていることは容易に推測できるが、初期キ

描かれた題材と所蔵場所	年　代	備　考
○契約の櫃 フランス　ジェルミニ・デ・プレテオドゥルフの礼拝堂 　アプシス・モザイク	800 年頃	聖櫃を囲む四天使
○キリストと天使 ローマ　サンタ・ブラッセーデ聖堂　サン・ゼノーネ礼拝堂　穹窿天井 　モザイク	820 年頃	中央にキリスト 四隅に天使
○大天使 イタリア　サン・ヴィンチェンツォ・アル・ヴォルトゥル修道院聖堂 　クリュプタのアプシス壁画	824 〜 842 年	
○『トリーア黙示録』勝利するキリストと天の軍団 　ドイツ	9 世紀前半	天上で白馬に乗るキリストと天使 ヨハネ黙示録の意匠
○大グレゴリウス著『ヨブ記註解』　荘厳のキリスト 　マドリード国立図書館	945 年	中央にキリスト 囲む四天使
○エリコの城壁近くで大天使と会う『ヨシュア画巻』 　ヴァチカン図書館	10 世紀中頃	旧約の物語描写 白い翼の天使
○『大天使ミハイル』イコン ヴェネチア サン・マルコ大聖堂宝物館	11 世紀	
○キリストの昇天 マケドニア　オフリド　スヴェタ・ソフィア聖堂　内陣 天井 　フレスコ	11 世紀中頃	キリストを囲む飛天のような天使
○『キリストの墓を訪ねる聖女たち』 セルビア ミレシェヴァ修道院主聖堂 　ナオス・フレスコ	1228 年以前	キリストの背に黒い翼
○『聖骸布』 セルビア　ストゥデニツァ修道院宝物殿	14 世紀	キリストの遺骸の周りに五天使

表 1　初期キリスト教の天使像

出典：高橋榮一編『世界美術大全集』六，ビザンティン美術，小学館，1997; 辻佐保子編『世界美術大全集』七，西欧初期中世の美術，小学館，1997.

描かれた題材と所蔵場所	年　代	備　考
○童子と動物モティーフのメダイヨン装飾 ローマ サンタ・コンタンツァ聖堂 周歩廊天井 　モザイク	360 年頃	童子は翼を背負うが，体に巻かれた布をはためかせる
○受胎告知　マギの礼拝　幼児虐殺 ローマ サンタ・マリア・マッジョーレ聖堂勝利門 　モザイク	432 〜 440 年頃	天に白鳩と天使．囲む獅子・雄牛・鷲など黙示録の翼を持つ生き物
○十字架崇敬の聖ペテロと聖パウロ イタリア　ラヴェンナ　ガッラ・プラチディア廟堂　天蓋 　モザイク	440 年頃	十字架の四隅に天使と鳥
○十字架に架かる聖衣と支える天使 エジプト　ソハーグ　ディル・エル・アビアド（白修道院）	466 年以前	十字架と聖衣を主題とする
○天上のキリストを囲む天使 イタリア　ラヴェンナ　サン・ヴィターレ聖堂	547 年	聖衣と翼
○天上の十字架の両脇に舞う翼のない天使 イタリア　ラヴェンナ　サンタポリナーレ・イン・クラッセ聖堂 　アプシス・モザイク	549 年頃	雲に乗り白い布をなびかせる天使
○聖衣のキリストを祝福する天使 エジプト　シナイ山　アギア・エカテリニ修道院 　アプシス・モザイク	565 〜 566 年	深緑の翼を背負う天使
○天上のキリストと両脇の天使 エジプト カイロ バウイト アポロン修道院　コプト博物館 　フレスコ	6 世紀	茶色の翼を背負う天使
○馬上の騎士を祝福する天使 バルベリーニの象牙板 　パリ　ルーヴル美術館	6 世紀前半	天上で対になる天使
○女性とネレイデス　毛と麻の織物 　パリ　ルーヴル美術館	6 世紀	飛天（豊満な女性）の意匠
○キリストの生涯 パレスチナの聖遺物箱の蓋 ヴァティカーノ美術館 　テンペラ	6 世紀	
○キリストの昇天 トルコ　カッパドキア　イフララ　アーチェ・アルトゥ・キリッセドーム 　フレスコ	7 〜 8 世紀	キリストを昇天させる長衣の天使．翼は小さい
○キリストを讃える天使 スペイン　キンタニーニャ・デ・ラス・ビーニャス　サンタ・マリア聖堂冠板彫刻	7 世紀末	

リスト教意匠に聖衣やなびく白布が広く描かれていることは、重要な点である。

イタリア、ラヴェンナのサンタポリナーレ・イン・クラッセ聖堂の天井にあるアプシス・モザイクの意匠は五四九年頃に製作されたとされているが、天上の十字架の両脇を舞う天使が白い布をはためかせて雲に乗っている。[6] 羽衣様意匠に東方とのつながりをみる。

東洋的な飛天の意匠がみられる作品に、六世紀頃の製作とされる「女性とネレイデス」という織物がある。毛と麻で編まれた三一×二九・五センチの布中央部にローマ人風の肖像があり、四隅に裸体の豊満な女性が飛天同様に頭の周りに円弧状の布をなびかせて舞う。余白には魚や動物が配されている。パリ、ルーヴル美術館所蔵品である。[7] ビザンティン時代、六世紀にシルクロードを辿って絹がローマ帝国に伝わり、絹、麻、毛織物の隆盛を招いた。織物は衣裳、祭壇の装飾、タピストリーなど、調度品に到るまで広く使われた。これらの織物の工房となったのが修道院で、修道士が図柄を洗練させていった。この作品はエジプトに伝わったものであるという。

羽衣と飛天が西域で結びつく。天使と羽衣・飛天に何らかの交渉があったと考えるのが自然である。東洋の羽衣や飛天、ギリシャからローマ時代にはぐくまれた翼を負って天に昇るグピドーや天使は大本に神の衣をまとうことで天と往き来する力を付与されたことが分かる。

トルコ、カッパドキアのイフララにあるアーチェ・アルトゥ・キリッセドームのフレスコ画には昇天するキリストを四方で支える天使が長い衣をなびかせて共に昇る姿が描かれている。翼と衣が一体となって天を昇る。[8]

この主題を描いたドーム天井の絵画は数多く、四人の天使にある翼は、大きくなびく衣より小さく描かれている。後の時代に翼が体を包むまでに強調される天使の像に比べると、衣を強調して描いていることがみて取れる。白くたなびく衣と共にキリストの昇天が意識されたのは、神の衣を強調する意識の表れでもあった。

飛天のまとうたなびく衣、天使のまとう白い衣と翼、これらはいずれも天と地を往き来する神の衣・羽衣を意味したのではなかったか。

神の衣・羽衣を媒介すれば、白鳥処女説話の世界観は東西文化に広まるまで一つのものであった可能性が考えられる。インド・中国古代もヨーロッパ古代も一つの寓話から天の神に対する思惟がはぐくまれてきたことが予測されるのである。私には聖書の世界観そのものが、白鳥処女説話と不可分な叙事詩にみえているのである。

5　飛　天

五四九年、天上の十字架の両脇に翼のない天使が舞う意匠が天井に描かれた、イタリアのラヴェンナ、サンタポリナーレ・イン・クラッセ聖堂のモザイク画は東洋の飛天の意匠に近い。雲に乗って白い布をなびかせて舞う姿は、翼を持たない天使を想定した人たちの存在を証明している。

白く大きな白鳥のような翼を持つ天使の姿は、ギリシャ神話のイカロスやローマ神話のグピドーからの連想であろうことは容易に想像された。

なぜなら、キリスト教の神に仕える天使に翼があったという記述は聖書のどこにも見当たらないのである。

もう一人の力強い天使が、雲を身にまとい、天から降《くだ》って来るのを見た。(「ヨハネ黙示録」一〇章一節)

翼を持つ天使の姿は人によって歴史的に作られてきた意匠なのである。本来は翼を持たない。天との往き来も雲を身にまとっている。天使学でも、翼を背負った姿のある意匠で天使を表すことはなく、目に見えない精霊の働きと考える。

白鳥処女説話の天から降る鳥がもたらす羽衣を、キリスト教界が、翼を持つ人(天使)の姿につなげた事実はなく、白い衣が聖者がまとうものとして一貫して描かれてきた事実は強調しなければならない。つまり、翼を背負った天使像が創作される以前には、白く長い衣をまとう天使が周知されていた。

この傾向は東洋と西洋の交わる西域でも顕著で、豊満な女性の神が天を舞う飛天は、翼を持たない。やはり、衣が東洋と西洋をとり結ぶ媒体であることに変わりはない。衣と天は分かちがたく結びついているのである。

同時に、東洋の飛天と西洋の翼を持つ天使の意匠は布を媒介として結びついたことが提示できる。中国唐代の『酉陽雑俎《ゆうようざっそ》』に「飛天夜叉」が出てくる。(9) 省躬が泰山からの帰りに友人の妹の心肝を携帯している飛天夜叉に出会う。奪い取って袖の中に入れて友人のところに行って戻すという話であるが、死を司る夜叉が自由に飛びまわる姿は、既に周知確立していたものであったろう。そして、袖は命を包む衣としての隠喩がある。

甘粛省敦煌莫高窟（図36－1）の壁画でみた飛天は天衣をまとった女性の特徴が色濃く出ていた（図36－2）。片や人の命を取る飛天夜叉、片や釈迦の周りで舞う極楽浄土の飛天。飛天が冥界と極楽浄土のいずれとも交信できる両義性は、堕天使として悪魔を設定したキリスト教界と深層でつながる。

つまり、此岸と彼岸の往き来は飛天や天使の自在な運動であった。

『酉陽雑俎』には「夜行遊女」もある。毛を衣とし鳥になって飛び、毛を脱いで婦人となる。[10]

図 36 －1　敦煌莫高窟の外観.

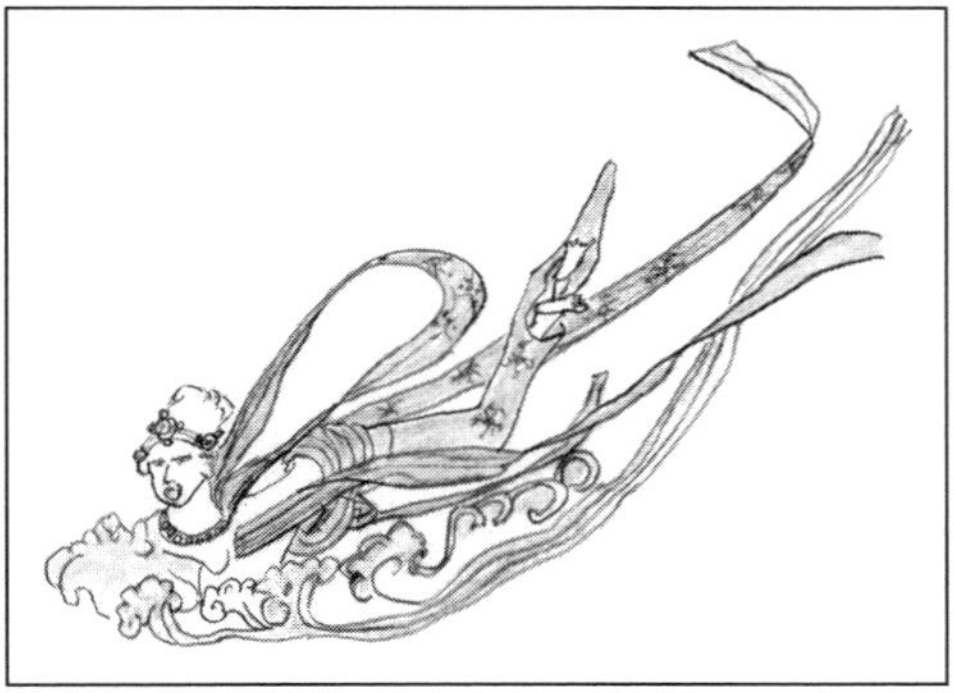

図 36 －2　敦煌莫高窟，第 39 窟（8 世紀）の飛天.

飛天のように、毛が衣と変わっても空を飛べるようになった経緯を考えたい。

中国古代、紀元前五から三世紀頃には成立したとされる、中国各地の山川に産する草木や鳥獣虫魚そして鬼神について記した『山海《せんがい》経《きょう》』には翼をもった人が住む羽民国がある。辺境の西南・東南の外れにある国に住んでいるとされる。[11]

その人となり長い頭で体に羽が生えている。神人、二八、手を組んで帝となり、この野の夜を支配する。

「羽毛をまとい夜を支配する」のは神の領域にまたがる神人である。

飛天と飛天夜叉、天使と悪魔、神と人。これらの天と冥界を自由に往き来することが出来る運動性向は天と地を往来する鳥が規範となった。

この万能性が善と悪、明と暗、神と人に分かれていく際、人にとって不可能な事を認識し、それを超えようとすることで人知を越えた対象物を作り出すことが起こる。人の体には翼は授からなかった。羽毛が生えることもない。だから天との往き来は羽毛以外のもので代用しなければならない。しかし、単純に羽毛に匹敵するものなど手に入るわけがない。鳥の体から羽を剝いで着物にすることから始めたのであろう。『捜神記』の鳥の女房はこの型である。

白鳥処女説話で、羽毛をとり上げることで天に帰れなくなってしまうのは、人には羽毛がないことから生起した。

神の領域である善悪・明暗など、起こりうることすべてをよしとする包摂の世界は、存在するものすべてに神の働きをみる。しかし、人は神から与えられた思惟だけでは満足できなかった。

翼を持つ天使が西洋で意匠化され、東洋では衣をなびかせる飛天が観念された。翼を背負う天使の描写は美しさを目指して若者の体に白い翼を取りつけた。布をなびかせた飛天も豊満な美女に描かれた。

白鳥処女説話から導かれた情景は天と地、天国と地獄、彼岸と此岸など、鳥や魂の飛翔する姿を一義とした。つまり、人の精神世界を意匠として描き出すきっかけとなったのがこの説話であった可能性が高いのである。

天使の像、飛天の姿は、人が白鳥などの飛翔する美しい鳥から連想した意匠であったといえよう。

注

(1) 稲垣良典『天使論序説』(講談社学術文庫、一九九六年、三五頁)。
(2) 同前書、一七九頁。
(3) 『キリスト教大事典』(教文館、一九六三年) 所収。
(4) ルドルフ・シュタイナー/松浦賢訳『天使と人間』(イザラ書房、一九九五年、三六頁)。
(5) 高橋榮一『世界美術大全集』六、ビザンティン美術 (小学館、一九九七年)、辻佐保子『世界美術大全集』七、西欧初期中世の美術 (小学館、一九七七年)。
(6) 同前注 (5)、『世界美術大全集』七、参照。
(7) 同前注 (5)、『世界美術大全集』六、一〇七頁。
(8) 同前注 (5)、『世界美術大全集』六、一一五頁。
(9) 段成式/今村与志雄訳注『酉陽雑俎』(平凡社東洋文庫、一九八〇年)。
(10) 同前書、所収。
(11) 高馬三良訳『山海経』(平凡社ライブラリー三四、一九九四年、一一八頁)。

第II部　シベリアの白鳥族

第一章　白鳥の故郷シベリア

白鳥は夏の間、シベリアやオホーツク海沿岸で仔どもを産み育てて繁殖し、冬には緯度の低い温暖な地方で越冬する冬鳥である。シベリアは白鳥の故郷である。

ヤクーツクは北緯六〇度を越えるレナ川沿いに立地するが、大陸各地から繁殖のために白鳥をはじめ、多くの冬鳥が戻ってくる。人が訪れる観察地でもある。広大なシベリアのツンドラ地帯は冬鳥の故郷なのである。

北極圏のインジギルカ川河口に近いチョクルダフでツンドラの野鳥を撮影した動物写真家の福田俊司は、「夏になると世界各地からたくさんの野鳥たちが戻ってきて繁殖する」姿を描いている。

コハクチョウの巣は、それぞれが六～一五キロも離れていた。湖や沼にびっしりと群れる白鳥の姿を日本で見慣れているから、この稀薄な巣の分布は意外だった。しかし、日本で越冬する六〇〇〇～七〇〇〇羽がシベリア北極圏に配置されるのだ。まさにシベリアは広大だとしか言いようがない。(1)

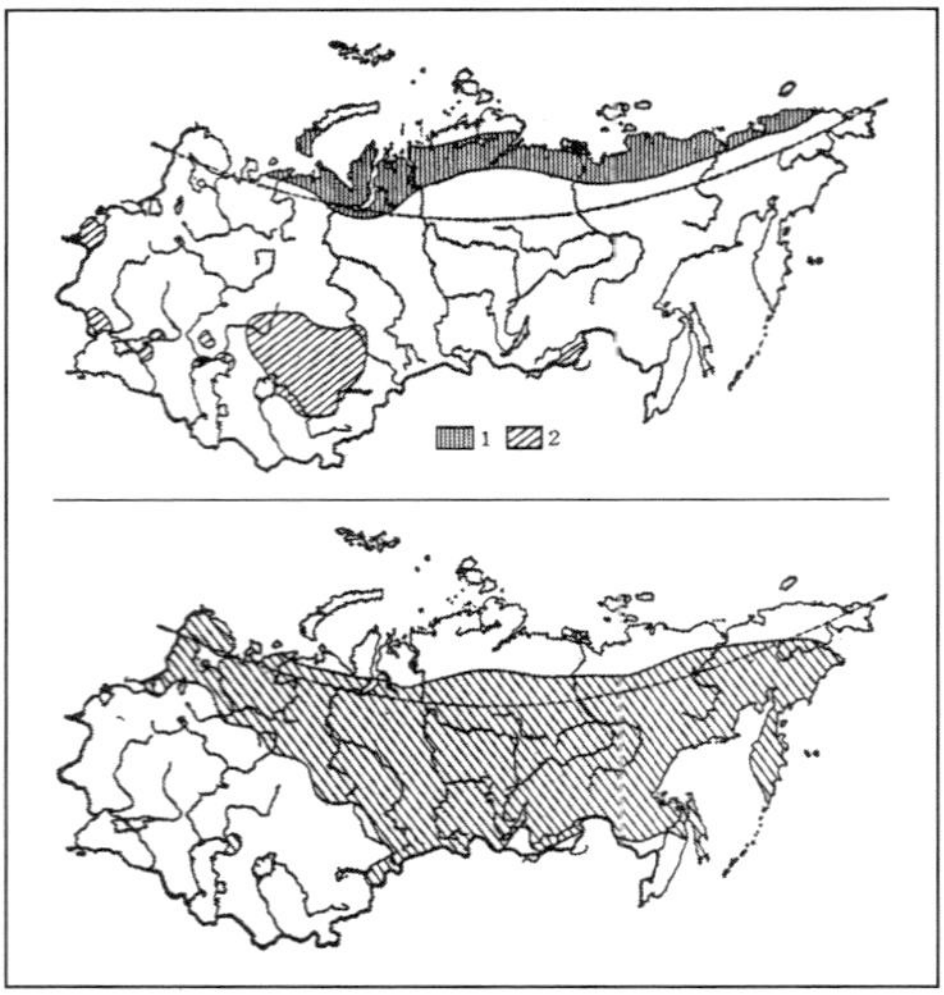

図37　ソ連におけるコハクチョウ(上1)，コブハクチョウ（上2)，オオハクチョウ（下）の分布（Flint ほか，1968．藤巻裕蔵『日本の白鳥』第10号より）

ソビエト連邦時代、シベリアで生まれた雛に首輪をつけて放鳥する標識調査が行われてきた。日本に渡る白鳥の故郷はこのような地道な研究によって解明されてきた。コハクチョウは北極圏のツンドラ地帯、オオハクチョウはそれ以南のカムチャツカ半島を含む湿地が故郷であることが分かり、渡りの道も、前者がサハリンルート、後者がクリル諸島ルートで日本列島と結ばれていることが分かってきた（一三一頁図22）。

北極海に注ぐ大河、エニセイ川やオビ川の河口では、北極圏ツンドラ地帯を故郷とするコハクチョウが繁殖し、西欧諸国や地中海世界、インド、中国に渡っていく（図37）。夏の間、明るい日射しが夜まで届く高緯度のシベリアでは、蚊などのおびただしい昆虫が大量に発生する。これを餌として成長する白鳥の雛は、秋からの長距離の渡りに耐えられる軀を作っていく。白鳥の故郷に近いところには白鳥と密接につながる人々の群れがあった。白鳥をトーテムとする人々がいるのである。

バイカル湖を中心に、シベリア中央部に広く居住するブリヤートの人々である。シベリアでは最も数の多いモンゴロイドで、かつては遊牧の民として、シベリアとモンゴル高地を移動して生活していた人々である。

寒冷の森林ステップ地帯にある大地は、うねるように連なる高台に森林を残し、低地の水辺を中心に集落が営まれている。遊牧から定住に移行した彼らは、ステップ地帯の草原に牛、馬、羊を放牧し、湖からは魚を捕って暮らして来た。

イルクーツクから二七〇キロ西側に行ったエニセイ川の源流部に営まれているアリャティ村（図38～39）を訪問したのは、二〇一一年の夏である。ブリヤートの人々の生活技術を学ぶためであった。

1　ブリヤートと白鳥

白鳥は広く世界中に渡り、それぞれの地に文化の基層を提供している。なかでも白鳥処女説話は多くの語りを派生させながら、世界各地にさまざまな文化の姿を顕してきた姿を第Ⅰ部で検証した。もし、この説話の元となる語りが存在すると仮定するならば、白鳥処女説話の成り立ちが比定できる。シベリアには白鳥をトーテムとする人々がいる。世界に分布する白鳥処女説話の語る意味、語り継がれてきた要因、伝わった各地域での受け入れ方の違いによる文化の型などが解明され、人に多くの啓示を与えることができるようになるかも知れない。

白鳥処女説話はどこで創作され、語りはどのように世界各地へ伝播したのか。その筋道は世界各地の類話を並列させることで特定できるであろうか。それとも、大陸全土という広大な地域に広がる語り物であれば、始めから核となる語りを導くことは困難な作業と諦めることが必要なのであろうか。

ブリヤートのアリャティ村訪問で、白鳥処女説話の語られてきた背景や語りの持つ意義を改めて整理した。結果、この説話の持つ深遠な歴史的背景がシベリアの風土にあり、核となる説話の一つはこの地ではぐくまれてきたことを高い確度で推測するに到った。

世界的に分布する神話伝承の類が、どこで誕生したのか突き止めるのが困難であることは十分承知しているし、そのような試みが無謀なものであることも人一倍理解している。しかし、白鳥をトーテムとして民族の始祖に据えているブリヤートの人たちの存在を軽視できない。シベリアにはこの狭い門をこじ開けられそうな事象の数々が散らばっているからである。

そこで、シベリアの風土にこだわって白鳥をトーテムとする社会で白鳥はどのように位置づけられるのか、白鳥がトーテムとなった自然や歴史の背景はどのようなものであったのか、報告する。ブリヤートは白鳥を民族の始祖とするのであるから、当然のように白鳥に対する強い規範を受け継ぎ、それが人の社会規範となっていく筋道がみられるはずである。何よりも、白鳥に人の精神世界をだぶらせている事実を把握しなければならない。

私は次のことを想定している。つまり、白鳥の文化は、白鳥をトーテムとして民族の始祖とする人たちにその萌芽があると。

世界的に分布する白鳥処女説話に接し、次のような系譜を想定している。

①故郷シベリアから渡り、インドや中国で飛天となる

インドや中国内陸部との間を往き来する白鳥は飛天の想像力や意匠をはぐくんだ。布の力が強く意識され、日本の羽衣伝説もこの流れの中から醸成されてきたと考えられる。

②故郷シベリアから渡り、地中海世界で天使となる

ギリシャ神話やローマ神話に出てくる翼を持った人が天使の意匠を導いたと推測できる。ギリシャ哲学の翼を持った完全なる魂を想定したソクラテスの思惟も、死に臨んでひときわ美しく鳴く白鳥の歌の思惟も、白鳥の姿を美化したものであろう。この想像力がキリスト教の天使の意匠をはぐくんだと考えるのである。

③故郷シベリアから渡り、ケルトの神となる

アイルランドに残るケルトの神の一つに白鳥がある。

④故郷シベリアから渡り、ペルシャで金属と関わる

『千一夜物語』の白鳥処女説話には金属の誕生と深く関わった形跡もある。白鳥の伝説が金属生産技術の伝播と関わっていることも想定される。

訪問したブリヤートのアリャティ村で学んだことを詳細に記し、白鳥をトーテムとする人々の姿を描写する。故郷シベリアで白鳥と人がどのようにつながりを持つようになったのか、その姿を把握する必要がある。白鳥トーテムはどのような特性を持っていたのか。

2　アラルスキー地方のアリャティ村

ロシア、イルクーツクは東シベリアの拠点であった。江戸時代、カムチャツカ半島に漂着した大黒屋光太夫ら日本人船乗りの一行が一七八八年にイルクーツクに到着し、ロシア政府から帰国の許しがもらえるまで、この地に滞留して日本語を教えていたことでも知られる。

ここはバイカル湖を中心に、先住のブリヤートが故郷とした地である。ロシア人の進出は一六六一年、コサックによって現在のイルクーツクに要塞が築かれたことが端緒とされている。この後、一六六六年、ウダ川のほとりに要塞が築かれる。現在のウラン・ウデのはじまりである。ブリヤート共和国の首都として、バイカル湖の東側にあり、シベリア連邦管区の中で、元々はモンゴル系であるブリヤートの居住地であった。

ブリヤートは伝統的な遊牧を生業とする草原の民である。一二〇六年にはモンゴル帝国のチンギス・カンに服属し、以後は各部族が歴代のモンゴル高原の支配者に服属していたとされる。金と毛皮を求めてイルクーツクから東進してくるロシア人に領域を奪われていく。そして、一六八九年に清との間で締結されたネルチンスク条約によってロシア領とされる。

二〇一一年七月、イルクーツクから二七〇キロ西側にあるブリヤートのアリャティ村を訪問した。中央シベリアを貫くシベリア鉄道に沿った国道をノボシビルスク方面に西進し、チェレンボヴォの手前で南に折れ、モンゴル国境方面、東サヤン山脈に向けて草原の道を一時間も走って到着した。イルクーツ

図 38　アリャティ村の姿

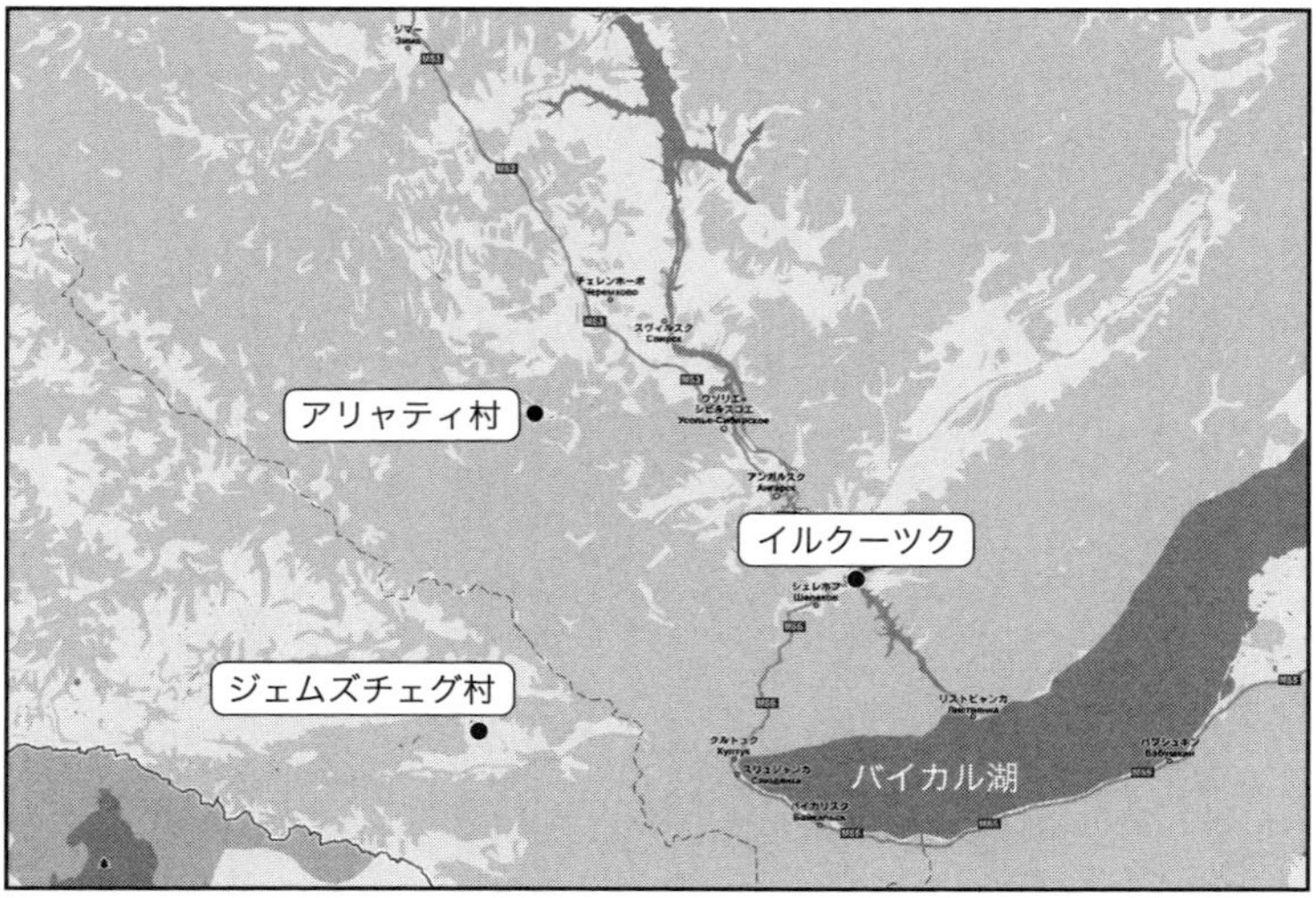

図 39　アリャティ村の位置（Google マップによる）

図 40　シャーマンの女性や校長の出迎え.

クから車で六時間の行程であった。

草原に現れる村々はブリヤートの人たちの居住地で、馬に乗って牛を追う人や羊を世話する人たちが点在していた。集落から離れたライ麦畑では見渡す限りの麦が風にゆれ、地平線と融け合っている。そそり立つ道ばたの壊れた看板が、かつてのコルホーズを示す残滓であったが、歴史の流れは見渡す限りの麦畑に色を添える程度のものでしかなかった。

北緯五三度、東経一〇三度、アリャティ村を丘の上から遠望した。村は中央の池と湿地に沿って二〇〇軒以上の家並みが長く立地し、襞《ひだ》のように低く連なる丘は、頂部に森林を残し、なだらかな傾斜地は、草原となって牛、羊、馬、山羊の餌場となっていた。

村開闢《かいびゃく》以来はじめて訪れた日本人を迎えるために、村の入口、境にシャーマンの女性をはじめ、村長、学校長、重立《おもだ》ちらが私たち訪問者一行を待

図 41　境の集合場所.

図 42　境の道標の彫刻

ってくれていた（図40）。下りにさしかかる境には、人が座る椅子とテーブルが置かれ（図41）、境の標識は髭面の老人を柱に彫り込んだ標柱（図42）で、頂部には白と青の二色の布が巻かれ、ブリヤートの標《しるし》（大地に円い太陽）がついていた。

この場所を境に、シャーマンの女性から牛乳の酒（蒸留酒）を受け、指で濡らして天に捧げ、地に捧げて飲み干した。同伴の通訳と運転手も同様の儀式を受けて、村に入ることが許された。

中央シベリア、アラルスキー地方に居住するブリヤートが、白鳥をトーテムとするホンゴドルと呼ばれた種族の末裔であることを知ったのは、村の学校で教育内容の説明を受けている時であった。白鳥処女説話の故郷はどこなのか、世界的に分布するこの説話の故郷がアラルスキー・ホンゴドルだとしたら。不思議な導きの手により、自分が滞在した村にその手がかりをみつけることができるのではないかとする期待が膨らんだ。イルクーツク近郊にはマリタ遺跡もある。二万三〇〇〇年前の旧石器時代の生活跡であるが、子供の遺体下から小さな白鳥形の骨偶が出土している。白鳥が特別な動物であったことが想定される。

この説話をトーテムの表現とする人たちと生活をともにできた

ことは、計り知れない僥倖であった。

3　草原の民、ブリヤート

アリャティ村はイルクーツク州アラルスキー地方に属している。ブリヤートは遊牧の民であった。今は広大な草原に牛、馬、羊、山羊などの動物を飼って、村を構成して定住し、この地に生き続けている。もともと、ブリヤートは、シベリアからモンゴル高原、中国東北部にかけて住むモンゴル系民族である。二〇〇二年の統計では、ロシア連邦に四四万人余りが居住しているとされる。集住しているのがバイカル湖周辺のシベリアである。ここにはブリヤート共和国、ウスチオルダ・ブリヤート自治管区（現・イルクーツク州）がある。いずれもバイカル湖周辺のシベリア高地である。

ユーラシア大陸の中央部にある都市、クラスノヤルスクに近く、モンゴル国の北西で接するロシア、トゥーバ共和国が西にある。モンゴル国との境界にはサヤン山脈が連なり、ここを源流域として北極海に注ぐエニセイ川が北流している。

アラルスキー地方のアリャティ村はシベリア高地のエニセイ川源流域の一画にある。バイカル湖から流れ出るアンガラ川に合流する支流の最深部に村がある。東サヤン山脈（最高点二八七五メートル）の南部の森林ステップ地帯に展開する村々の一つである。モンゴルとシベリアが接する高地である。

滞在させて頂いたのは、ブルスナエバ・カタヤマ・コンドラエブ（Булсунаев Катоям Кондратьевич）さん宅である。村開闢《かいびゃく》以来はじめて訪れる日本人の面倒をみようと志願してくださった理由は、ミドルネームのカタヤマに潜んでいた。村に入る儀礼を終えてコンドラエブさんの家の前に降り立つと、ここでも訪問者がはじめて家に入る儀礼が執り行われた。コンドラエブさん一家、村長、シャーマン、校長、隣家の夫妻などの前で、ウォッカを受け取り、雫を指につけて天と地に一滴ずつ捧げ、残りを飲み干して家長であるコンドラエブさんに渡した。家長であるコンドラエブさんが同様の儀礼を行って、家に入ることが許された。居間には歓迎の食事が並び、ここでもご馳走に口をつけた。談笑の際に、ミドルネームのカタヤマについて質問すると、親しみを込めて先代が日本人カタヤマの名前をつけた経緯を語ってくれた。

カタヤマは片山潜のことであった。社会主義運動家で今も遺体がクレムリンの壁に眠っている日本人である。ソビエト社会主義革命の世界的同志として、ロシア革命ではその名がロシアに知れ渡っていたという。コンドラエブさんの父親がイルクーツクで片山潜の活躍を知り、同じ血の流れているモンゴロイドとして尊敬を込めてミドルネームに挟み込んだのである。

村長がブルスナエバさん一家を紹介する言葉の端には、日本人に対する一種の同胞意識が感じられた。カタヤマさん一家は村の中でも特に働き者で、多くの家が一つの棟しか持っていないのに、二つの棟を造って外から来る人たちにも泊まる場所を提供している人たちであること、その仕事の手際の良さは村の模範として皆の規範になっていること、そして謙虚であることを語った。日本人にも通じる美徳であるというのだ。

同伴してくれたアリャティ村の小中学校校長も、学校で日本人のことを学習するプログラムがあることを語り、「物を造る時に、どんな材料も無駄にしないで、捨てるところがないくらい効率的に利用する」国民性を子供たちに教えているという。

コンドラエブさんの牝牛は四頭が乳を出し、羊は数頭が肉を、鶏が繁殖を繰り返して二〇羽以上が卵を提供していた。村の中央にある湖沼でカラシーと呼ばれる鮒《ふな》を丸木舟を操って捕る。食膳にはこれらの食材や加工品が所狭しと並んでいた。牛乳は毎朝奥さんが搾る。飲むだけではない。スメタナ（発酵乳）、バター、チーズは加工品として、毎回の食卓を飾っていた。羊肉は塩茹でしただけでも美味であり、冬の貴重な食材となった。

庭の寒暖計は零下五〇度から摂氏五〇度まで、一〇〇の目盛りが刻まれていて、この横には屋根から集めた生活用水が樽に貯えられていた。この水が人も家畜も命をつなぐものであった。

かつては遊牧生活をしていたといわれるブリヤートであるが、シベリア高地に定住して牧畜を中心に、漁撈も行い、馬鈴薯も栽培していた。ソビエト連邦時代のコルホーズでは燕麦を中心とする共同農場があったが、現在は数家族のみがこの仕事に携わっているという話であった。つまり、基本の食を得るための仕事では、遊牧の形態が優先されているのである。村長は新しい品種の馬鈴薯を来年度から試験的に作り始める話をしながら、村の発展を語ってくれた。家畜と共に生活する基本を持続しているからこそ、新しい馬鈴薯栽培などの試みに進む姿があり、生存の持続を踏まえた生活の姿は学ぶことが多い。

一つに食をすべてに優先させて確保していること。また一つに、仕事を細分化しないで、生存の持続を図るために一人一人の力を統合する形で仕事が進められていること、である。

図 43　聖地に詣った標として布をつける.

4　供犠の小羊

遊牧民族であったブリヤートの精神世界に関する儀礼を詳述しておく。白鳥処女説話につながる基層の思惟が含まれていると考えるからである。

ブルスナエバさんの家に着いて後、すぐに村の聖地に出向くよう言われた。はじめての日本人が村に入ったことを天に裁可して貰うため、日本人自身の贖《あがな》いのため、羊を生贄《いけにえ》として捧げるというのである。羊は私を贖う生贄であった。

村の中央部にある広大な湖沼が湿地に変わる北側に、アリャティ村の聖地がある。命の泉が設けられ、周りは柳やトーポリ（ポプラ）の茂る森で、外側は草原となっていた。村人だけでなくこの地に来た人たちは、必ずここに寄って高く標示されたブリヤートの柱を三度回って祈ることが義務づけられていた。繁茂した柳の木にも白い布が取り

図44　命の泉に手を合わせるシャーマン.

つけられ、ここに詣った標《しるし》として残すことが必要であることを教えられた（図43）。それは、恐山でみた、手拭いを結んだ木（六四頁図6）と酷似していた。

命の泉はこの広場から五〇メートルほど湿地に入ったところで、三メートル四方の井桁に組んだ木枠の中に清い水をたたえていた。薬であるとのことで、一口含んだが、美味しい水であった。この泉に贈り物をする必要があり、それは白い硬貨でなければならないことが分かった。一円玉を水に入れたが、水の精霊への贈りであることは了解された。これから行われる供犠に際しての贈りであったろう。

聖なる広場には生贄の羊が連れてこられた。自身の運命が分かっているかのように弱々しい足取りであった。三人が羊を取り巻いていた。正式の生贄を捧げる儀式であることがシャーマンから語られた。シャーマンがうずくまっている小羊の頭から背中にかけて撫でるようにウォッカを垂らすことで、小羊は生贄としての準備が整えられた（図45）。

図45　生贄の小羊を祝福するシャーマン.

三人の村人が一人は前脚を二人がそれぞれ後脚を引っ張り、腹部を上にした仰向けの状態で小羊を保持した。正式な生贄の儀式では、人が小羊の心臓を握って命を絶つという。執行者が牛刀を腹部に当てて、心臓を取り出した。この時、小羊ははじめて激しく「メエー」と鳴いた。執行者が心臓を握って止める瞬間であった。

死に際に白鳥がひときわ美しく鳴く「白鳥の歌」は、生贄の動物が命を絶たれる瞬間の描写を連想して描いたものであったのかも知れない。

小羊は切り分けられ、骨つきの肉は薪で湧かしていた鍋で塩茹でにされた。内臓は三つの洗面器に分けて入れられ、血は一滴も無駄にすることのないよう、これも洗面器になみなみと入れられてあった。肺、小腸、大腸の三つを紐状にして三つ編みにした。小腸の残りは、片側をきつく縛り、洗面器いっぱいの血をもう一方から入れて、ソーセージ状にした。この二つも、別の鍋で水煮にした。血を入れた腸の塊は熊のヤジとかヤゴリと呼ばれる食べ方と同じで、マタギの儀礼食をみているようであった。

肝臓は生のまま儀礼の食卓に並び、牛刀で細かく切りながら一人一人が口に含んだ。ハバロフスク州の狩猟採集民、ウデゲのアンドレイさんが、獲物が授かった時、肝臓を生で口に含むことを語っていたが、同様の儀礼であった。同時に陸奥半島畑のマタギが、熊のカクラ祝いに生の肝臓を取り出して横木に載せ祈ることをした事例とも重なる。肝臓を生で食べる習俗は広く日本の狩猟儀礼にも含まれる普遍的な行いである。

肝臓を生で食べた後、骨つきの塩茹でされた羊肉が目の前に出された。この肉を切るよう牛刀を渡され、一片を切り分けてシャーマンに渡した。シャーマンはこれを受け取って食べ、ウォッカを私に渡した。今まで行ってきたように、天と地に一滴ずつ捧げると、一気に飲み干した。このことによって、皆が小羊の肉を食べ、用意したご馳走を食べる祝宴（図46）に入った。供犠の儀礼から供食の儀礼に入ったことが理解された。供食では、この儀礼に参加した村人一人一人が紹介され、そのたびにウォッカを交換する。一気に酔いが回った。

供食に入る時、シャーマンと村長からブリヤートの標《しるし》であるといわれる二メートルほどの白いスカーフと一メートル四〇センチほどの青いスカーフをそれぞれ首に掛けてもらった。この儀礼こそ、私がブリヤートのアリャティ村に受け入れられた標であることが感得された。

血を固めた腸詰めも輪切りにされ、羊は頭部を除いて食べ尽くされた。羊の頭部をシャーマンが頭に頂き、祈りの際に踊る儀礼がかつてはあったという。

この儀礼の間、宗教の発生、信仰の起こりが供犠と深く関わっているのではないか、人の精神世界の普遍性が供犠には潜んでいるのではないかと、考え続けていた。

生贄《いけにえ》の羊は私自身である。この小羊の命を絶ってこれを聖別して皆で食すという行為は、私自身を殺

図 46　入村の儀礼終了後の祝宴.

して皆の生存のために体を生贄にすることと等しい。私の体を生贄にすることで、アリャティ村の一員として裁可して貰うのである。

キリスト教世界では旧約聖書でイサクが息子に手をかけ、神に捧げようとした行為。「出エジプト記」モーセに伝えられた、選ばれた民を贖《あがな》うために、生贄の小羊の血を標として、選ばれたイスラエルの家々の玄関に塗る行為。そして、磔《はりつけ》にされたイエス・キリストが、神の小羊として、罪人を救うために自身を生贄（供犠）として位置づけられた行為。それぞれが贖いや供犠という思考でつながっている。

日本のマタギが行う熊の供犠も、ウデゲの鮭の供犠も深層で繋がることが理解される。

供食を済ませた後、この聖地を離れる直前にブリヤートの標柱を三度回って終了を報告した。

一連の儀式の後、ブルスナエバさんのお宅にお世話になることができた。

図 47　標柱に白，黄，青の布が結ばれたブリヤートの聖地（オリホン島）.

この儀礼が行われた聖地は村の北端にあり、湿地となっている一画であった。森は手つかずのまま残されていて、カタヤマさんが白く布を結んだ樹は、聖地に足を踏み入れる入口を標示していた。白い布を木の枝に結ぶ行為はアラルスキー地方に広くあり、聖地の入口ではどこも樹に布切れが結ばれている情景に接した。特にバイカル湖西側の各地にはブリヤートの聖地があり、山を遙拝する高台の樹や、嶺を臨む場所に立てられた標柱には白、黄、青の布が結ばれはためいていた（図47）。

また、樹自体が飾られる場合もあり、樹の精霊を祀る行為もあった（図48）。ブリヤートの人たちはシベリアの多くの民族同様、精霊の存在を強く意識する人々である。

そして、建てられた木柱に布を飾る行為には、天を強く意識する思惟が潜んでいることを感得した。境や嶺の頂部に飾られるこれらの標柱はどこも聖なる嶺を臨む遙拝所に建てられているのだ。

図48　樹木に結ばれた布（オリホン島）.

牛が草をはむ広大な草原の真ん中に建てられた木柱も数多くあったが、高い嶺を臨む方向に向けられていたり、広大な聖地を臨む場所にある。自分たちの立っている現実の場所と広大無辺な天を意識していることを理解した。

アリャティ村聖地での儀式の翌朝、慈雨が大地に滴《したた》った。ブルスナエバさんの祖母が、「生贄《いけにえ》の羊は天に昇った。代わりに天から雨が来た。天と地が入れ替わったのだ」と、手振りで天と地の入れ替わりを示した後、私に微笑んだ。

ブリヤートの天と地を画然と分けて考える精神性は、村や家にはじめて入る際、ウォッカを天と大地に必ず捧げる行為としても現れている。現実世界としての地と、時や空間を超えた天を意識して生きてきた民族である。

一人の日本人が、村人に受け入れられるためには、違う空間、異なる歴史を保持する外来の人間に対して、生贄を捧げて、ブリヤートの生きてきた天と地に裁可をもらう必要があったのだ。旅人の存在は、折口信夫が観想した外部の天から福を授けるまれびととしての来訪者ではない。この旅人の存在は、厄介なものであっても、天に裁可を求める小羊の供犠によって、受け入れられた。ブリヤートの来客への扱いは、天と地に裁可を戴く儀礼を通して許可されなければならなかったのである。

小羊の供犠が白鳥処女説話の中にある贖《あがな》いの精神性と深層で繫がる場面が想定される。天と地の存在、入れ替わりのできる天と地の思惟、これらが底流している白鳥伝説に接したのは供食の時であった。

5　アリャティ村で語られてきた白鳥

供犠が終了して供食が行われている間、和やかな自己紹介の時が持たれた。「なぜ日本からアリャティ村に来ようと思ったのか」問われた。「この村の人たちは、一度もこの村を出たことのない人たちばかりである。なぜ日本人が訪ねてくるのか、理解できない」というのである。

ブリヤートは草原の民である。シベリアからユーラシア大陸の各地に遊牧を繰り返して生活してきた人々の群れである。大陸の文化を築いてきた人々の一つの集合体と認識されている。つまり、大陸の文化が日本列島に流れ込んでいるとされる一つの大本にブリヤートの文化が想定されるのである。北から辿る文化の流れの主体に位置づけられている。北からの文化の流れを学ぼうとすればブリヤート民族に行き着く。特に、日本人の生き方にかかわる行動原理を学ぶには、ここでの学習が避けられないと私は考えていた。

日本人の精神世界とつながる部分を考えただけでも、示唆となる項目が数多く浮かぶ。その一つに、口承されてきた文学の類似がある。

白鳥処女説話の原型が、この人々の間で語られているのではないかという淡い期待があった。

先史、日本人がバイカル湖を中心とする地帯の文化を受け継いでいるとする説がある。細石刃文化の大陸から日本列島への伝播と、遺伝子の分析による北方系モンゴロイドの日本への渡来拡散がブリヤートの遺伝子との比較によって提唱されたことによる。細石刃文化は、大型動物を獲る道具に、木の溝に沿って細石刃を植え込む手法を中心としている。東日本を一万二〇〇〇から一万三〇〇〇年前に覆った楔形細石核をもつ細石刃文化はバイカル湖周辺から拡散したものであるという。(2)

一方、血液型遺伝子の分析から先史日本人の起源をバイカル湖周辺のブリヤートに求めた研究が出されている。抗体を形成する免疫グロブリンを決定する遺伝子（Gm遺伝子）頻度は民族ごとに固有の値を示す。Gm遺伝子を指標に、日本人の起源について分析結果を出した。それによると、南方系モンゴロイドの日本列島への渡来よりも北方系モンゴロイドの遺伝子集団の定着が顕著な等質性を示すことが示された。

つまり、日本民族に高い頻度で現れる「Gm遺伝子パターンの特徴は、バイカル湖畔のブリヤートをピークとして四方に流れ、蒙古、朝鮮、日本、アイヌ、チベット、イヌイットに高頻度で、その源流はバイカル地方とするのが妥当である」と推定されたのである。(3)

ブリヤートの人々はシベリアから南下してモンゴル化したとされており、ロシア連邦サハ共和国のヤクートに近い種族とされている。

また、言語でも特徴があり、ブリヤート語はバイカル湖を中心に東側の方言と西側の方言に分かれるとされていて、東側がホリ方言グループと南部方言グループに、西側がエヒリット・ブラカット方言グループとホンゴドル（アラル・トゥンカ）方言にまとめられている。

西側ホンゴドル方言グループが、白鳥をトーテムとして強く戴く種族の系譜に連なっているとされる。

アリャティ村はアラルスキー地方のホンゴドル方言グループに入る。エニセイ川の源流の一つとなる中央シベリア高地にあり、なだらかな草原の続く大地には、いたるところに湿地が分布し、人と水鳥の生活が営まれていた。

アリャティ村の湿地にも、五月頃から夏にかけて白鳥が来ているという。湿地は村の人たちにとって生活の上でも大切な場所であった。

アリャティ村訪問の理由の一つは、ブリヤートの生活と白鳥について調べることであったから、次のように語った。

「日本には天女が降りてきて地上の男と結ばれるという羽衣伝説があります。世界中で語られている白鳥処女説話の元となった話がブリヤートの人々の間で語られているのではないかと考え教えを乞いに来ました。」

通訳のアントン君が饒舌にロシア語で説明している間、女性シャーマンと学校の先生、カタヤマさんの祖母が目を輝かせて語り始めた。

「白鳥は私たちのトーテムです」という言葉を受けて、「私もその話は子供の時から聞いています」というシャーマンの語りは次のものであった。

昔、ある日、男が水浴びに行った。海岸にやってくると、白鳥のグループが空から降りて来て、泳いでいたが、翼と羽を取るときれいな女性になった。男は愛に落ち、着物をそっと隠した。しばらく泳いでいた娘たちは白鳥に戻って帰っていく。しかし、服のない娘は男に、「私と一緒になって住んでください。奥さんになります」と言った。

息子と娘が出来て、家族は幸せに暮らしていたが、しばらくしてから妻は「帰らなければならない」ことを夫に伝えた。そして、だんだん高いところへ昇っていき、家の屋根の上で歌を歌った。「着物をください。どこへも行きませんから」。

男が隠していた着物を渡すと、それを着て、「さようなら」を言って自分たちのところへ帰っていった。帰る前に、「私の子どもをよく育ててください」と、伝えた。

息子の名前はブリヤートと言った。ここから住んでいた村の名前がブリヤートになった。ホンゴドル族が白鳥を守っている。白鳥は神と同じに祀り、決して殺してはならない。殺すと呪いがかかる。

ブリヤートの種族全体が白鳥によって誕生したというトーテミズムの語りであった。ブリヤートが語る白鳥は、白鳥処女説話の核となる伝説であることが推量された。

民族の始祖を語る説話が白鳥に託されている伝説の存在は大きい。ここから昔話などが派生していく。「アリヤティ村の白鳥伝説」として論を進める。

6 「白鳥女房」の原型

アリヤティ村の女性シャーマンが語った白鳥伝説が、第I部第一章1「白鳥処女説話」で記した、ブリヤートの昔話「白鳥女房」の核となっているのではなかろうか。このことを検討する。トーテミズムの語りは特定の動物や植物に民族の始祖としての伝説を付与する。なぜその動物（植物）がその民族の始祖となっていくのか。

白鳥の行動原理を学んだ特定の人々の集団が白鳥トーテムを戴いたと私は考えた。トーテミズムによって生起する諸々の規制が、白鳥の習性と深く関わっているとする考えの根底に、人が生きていく上での規範や規制を白鳥から学んだ人々の群れがあったと考えるのである。

だから、「アリャティ村の白鳥伝説」は、私の思考の流れに沿うものであった。「アリャティ村の白鳥伝説」はブリヤートにとって白鳥が始祖であることを述べた民族の始源にかかわる語りで、歴史始祖伝説と考えられる。一方、「白鳥女房」は、伝説としての色彩が薄く、語りを楽しむ昔話である。

内容は豊かな伝承の集積であるが、昔話として脚色されていることは強く指摘できる。

この昔話を提供したのはバイカル湖の南側にあるロシア連邦ブリヤート自治共和国トンキンスキー地方のA・Д・オンゴルホエフであるという。イルクーツクから西に二〇〇キロほどモンゴル国境側にあるジェムズチェグ村に居住していた。一九五七年、七六歳の時にB・Ж・ハマガノフによって採録されたという(4)。

オンゴルホエフは昔話のほかに宗教伝説や歴史伝説の語り手でもあったという。生涯を通じて、サヤン山脈の猟師として暮らしてきた。一五歳の時から大人に混じって何か月も山に入り、猟の合間に語られる豊かな口承文芸を身につけたとされている。

オンゴルホエフの語る「白鳥女房」の訳者である斎藤君子は、解説の中で、ロシア民俗学の書である「ブリヤートの民話」を訳出して、この語りの成り立ちを考える手がかりを提供している。(5)

「白鳥女房」のモチーフはいくつかの型の昔話に含まれており、英雄叙事詩ウリゲールや宗教伝説、歴史伝説にも含まれている。昔話の白鳥女房はこの話のように最後まで地上にとどまって主人公と共に幸せに暮らすが、伝説では白鳥はブリヤートの始祖であり、聖なる鳥であり、物語の結末では白鳥女房は夫のもとに子供を残して天に去る。ホリンという氏族のように、自分たちは猟師と白鳥の間に産まれた十一人の息子の子孫であるといういい伝えをもつ氏族もある。

第Ⅰ部第一章でブリヤートの「白鳥女房」を提示したのは、この語りが世界的に分布する白鳥処女説話の要素を漏れなく包み込む、統合された形態であると認められたからである。粗筋は次の通りであった。

①天の娘たちが白鳥の衣を脱いで水浴びする。
②若者が白鳥の衣を盗んで隠す。
③天に帰れなくなった娘は男と夫婦になる。
④娘を欲しがる悪者（鬼や王）から難題を三つほど出されるが、娘の国である天上を訪ねるなど、娘の智恵・神の指示によって無事解決する。

⑤若者と娘は幸せに暮らす。

完全型に近いと考えられるブリヤートの「白鳥女房」は、この語りが世界的に散らばる際に、各部分が強調される昔話となってあちこちに留まっていったものか、あるいは、世界各地で多くの語りのつけ加えが起こって出来上がっていったものかも知れない。日本では羽衣伝説や天上異界訪問譚などで、全国に語りの残滓がある。

ここで問題となるのが、アリャティ村での語りが、昔話ではなく、伝説として人の口の端に上っていた事実である。つまり、白鳥処女説話の故郷とされるブリヤートの人たちが白鳥を自らの出自を示す始祖として語り伝えてきたという事実は揺るぎがない。白鳥との間に産まれたブリヤートという息子が村の起源となり、ホンゴドルという氏族が白鳥を守ってブリヤートと深く結びついていることが伝えられているのであるから、昔話「白鳥女房」は伝説からの豊かな想像力が導いた語りの塊と理解できるのである。

「白鳥女房」が採話されたトンキンスキー地方のジェムズチェグ村とアラルスキー地方のアリャティ村とはサヤン山脈でつながり三〇〇キロほど離れている。英雄叙事詩や歴史伝説、宗教伝説で白鳥処女説話が中核をなす語りとして復唱されている事実は、アリャティ村の白鳥伝説のような、単純な語りが核となっていることを予測させる。

つまり、「白鳥女房」の①②③が、ブリヤート民族の始源を語り、始祖としての白鳥を提示する。④⑤は天上（異界）訪問譚で、難題の克服という別の話である。伝説に異界訪問譚をとりつけた二つの要素が元になって語られているのが「白鳥女房」であるとする予測が成り立つ。

「アリャティ村の白鳥伝説」は、白鳥処女説話の核となる語りであることを確認している。これは伝説であり、天上を訪問する語りはなかった。ところが、天上訪問譚をうかがわせる思考の流れが小羊の供犠の中で見出される。ブルスナエバさんの母親が、儀式の翌朝降った慈雨を「天と地が入れ替わった」と私に語ってくれた認識は、地上から天上に昇った生贄《いけにえ》の魂と、天上から地上に降り注いだ恵みの雨とが対になって語られていたのである。昔話「白鳥女房」の主人公が天に昇って、今まで地上にあった自分の不幸を鳥瞰する場面は天上がブリヤートの人々にとって地上の出来事を司る場所であり、入れ換えることが可能なものであると考えていたと思量できる。

すなわち、ブリヤートの始祖を伝説で語り、天上訪問を昔話で語ったものが昔話「白鳥女房」であり、天と地の循環を語ったものとの考えに導かれる。天から降りてくる白鳥を、ブリヤート民族の始まりと語るのであれば、当然のように、天上に帰っていく者がいる、とする思考の流れは準備されていたと考えるのが普通である。始まりは天から降《くだ》ってくることで、終わりは天に昇っていくとする思惟は人類普遍の思惟であろう。

ブリヤート民族が白鳥を始祖として天から人を地上に降ろし、自民族の優位性を説いたものが「アリャティ村の白鳥伝説」である。ここでは白鳥は神として天に戻るが自民族の子孫は地に広がり拡散する。トーテミズムの語りである。これに対し、白鳥が天に帰らず、地上で人の子と幸せに暮らすのは、白鳥トーテムとしての主体を放棄して人に交換してしまうことを意味しており、容易に人と動物が入れ替わる相対的互換性の語りとして分けて考えなければならない問題となる。

トーテミズムが自民族の始祖として動物を崇《あが》める事例は数多く論じられてきた。朝鮮半島の熊が古朝鮮の始祖となった檀君王権神話や極東のナナイが抱く熊のトーテムはいずれも、始祖としての熊が語られる。一方、人が始祖の動物となって天にもどるとする考えは広くない。

「アリャティ村の白鳥伝説」は、白鳥処女説話の核となる民族の始祖を暗示する歴史伝説であることに改めて気づくのである。ブリヤート民族に語り伝えられてきた口承はどこまで遡れるものなのか。

注

(1) 福田俊司『シベリア動物誌』(岩波新書、一九九八年)。
(2) 加藤晋平『日本人はどこから来たか』(岩波新書、一九八八年)、木村英明『シベリアの旧石器文化』(北海道大学図書刊行会、一九九七年)。
(3) 松本秀雄『日本人は何処から来たか——血液型遺伝子から解く』(日本放送出版協会、一九九二年)。
(4) 斎藤君子編訳『シベリア民話集』(岩波文庫、一九八八年、三一三頁)。
(5) 同前書、三一三頁。

第二章　アラルスキー・ホンゴドル

アラルスキー地方はイルクーツクから西に森林ステップ地帯の続く広大な沃野である。アラルスキー（Аларский）をはじめ、バイカル湖周辺のシベリア高地はブリヤートが住んでいた大地である。一六六一年、ロシア帝国の東進は、コサックによってアンガラ河畔に砦が築かれることで始まった。イルクーツク市の始源となった砦は、ロシア人のシベリア開発拠点となる。

バイカル湖西側、アンガラ川とエニセイ川源流域のアラルスキー地方に住むブリヤートはシベリア高地寒冷森林ステップ地帯で家畜などの動物と共に生きる遊牧によって生存を持続してきた。アラルスキー地方は長い歴史の中で、多くの遊牧民を養ってきた沃野である。

アリャティ村の学校では、アラルスキー・ホンゴドルという、誇りに満ちた響きの言葉に接した。小羊の供犠に参加していた一人の婦人に村の学校の先生がいた。白鳥の話は私たち自身の問題、として、学校訪問の際に、子供たちに教えている郷土資料を手渡してくれたのである。「これが、白鳥とアラルスキー・ホンゴドル（Аларские Хонгодоры）の内容です」と渡されたコピーは一五枚の資料であった。

「アリャティ村の白鳥伝説」最後の語りに、

息子の名前はブリヤートと言った。ここから住んでいた村の名前がブリヤートになった。ホンゴドル族が白鳥を守っている。白鳥は神と同じに祀り、決して殺してはならない。殺すと呪いがかかる。

とある。ブリヤートのホンゴドル族とは何か。

1　ブリヤートの種族

ブリヤートが白鳥から産まれた最初の息子とされている。これを守っているのがホンゴドルという種族になることが村の伝説で語られていた。

アリャティ村はホンゴドルの種族に連なる人々の村であった。種族や氏族の歴史伝説は出自を含めてその多くが事実を集積したものとは限らないが、広大なシベリアの大地に生きてきた人々が心の拠り所としているものであることは間違いのない事実である。アリャティ村の学校で教えていたアラルスキー・ホンゴドルを訳出したものを抄録する。(1)

ホンゴドルという名称の種族は大陸の各所に散らばった氏族がかたまった大きな共同体を形成する種族である。ブリヤートの種族にはホンゴドル族、ホリ（Хори）族、エヒィリット族（Эхирита-ми）、ブラガット族（Булагатами）があり、この四種族がブリヤートの中核を占めている。

ホンゴドルという種族は南シベリアに分かれて広がった。その地方は、アラルスキー地方、ザカメンスキー地方、オチンスキー地方、トンキンスキー地方である。そして、モンゴルにも居住している。

ホンゴドルについて記載されている初期の文書は『モンゴル秘史』(Сокровенном сказании монголов)である。その中で示されたのは、かつて、オノン川(Онон)上流に居住していたスケガイ－チェジャウンという種族が大きくなり、スケチェンという氏族の中からチェジャガイ－ホンゴドルという息子が出たことである。

この場所はチンギス・カンの故郷であり、ホンゴドルはチンギス・カンの主流派に属している。おそらく、チェジャガイ－ホンゴドル(Чжегай-Хангодор)はシシャガイ－ホンゴドル(Щагай-Хангодор)と同名で始祖は同じであろう。移動するホンゴドルの意味が込められている。チンギス・カンの軍人として認められ、その威信は獲得した領地(征服地)にも記された。

チンギス・カンに関する文書の中でホンゴドルは、イサンケ(Исунке)皇帝(チンギス・カンの甥)を追悼する場面で記されている。一三世紀の前半と推測される。ここでは戦士ホンゴドルが三五番目に語られている。

それゆえに、戦士ホンゴドルがアルグン(Аргуни. アムール川の支流であるアルグン川流域の地方)でなく、イサンケ領(バイカル湖東側のザバイカリエ地方)に組み込まれていたことが疑問となっている。この問題について、研究者バンザローバは「遊牧民の土地は頻繁に取り替え交換が行われ、チンギス・カンが活動した動乱の時代には特に頻繁にこのことが行われた」と述べている。

モンゴル軍の大隊を構成する単位となる編成部隊は同一の氏族を基本とした。ホンゴドルはアルタク（Алтак）の軍人・兵士として騎兵中隊に記されている。イサンケの単位部隊（騎兵中隊）としてホンゴドルが編成されていた。

ホンゴドル（Хонгодоры）のホン（Хон）は白鳥を意味している。白鳥から産まれた種族とされ、トーテムとして白鳥を自らの始祖としている。

ホンゴドルがトーテムとして白鳥を標榜し、重要視していることから、ホリン族に属することを意味し、優れた者の集団として自認した。ホンゴドルは自らの使命や才能を白鳥のトーテムに帰し、白鳥を始祖として慕った。

このように、伝説のホンゴドルが産んだ子供たちが一六から一七世紀にかけて、南シベリアの広い地域に広がっていった。

ドリン（Долины）、トンキ（Тунки）、イルクータ（Иркута）、ベロイ（Белой）、アラル（Алари）である。

ホンゴドルがチンギス・カンの動乱の中から浮かび上がってきた経緯と、白鳥トーテムのホリン族との関係で語られる構造が明らかとなってきた。

つまり、ホンゴドル族の伝説的起源はホリン族に、平面的拡散はモンゴル帝国の動乱に帰せられる。チンギス・カンの生誕の地とされる「オノン河の源のブルカン岳(2)」はアムール川の最上流オノン河に比定され、西隣のザバイカリエ地方（バイカル湖東岸）はチンギス・カンの甥、イサンケ皇帝の領地であった。ホンゴドルの起源がザバイカリエ地方にあり、ここからバイカル湖南方のトンキ、西方のアラルなどに拡散したというのである。遊牧民であれば、移動を繰り返すのであるが、種族の精神的支柱には、白鳥をトーテムとする柱があり、白鳥の元に人々が集っていた姿が描ける。

2　シベリア高地

チンギス・カンの活躍の舞台となった場所はシベリア高地であった。世界史を揺るがすチンギス・カンのモンゴル帝国拡大はヨーロッパや中東に及び、ユーラシア大陸の過半を領有したことさえある。この遊牧民の始源がアムール川源流域オノン川流域やバイカル湖東岸域のザバイカリエ地方であったという事実は何を意味するのであろうか。これらの地はブリヤートの人々の土地であり、モンゴルの人々の領有地でもあった。

現在もブリヤート共和国やイルクーツク州にはブリヤートの人々が広大な大地に暮らしている。モンゴル帝国の英雄はブリヤートの将軍でもあった。馬に乗った銅像が今も道端に建つ。

遊牧の民が種族ごとに小隊を編成して騎馬兵となってモンゴル軍を構成したことをみてきたが、森林と草原が混淆するステップ地帯で育成された馬が騎兵を支え、羊の群れは食糧として兵を養った。草原ステップ地帯が帯状に連なるユーラシア大陸内陸部では、家畜と共に暮らすブリヤートやモンゴルの民はそのまま遊牧によって移動を繰り返す漂泊の民でもあった。

白鳥処女説話の伝説は、移動する彼らが大陸各地に広げたことも考えられるのである。チンギス・カンの一三世紀以前に、ホンゴドルなどの種族が広大な大陸の草原ステップ地帯に足を伸ばしていたことは十分考えられる歴史である。

そして、ブリヤート自身が、北から南下してきた人々であることを推測することもできる。北シベリアの森林地帯で狩猟採集生活をしていた人たちが南下して、森林草原ステップ地帯に移り、狩りと家畜飼育に遷《うつ》ったことが想定される。

アリャティ村での食糧確保の生活は牧畜を中心に組まれている。安定した食糧確保が望めるためであることは既述した。ところが、狩りや漁撈も行っているのである。

昨年には村に熊が出たことからこれを狩り、儀礼を施して村人が食べた話があった。つまり、安定して食の得られる生業が主体を占めるようになっていくのはどの地域にあっても共通する。安定しない狩りの生活では生存が持続できないことをみてとった北シベリア先住の人々が、南下して家畜を飼うことで食糧確保を目指した筋道は不可逆的に生起したことが推測できる。極北の民・エヴェンキも、トナカイの家畜化によって安定した食の確保が成し遂げられた。

中央シベリア高地の地理的景観を確認する。モンゴルとロシア連邦の西国境はアルタイ山脈とサヤン山脈が屹立している。ここはロシア連邦を北流して北極海に注ぐオビ川の源流域となっている。サヤン山脈はエニセイ川の源流域でもあり、同様に北流して北極海に注ぐ。アリャティ村は、東サヤン山脈の南部にあたる。バイカル湖から流れ下るアンガラ川支流の源流域にあたる。

白鳥の故郷は北極海に近い低湿のツンドラ地帯である。ここで雛を育てる。ところがシベリア高地に白鳥をトーテムとする人々の群れが存在する。その理由とは何か。極北の民ではなく、中央シベリアのブリヤートに白鳥が語り続けられてきた理由があるはずだ。

ここでブリヤートが養われてきた大地について考える。ブリヤートの種族にはホンゴドル族、ホリ族、エヒィリット族、ブラガット族がその主体を占めるとされている。いずれもバイカル湖を中心にこの周辺の高地で放牧により暮らしを立てている人たちである。このうち、ホンゴドルという種族は南シベリアに分かれて広がるが、アラルスキー地方、ザカメンスキー地方、オチンスキー地方、トンキンスキー地方と、バイカル湖の南側から西側にかけての広大なシベリア高地に広がっている。ここはモンゴルと国境を接する場所でアムール川、レナ川、エニセイ川の源流域として、サヤン山脈のなだらかな森林草原ステップ地帯が続いている。

シベリア高地の大河源流域に牛や馬そして羊を追って暮らす人たちと、白鳥はどこで結びついたのか。白鳥をトーテムとするほどのつながりはどこで産まれたのか。

アリャティ村では広大な湿地に沿って村が立地する。このような景観は、アリャティ村に入るまでの間、車で数時間走り続けた草原の各所で目にした。村はうねる大地の窪みにあり、必ず水の湧く湿地が集落に沿って存在していた。大地の頂部は森林が続き、窪みの低湿地との間に草原が広がっていた。つまり、大陸の高層湿原が白鳥と村人との接点であると確信した。

アリャティ村へ入るまでにノボシビルスクへ行く幹線道路から折れて、草原の中で通過した村は三つあったが、いずれも低湿の水辺には水鳥の群れがいて、岸から続く草原では牛や馬、羊が草をはみ、村人がこれを守る景観に接した。

アリャティ村には、「五月頃、白鳥が来ている」という。繁殖地の北極圏に近いツンドラ地帯に行く前に羽を休める中継の場所であると考えられる。ちょうど北海道のクッチャロ湖に日本国内で越冬した群れが滞在して、ここを中継地にシベリアに飛び立っていくように、滞留場所としてアリャティ村に入る白鳥の家族がいたのである。白鳥はシベリアからの南下も、繁殖のための帰北の渡りも、家族が中心となる。一つの家族が一つの村の湿地に滞留する姿は、この地に生活するブリヤートの人々にどのように映ったであろうか。

村に入る時にウォッカを天と地に捧げるブリヤートの習慣にみられるように、天と地をはっきりと二分して考える人たちである。白鳥は天から地への使者であり、時を経て、地から天に帰る循環を標示するものである。

つまり、白鳥をトーテムとする思惟はツンドラ地帯の白鳥繁殖地ではぐくまれる形態ではなく、天と地を往き来する場所ではぐくまれた信仰の形態であることが理解される。あるいは、白鳥の姿に天と地を重ねた可能性もある。

自分たちが住んでいる草原の世界とは違う天から降りてきて、ここで滞留し、生活を共にして、再び天に戻っていくという循環が、白鳥トーテムに底流している。白鳥の一次的停留地である湿地であればこそはぐくまれた思惟であったのではなかろうか。

日本の越冬地にひしめく白鳥の真っ白な群れや、広大なツンドラにぽつんとつがいの白鳥が散在する姿ではない。

シベリア高地、草原と低湿地に沿った村の生活こそが、白鳥処女説話をはぐくんだ場所であったと考えるのである。

チンギス・カンの故郷に近い、中国内蒙古自治区フルンボイル市は大興安嶺の麓にある。ここは、中国、モンゴル、ロシアと国境を接し、ブリヤートの人々が住む。この地にも、白鳥の子孫であることを語る話がある。

バイカル湖のほとりに住んでいた一人の猟師が湖で水浴びしている七人の美しい娘をみる。一人の衣を盗んで岩の下に隠す。水浴びを終えた娘は六羽の白鳥となって飛んでいくが、衣のない娘は猟師と夫婦になった。二人の間には一一人の子供が産まれ幸せに暮らしたが、ある時、子供が母親に衣を着るようせがんで父親に衣を返させた。衣をまとうと白鳥となり飛んでゲルの上を回りながら、一一人の子供たちをブリヤートの始祖として幸せに暮らすよう伝えて天に帰る。


白鳥の子孫がブリヤートの始祖となった語りは行き渡っている。中央シベリアを中心に、西のカザフスタン、東の中国や極東に、白鳥を種族のトーテムとする語りの文化が指摘される。

やはり、アラルスキー地方のアリャティ村で語られていた白鳥伝説は、これらの核となることが想定される。語りが単純なだけ内容が精選されている。民族の出自に関わることであり、必要なこと意外、語ってはならないのがこの種の伝説である。要点を簡潔に述べて口承してきたことが推測できる。

現在は定住生活をしているとはいえ、遊牧生活の中ではぐくまれる伝承の姿は、白鳥や動物によって規範を求めたものであることは指摘できる。

北から大陸を南下したブリヤートの流れがフルンボイル市の白鳥伝説には込められている。白鳥とともに渡りを繰り返す種族だったのであろう。

3　白鳥処女説話の起源

「アリャティ村の白鳥伝説」が、白鳥処女説話の起源に最も近い語りの一つではないかとする私の仮説を検討するために、先に大略を記したトンキンスキー地方ジェムズチェグ村のオンゴルホエフが語った昔話「白鳥女房」[3]（第I部第一章では粗筋のみ記載）の内容を原形で記載する。白鳥処女説話の条件となっている「羽衣」「布と家族（難題の克服）」がどのような位置関係にあるのか分析する。

A　ある村に、その日の食にも事欠く身寄りのない若者がいた。若者は、一年働いたら馬一頭もらう約束で金持ちの家に雇われた。一年経ったので約束の馬をもらおうと草原に行ったが、その馬は七匹の狼に喰われてしまっていた。ついていない若者は、また仕事を探しに出かけた。森にさしかかると一人の男が薪割りをしていた。一日四立方サージェンである。若者はこの男より速く薪割りが出来ると言い争った。次の日、一日中せっせと薪割りをしたのに若者は賭けに負けた。それで、一年間この男のところで働くことになった。若者はまる一年黙々と働いた。賭けに勝った男は若者の働きぶりをみて、麦の種籾《たねもみ》をくれた。若者はわずかな土地に種籾を蒔いたが取り入れの時期になって大きな雹《ひょう》が降り、麦はすっかりだめになった。ついていない若者は貧乏暮らしから抜け出すために海へ行って漁をして暮らす決心をする。漁網と、兎や山猫を捕る罠を買って海にやってくる。自分だけの小さな小屋を建て魚を捕り獣を獲って暮らした。

B　何年かたったある時、若者が小屋の傍らに寝そべっていると白鳥の群が騒がしく飛んできて、岸辺に舞い降りた。七羽の白鳥が服を脱いで美しい娘になった。娘たちは水浴びをしていた。若者は白鳥の一番美しい服を選んで隠し、自分も隠れていた。

　七人の娘たちはたっぷり泳ぎ、岸辺に戻ってきた。六人は服を着て白鳥の姿に戻ると飛んで行ってしまった。ところが一人の娘だけは服が見つからない。日が暮れてくる頃、娘は若者に語りかけた。「もしも若い方なら夫になってください。年寄りならお父様になってください。出てきて服を返してください」。若者は出ていって服を返してやり、格子縞の絹の布だけは自分の手に残しておいた。そして娘を家に連れ帰り夫婦になった。

C　若者は娘の美しさにうっとりして顔ばかり眺めていて仕事をしない。女房は、仕方なく、夫に自分の似顔絵を描いて渡し、仕事に出かけさせた。ところが不意に強風が吹いて似顔絵が吹き飛ばされてしまった。似顔絵は七日七晩空を舞い、八日目にアバアハイ・ハンの宮殿に落ちた。兵士たちが拾ってハンに届けると、その美しさを気に入り、三〇〇〇の兵を仕立てて、似顔絵が飛んできた東の方向へ娘を捜しにでかけた。

　海辺に落ち着くとハンは兵士に獲物を獲りに行かせた。兵士はようやく黒鴨を仕留め、ちょうど見つけた一軒の家で鳥を焼かせてもらった。ところが兵士たちは美しい女房の顔に見とれていて、鳥が黒こげになってしまう。兵士は「ハンに殺される」と泣き出す始末である。女房が兵士に事情を聴くと、三月前にハンに届いた似顔絵の娘をお后に迎えるために娘を捜していることを語る。

女房は兵にこの家に立ち寄ったことを言わないよう釘を刺して黒こげになった鳥を隅に持っていき、唱え言をしてこんがり焼けた状態に戻してやる。

兵士がその鳥をハンに渡した。ハンは腹ぺこだったがいくら食べても食べきれなかった。一羽の鳥が三〇〇人の兵士を満腹にさせた。

次の日もハンはこの兵士に鳥を捕ってくるよう指示した。兵士は昨日と同じ鳥をようやく捕ると、また昨日の家に行って焼かせてもらった。しかし、今回は女房の顔を決してみないようにした。兵士がその鳥をハンに渡すと、ぺろりと食べて満腹にならなかった。ハンはかんかんに怒り、鞭で兵士を叩いた。息も絶え絶えの兵士は、北にある小屋に住んでいる夫婦の美しい女房がしてくれたことを喋ってしまう。

ハンは、「それこそ、わしが見初《みそ》めた女に違いない」と叫び、兵を率いてその小屋へ行き、夫婦を縛り上げて自分の領地に戻った。宮殿に着くと夫婦を鉄の物置きに閉じこめてしまった。

D

次の日、ハンは若者をなき者とするために難題を出した。「はるか東の果てに猛々しい黄色い犬がいる。その犬を連れてまいれ」。うなだれながら若者が女房に相談すると、柄のついた鉤を作って夫に渡し、犬の喉に鉤を突っ込んで連れてくるよう教えた。旅に出た若者は森を彷徨《さまよ》っている間に黄色い犬に出くわし、女房の言うように、口を開けたところへ鉤を突っ込んで捕まえ、ハンのところに連れてきた。ハンは肝をつぶした。

次の日、ハンは「地獄へ降りていって地獄の底をきれいに掃除してまいれ」と、二つ目の難題を出した。若者はしょげきって女房の所へ行くと、赤い絹糸を夫に渡して「これを伝って地獄の底から上がってきてください」と言った。若者が地獄の入口に来ると見張り番が若者を地獄へ降ろしてくれた。若者は累々と死体が重なっているところで臭いと蒸し暑さにたまらなくなって赤い絹糸を上に向かって投げた。すると若者はもう地上に立っていた。恐ろしさに震える見張り番に命じてハンに報告させた。

D1　次の日、ハンは若者を呼びつけると、「星の息子と太陽の息子の所へ行って、貢ぎ物をもらってこい」と、三つ目の難題を出した。若者は天に昇る手段も星の息子や太陽の息子を捜し出す方法も分からず悲嘆にくれた。女房は長さ八〇サージェンもある赤い絹糸と格子縞の布を夫に渡した。そして、赤い絹糸を放り投げて天に昇ること、天に昇ると鉄の囲いのある家に寄ること、そこには女房の母がいるので、時を見て格子縞の布を取り出して姑に見せること。太陽の息子と星の息子がいるところは身内が知っていることを告げる。

D2　次の日、日の出とともに出かけた若者は赤い絹糸を投げ上げて天に昇った。一筋の道が延びていて、その小道を伝わっていった。女房に言われた鉄の囲いの家に入ると女房そっくりの女の人が胸をはって軽やかに歩いていた。飲み物を頼むと投げて寄こした。若者が格子縞の布で口を拭くと、女は急に愛想よく「婿殿が下界から来たというのに少しも気づかなかった」と、嬉しそうに言った。銀のテーブルに蒸留した馬乳酒、果物が並んだ。若者は今までのことを語り、姑は娘のことを訊ねた。若者は星の息子を尋ねて彼の宮殿に行くと、掃除をしていた女房に箒で殴られる。若者が格子縞の布を出して泣く真似をすると、女房は下界の婿殿に気づき、家に招き入れ、白銀のテーブルにつける。そして、星の息子が帰ってきたら凍えてしまうからと、穴蔵に押し込まれる。星の息子が帰ってくると、迎えに出た女房が、下界から婿殿が来ているから早く鎧を脱ぐようにと頼む。星の息子は鎧を脱いで穴蔵へ降りて若者を温める。若者はアルザ（蒸留酒）を呑んで今までの経緯を話した。

また、旅に出た若者は、二羽の雄鳥が喧嘩しているところに出くわした。何のために喧嘩しているのか太陽の息子に訊いていくれということづけを頼まれる。次に、牛の角の上に一人の女が座って、うめきながら泣いているのに出くわす。ここでも、何の罪で罰を受けているのか太陽の息子に訊いて欲しいということづけを頼まれる。また次に、地面に寝ている女に出合う。口に水が流れ込み、下からちょろちょろ出ていき、苦しがっている。どうしてこのようになっているのか太陽の息子に訊いて欲しいという依頼をここでも受けて若者は進んでいく。

太陽の息子のところに辿り着くと、ここでもその女房が箒で掃除をしていて、若者の頭を叩く。若者は泣き真似をして格子縞の布を取りだす。太陽の息子の女房は婿殿であることに気づいて若者の手を取って家に入れもてなす。この時、太陽の息子が帰って来るというので涼しい穴蔵に押し込まれる。女房からせかされて太陽の息子が鎧を脱いで下界の婿殿と会う。ご馳走でもてなされ、若者は今までの出来事をすべて話す。

「アバアハイ・ハンが太陽の息子と星の息子から貢ぎ物をもらってこい、というのでここへ来たのです。」

太陽の息子は、アバアハイ・ハンが星の冷たさと太陽の熱で若者をやっつけようとしていることを若者に伝え、「貢ぎ物を渡すいわれはないが届けてもらおう」と言う。そして、ここに来るまでの間に目にしたことを話すよう促される。雄鳥の喧嘩、牛の角の上の女、地面に寝ている女から頼まれた、どうして苦しみに耐えなければならないのかを話す。

太陽の息子は婿にご馳走して一晩泊める。翌朝、母なる大地を温めに行く太陽の息子に若者が「世界をみたい」と、頼み込んで同行することになる。渋っていた太陽の息子は呪いを唱えて言う。「わたしの馬アルタン・シャガルに乗って、馬の言うとおりにするのだ。昼ご飯は八八本の脚がある銀のテーブルで食べるのだ。」

D3　若者が馬に乗って出かけると、地面に寝そべって下を覗いている歳とった魔物に出合う。若者が何をしているのか訊くと、「わしの七匹の犬が獲物を欲しがって見上げている。犬に喰わせる家畜をどれにしようか窺っている」という。若者はカンカンに怒って「丸一年俺が働いて稼いだ馬を狼どもに喰わせたのはお前か」と、じいさんの手足をへし折り、片方の目をくりぬいてしまった。

またしばらく行くと、別のじいさんが寝そべって下を見ていた。「どうしたんだい」と聴くと、体を起こしてじいさんは言った。「天の扉から四日四晩石の雹《ひょう》と大雨を降らしているのだが元に戻せないんだ」。若者は、やっとお前に巡り会えたといいながら馬から下り、じいさんを鞭で叩いて片腕と片足をへし折り片目をくりぬいた。麦をだめにした罰だ。

しばらく行くと昼時になったので若者は八八本の脚がある銀のテーブルの八本の脚を蹴って折ってしまったが、ここに座って昼ご飯を食べ、煙草を一服するとまた旅を続け日の暮れる頃に帰ってきた。

太陽の息子が若者の旅の経緯を尋いたが、人にも会わなかったし、すべてうまくいったと答える。次の日、空が白み始めると若者は家に帰る支度を始めた。すると太陽の息子が金の杖を若者に渡して祝福した。

「この杖をアバアハイ・ハンに渡してくれ。帰り道、地面に寝ている女に会ったら、若い母親に頼まれたミルクを与えなかった罪でこうなったと言ってくれ。二人目の女には東の霊に捧げるミルクを絞ってもらっていた牛をしこたま殴った罰で何千年もああやっていなければならないと伝えてくれ。それから、喧嘩をしている雄鳥のところでこの杖を振るのだ。そして無事に家に帰って幸せになるんだぞ」。

若者は太陽の息子に別れを告げ、旅に出た。最初の女と二番目の女に太陽の息子の言葉を伝え、雄鳥のところへ来た。若者が金の杖を振ると二羽の雄鳥は金と銀になり地面に倒れた。

若者は旅を続け、星の息子の家で一晩、それから姑の所へ行って三晩泊まった。それから天の扉があるところへ行って扉に絹糸を結びつけて下り、やっとの思いで地面に飛び降りた。そしてハンの所へ行った。

E

若者がとっくに死んだと思っていたハンは婚礼の宴の支度をしていたが、慌てて兵士たちに若者を捕まえて殺すよう命じた。ハンは剣で若者を八つ裂きにしようと向かっていったが、若者が金の杖を振り回すとばったり倒れてしまった。番兵たちも向かってきたが金の杖を振ると皆ばったり倒れた。若者は自分の女房の所へ飛んで帰った。

翌朝、空が白み始めた頃、貝の笛とフルートの音が聞こえて庭にたくさんの人が集まっていた。

「どうか私たちのハンになってください」。

若者はアバアハイ・ハン代わってハンになり、天人の娘がハンの后になった。この後二人の間には多くの子供が産まれ、何不自由なく暮らしたという。

第I部第一章では白鳥女房の枠組みしか提示できなかった。

①天の娘たちが白鳥の衣を脱いで水浴びする。
②若者が白鳥の衣を盗んで隠す。
③天に帰れなくなった娘は男と夫婦になる。
④娘を欲しがる悪者（鬼や王）から難題を三つほど出されるが、娘の国である天上を訪ねるなど、娘の智恵と神の指示によって無事解決する。
⑤若者と娘は幸せに暮らす。

トンキンスキー地方で語られてきた「白鳥女房」は次のように対応する。

①②③　↓　B
④　↓　C、D1・D2・D3
⑤　↓　E

本来、重点的に語られる白鳥の飛来と衣を脱いで水浴びしている間に衣を取られてその男と夫婦になる①から③がBに狭《せば》まり、天上訪問譚がCとDで語られる。

全体の話を通して分かることは、ジェムズチェグ村の「白鳥女房」は昔話であり、アリャティ村の白鳥伝説を取り込んでいる語りだということである。

つまり、基層には民族の始源を語るトーテムとしての白鳥伝説があり、この語りを挿入して、多くの伝承を張りつけ、膨らませて昔話が出来上がっていったという筋道が明らかとなる。

トーテムとして白鳥を尊崇しているホンゴドルの人々は、白鳥が種族の始祖になったという、ホリン族同様の語りを持っていると同時に、人が白鳥になるトーテムと反対の思惟も含み、白鳥と人が簡単に入れ替わる世界観の中で生きてきた。これがそのまま「白鳥女房」の昔話の構成に使われる。人と白鳥が交互に入れ替わる相対的互換性は、天と地の世界観を作り、容易に互換できるとする思惟をはぐくんだ。

若者が赤い絹糸を投げて天の扉から天上を訪問し、また戻ってくるD1からD3は、天上が地上で生起する姿の鏡であることまで語っている。

つまり、昔話「白鳥女房」は白鳥伝説と天上訪問譚の結びつきによって並立構成された説話であることが明らかとなってくるのである。ここでは白鳥のトーテムと相対的互換性が混在する形で天と地の循環に発展している。

以上の考え方を総合すると、白鳥処女説話の起源はアリャティ村の白鳥伝説が核の一つとなっていることは明らかである（図49）。

そして、天上訪問譚と白鳥伝説を強固に結びつけてきたのが天上処女の機織であった。白鳥が脱いで若者が隠した着衣は、天の衣である。天上に衣の機織りをしている場所が想像される。すなわち、天上に妻の故郷が想定されるのである。

「白鳥女房」の話の展開は論理的である。天上に妻の出自を示す格子縞の布を持参し、故郷を尋ねるのである。

格子縞は各トーテムの出自が示される特徴を持っている。

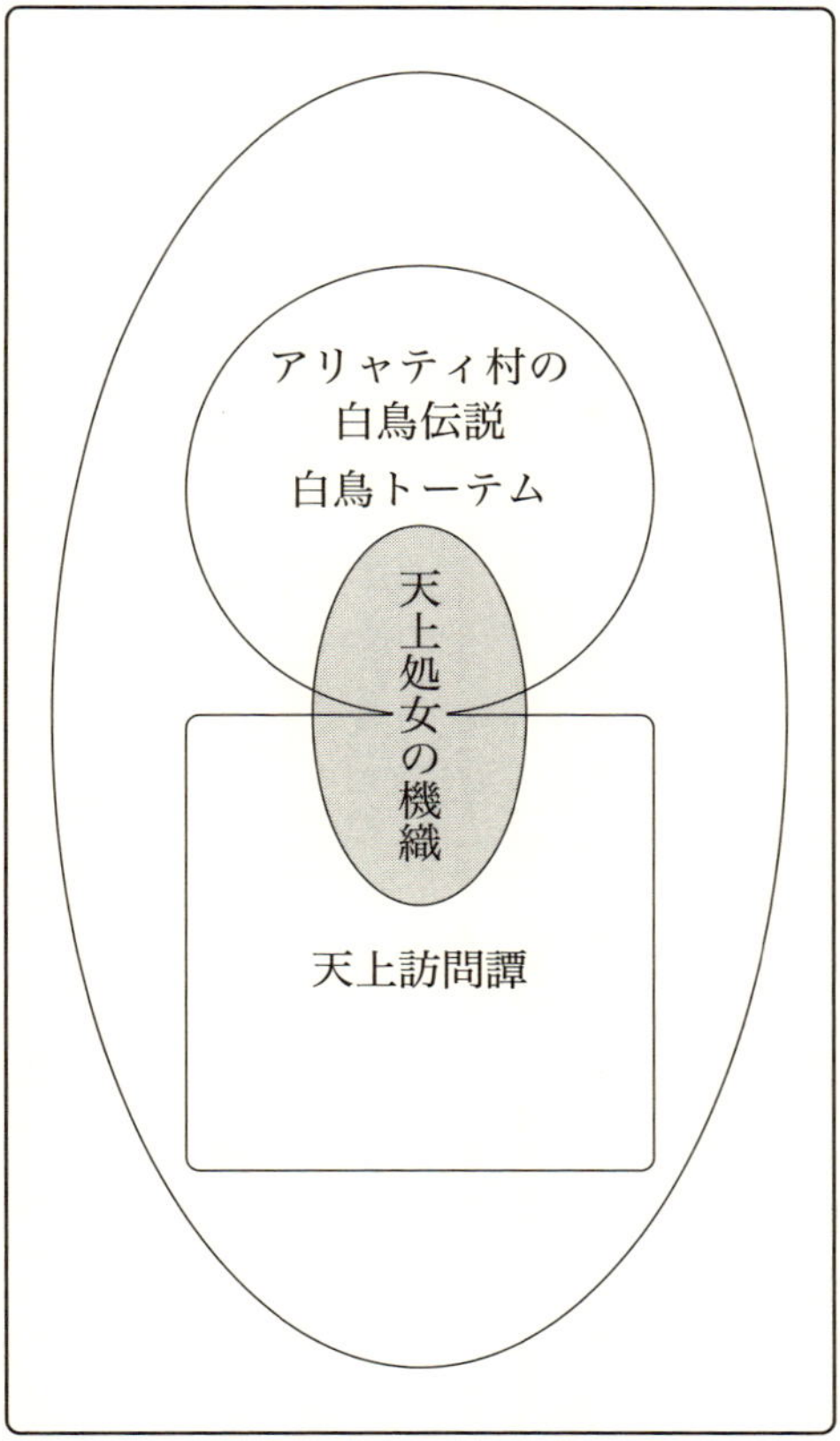

図49　白鳥処女説話の構造.

シベリアの各種族は、それぞれが自分たちの格子縞の模様を独自に保持していた。日本でも、家ごとに異なる独自の縞模様がかつてはあった。縞模様とは出自を示す紋様である。ブリヤートの紋様も採集されているが、細かい違いは種族の違いに帰せられる。

では、天上処女の機織りはどこから来て白鳥トーテムと結びついたのか。昔話「白鳥女房」の絹の記述といい天上の母系家族といい、機織りに尽くす女性の姿から、中国の語り物が想定される。七夕の織り姫、瓜子姫の機と、大陸の南側との結びつきが強く想定される。

第I部第一章で考察した中国の『捜神記』に記された白鳥処女説話、「鳥の女房」と「董永《とうえい》とその妻」の構図と重なってくるのである。シベリアの白鳥伝説は北ではぐくまれたものである。絹の縞模様の布を織るのは南の中国が本場である。北と南の結びつきが「白鳥女房」の構成となっていることが仮定される。

アリャティ村の白鳥伝説、フルンボイル市の白鳥伝説など、民族の出自に関わる白鳥トーテムの語りは、昔話から派生したものではない。北のバイカル湖周辺に暮らしていたブリヤートの伝説が元であり、これが昔話を派生させていたのである。

天上訪問譚と布の語りは、中国文化との接触で生起したものであろう。ユーラシア大陸を南北に移動していた遊牧民の姿が朧気《おぼろげ》に浮かぶ。

注

（1） Аларский Хонгодоры の外に、Ж. А. Зимин, История Аларского района. Иркутск, 1991.

（2）村上正二訳注『モンゴル秘史』（平凡社東洋文庫一六三、一九七〇年）。
（3）斎藤君子編訳『シベリア民話集』（岩波文庫、一九八八年）。

第三章　海への憧れ

シベリア内陸の民は海を渇望した。アリャティ村で会った五〇代の家の主は、「俺は産まれてから五〇年、この村から出たことがない。だからアリャティ村が一番いいところかどうか分からない。一度でいいから海も見たい」と、私に語りかけてきたことがある。ハバロフスク州の村では、車を購入した若者が、「夏には沿海州に行って海に遊びに行く」ことを楽しげに語ってくれたことがある。大陸内部、シベリアの民にとって海は特別なものであった。「アリャティ村の白鳥伝説」も、語りの根幹で重層的構造になっている部分に海が指摘される。

昔、ある日、男が水浴びに行った。海岸にやってくると、白鳥のグループが空から降りて来て、泳いでいたが、翼と羽を取るときれいな女性になった。男は愛に落ち、着物をそっと隠した。しばらく泳いでいた娘たちは白鳥に戻って帰っていく。しかし、服のない娘は男に、「私と一緒になって住んでください。奥さんになります」と言った。

着衣を脱いで海で泳ぐことに、何らかの隠喩が含まれていると考えるのである。

「アリャティ村の白鳥伝説」は、大陸中央部、アラルスキー地方で、白鳥をトーテムとするシベリア高地の種族が海辺を舞台に語り伝えてきた伝説であり、白鳥と海辺で交わる結婚式の語りである。

事実を積み重ねることなく推論を展開することは控える。はっきりしているのは、世界の白鳥処女説話には共通して、水辺で白鳥などとの婚姻の成立が語られることである。海辺での水浴びは、嫁となる女性の存在を核として成立したとする共通項に行き着く。

1　婚礼と水浴び

マリー・アントワネットがオーストリアからフランスのルイ王朝に嫁ぐ際、婚礼の前に国境の河で着衣を脱ぎ、裸となって水浴びをし、新しい着衣を着る場面がある。

白鳥が水辺に降りてきて着衣を脱ぎ、水浴びをする行為は、婚礼に先立つ行為であった。事実、この後、着衣を隠した男と夫婦になる運命が語られる。

結婚に際し、婚礼の始まる前、花嫁は必ず水浴びをする。これが清めの儀式であるかも知れないし単に体を清潔にするためだけかも知れないが、水を浴びるという行為は事実として確認される。しかも、わが国に限らず他の諸国でも、婚姻の際、花嫁が水を浴びて結婚式に臨むことは共通している。

ロシアのイルクーツク市では六、七月に結婚式が集中し、街にはリボンで飾り立てた車に新郎新婦が乗り込み、アンガラ川沿いにある英雄の銅像に集まっていた。汚れのない証拠に体を清めた後、純白のウェディングドレスを着用して花婿と街を歩く姿は、白鳥の純白と見事に重なる（図50）。シベリア高

図50　バージンドレスで歩く花嫁（イルクーツクにて）.

地では六月、北極海に近いツンドラ地帯に向かう白鳥が滞在している。人が白鳥から純白の婚姻衣裳のイメージを借りてきた名残ではないかと私が考える事象である。

北欧、フィンランドの『カレワラ』に「乙女アイノ」の章がある。(1)

花嫁が婚姻を拒絶した場合の悲話となっているが、ここでも白鳥が象徴化される。花嫁となれない白鳥は、冥界と現世の間に横たわる境の水辺に住んでいる。『カレワラ』が描いてきた、白鳥と人の婚姻の主題は「アリャティ村の白鳥伝説」と対となってお互いに輻輳し合う。

ヨウカハイネンの若い妹アイノが、森で老ワイナミョイネンと出合い、結婚を迫られる。家に戻って、この老人とは一緒になりたくないことを泣いて迫るが、母は取り合わない。「美味しいバターを食べ、豚の肉を食べ、クリームパイを食べて綺麗になれる」という。

そして、丘の上の蔵を開けるように語る。ここには、

六本金の帯がある、
七枚青い着物がある。

それは月の乙女の織ったもの、
日の乙女の仕上げたものよ。

母が青い森の傍らの、楽しい林の片隅で手に入れたものであった。「銀のリボンを額に結び、リンネルの肌着を着込み、ラシャのドレスで装って、絹の帯をしめる」ことで婚姻の衣裳は整えられていた。ところがアイノは年寄りの喜び、老いぼれの助けとなることを拒み、母の婚姻の衣裳を身につけて泣きながら彷徨《さまよ》う。三日目に海に出る。

岬の先で少女が三人……
海で水を浴びていた
乙女のアイノが四人目となり、
小枝の少女が五人目となった。
肌着を柳に投げかけた、
その着物をポプラの木に

裸になって水浴びをしている乙女は海原へ泳ぎ出て死ぬ。
以上の語りはアイノの死によって悲話となっているが、母親から伝えられた婚姻の衣裳を着て海に出て水を浴びるということ自体に隠喩が込められている。アイノは結婚を拒否して自殺したのであるが、母から伝えられた結婚衣裳を脱いで裸となり、海に入る。婚姻の成立を裁可する場所としての海が、それを拒んだのである。天からの衣裳を脱いでも結婚するに値する男がいなかったという、白鳥伝説が成立しない物語なのである。

アイノは天上乙女の機織りによって備えられた「六本金の帯、七枚青い着物。月の乙女が織り、日の乙女が仕上げたもの」を体から離す。

そして、海での水浴びとは、その運命の岐路に立った時に人が判断を下す最後の砦であったと考えられるのだ。なぜなら、海とは白鳥が往き来する天と地の果てと認識されていたのである。

そのことは『カレワラ』の世界観に、白鳥が異界と現世の境に広がる水辺にいる鳥として、彼岸と此岸を往き来する霊鳥として描かれていることで補説できる。

第一四章「レンミンカイネンの死」の項に、描かれている。(2)

ポポヨラの女主人ロウヒ、
彼女はこんな言葉を述べた。
「すぐにわたしの娘をあげよう
それから若い花嫁を、
あんたが川で白鳥を撃てば、
流れで華やかな鳥を、
トゥオニの黒い川で、

トゥオニの黒い川は彼岸と此岸の境の川で、ここにいるトゥオネラの白鳥は、マナラ（彼岸）の下界にいる。

レンミンカイネンはポポヨラに求婚旅行を敢行する。ここで娘を求めるが、ポポヨラの女主人ロウヒから課題を出される。すべて解決しなければ娘を娶《めと》ることが出来ない。

レンミンカイネンに出された課題は三つ。ヒーシの大鹿追跡、ヒーシの火のような口をした牡馬に轡《くつわ》をはめる、トゥオネラの白鳥を射るである。最後の課題が最も困難で、レンミンカイネンはこの場面で死ぬ。水蛇が伸び上がり毒芹《どくぜり》の毒が心臓を貫く。そしてトゥオニの息子の剣で五つの肉片八つの部分に切り分けられる。「お前の白鳥を川から撃て、白鳥を堤から」と死体に向かって叫ぶトゥオニの叫びで締めくくられる。続章では母の愛情によって蘇生するが。

フィンランドの作曲家、シベリウスはこの叙景を交響詩「レンミンカイネン組曲」、作品二二として作曲している。連作交響詩とされるもので、『カレワラ』に基づいた作品である。一八九〇年代を通じて推敲と改作が繰り返され、一九五〇年代にようやく現行版として落ち着いたという。四曲まとめて演奏されることもあるが、「トゥオネラの白鳥」が単独で演奏されることが多いという。

暗い世界を冷たい水がゆっくり流れるような旋律が繰り返され、暗く横たわる夜のような世界が印象的な曲である。これからレンミンカイネンに起こる、難題への挑戦と死を暗示するかのような曲になっている。

水辺に婚姻の相手を求めるが叶わなかったレンミンカイネンの願いは、水辺で婚姻を遂げる伝統の裏返しなのである。天と地の境は此岸と彼岸の境であり、そこに白鳥がいて花嫁となる。

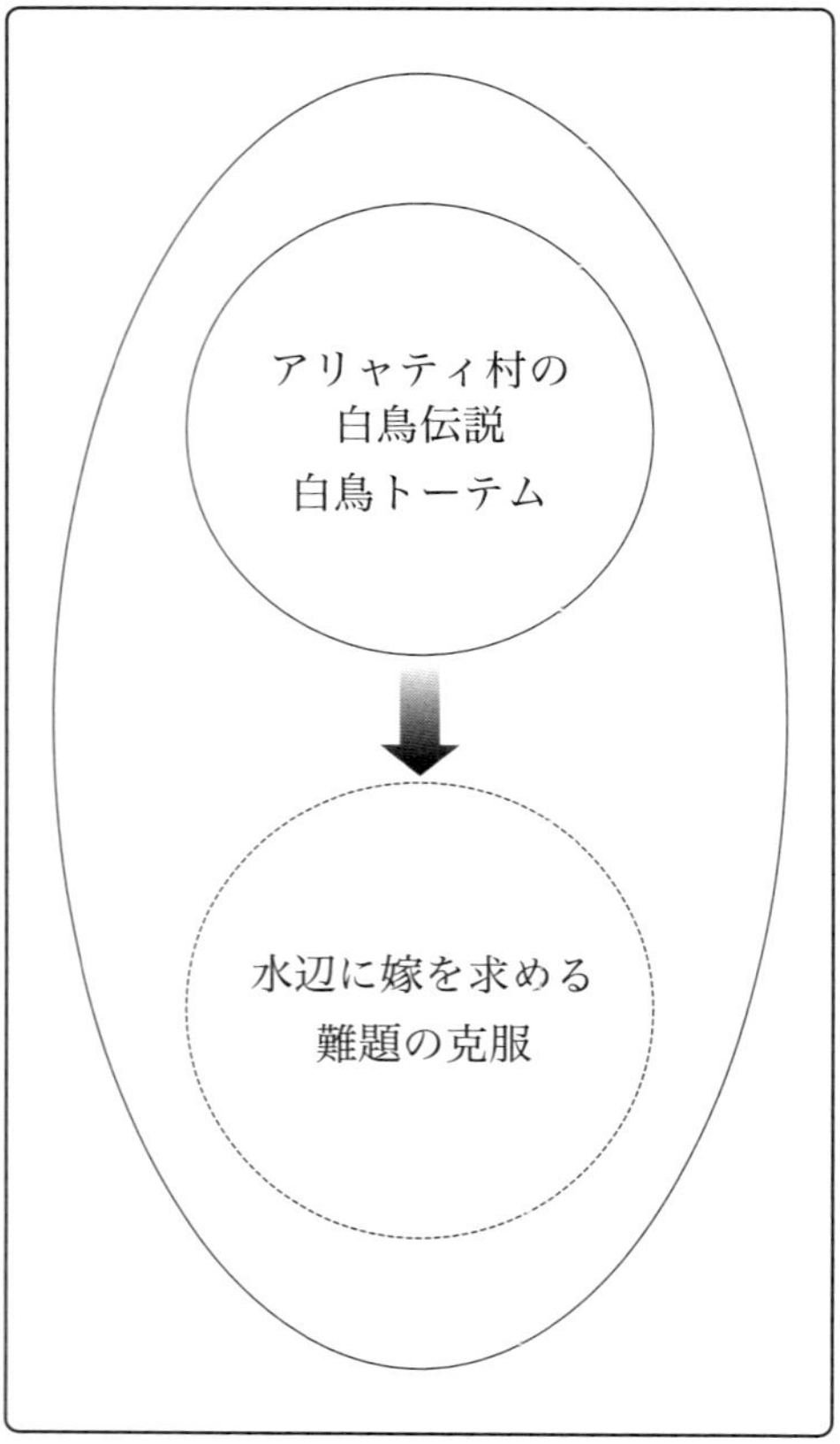

図51　白鳥処女説話の基層.

北欧フィンランドの叙事詩『カレワラ』は、白鳥処女説話の基層を物語る。娘を求めるために三つの難題を克服しなければならないとする語りから、「白鳥女房」の後半部分である天上訪問譚の原型とも考えられる、難題の克服によって粗筋が確立している。

ジェムズチェグ村の「白鳥女房」は、北の「アリャティ村の白鳥伝説」と南の「天上処女の機織」が交わって出来たものであるとの考え方を示したが、その根底には『カレワラ』の世界観が横たわっていた（図51）。

あらためて白鳥処女説話の元を訪ねてみると、シベリアから東西に広がる白鳥の水辺が朧気《おぼろげ》ながら浮かんでくるのである。水辺に求めるのは嫁である。嫁取りの願望が底流している。

2　水（海）辺に求める処女（嫁）

大陸の東の果てにあるこの狭い島国でも、水辺に求める婚姻譚は数多い。青森県小湊の雷電神社の使姫とされる白鳥は第Ⅰ部第三章で論じた。白鳥が使姫として扱われているところには大陸の白鳥伝説とのつながりがみられる。

白鳥が直接関わらない羽衣伝説も海辺に飛来する乙女の語りとして、広く日本中に語りが拡散している。そして、羽衣の布と強く結びついている状況は中国の七夕伝説とのつながりが想定され、羽衣が機織りと結んでいった筋道も見えてきた。つまり、大陸で語られている白鳥処女説話の基層には水（海）辺に求める処女（嫁）の思惟が存在するのである。

フランク・ディレイニーは『ケルトの神話・伝説』（鶴岡真弓訳）の中で「ケルト神話と東洋の神話」という項をたてて語る。

古代の世界神話は互いに反響し合い、言葉を交わし合っているということができるかもしれない。……妻となる女性を探して旅する男たちは、彼女らが水辺で沐浴をしたり身づくろいをしたりしているのを見かける。「エーダインへの求婚」でエオヒド王の騎士が川辺でエーダインを見たように、中国の牛飼いは天の織姫に天の川で出会って契りを結ぶ(3)。『カレワラ』の「乙女アイノ」「トゥオネラの白鳥」も、小湊の使姫と共振し、古代ケルトの神話と基層でつながっている。ケルト神話には驚くほど数多くの水辺に求める娘の語りがある。ヨーロッパ文明の礎《いしずえ》となったケルトの語りに注目する。「エーダインへの求婚」は、アイルランドの伝説となっている。

エオヒドという魔法使いの王が、ボイン河畔に住む人妻エトネを奪って妻にする。オイングスという男の子が産まれる。この子はミディル王の国に預けられ立派に育つ。エオヒドの計略でエトネの夫であった実父の土地を奪い、この王国の支配者となる。一年後、ミディル王がオイングスの国を訪れ、国で一番美しい娘を求める。アイルランドのアリル王の娘にエーダインという美女がいた。オイングスはミディル王のためにエーダインに求婚するが父親のアリル王に拒絶される。しかし、三つの難問を解決することを条件に取引が持ちかけられる。一二の沼地に水路を設けること、一二の森林を切り開くこと、エーダインと同じ重さの金と銀を貢ぐことである。

この取引を成就させ、オイングスはエーダインをミディル王の待つ宮殿に馬で案内する。

ミディルには故国に妻のファムナハ妃がいた。エーダインへの嫉妬は頂点に達し、二人が国を巡って戻ってきた時に呪いを掛けた。エーダインは掌に載る水溜まりになり、妃が管に水を吸い込ませると大きな毛虫になり、孵化して蝶となって飛びまわった。ミディルはこの蝶をいつも近くにおいて慰めた。妃は嵐を起こし蝶のエーダインを吹き飛ばして遠い土地に流してしまう。飛ばされた蝶はオイングスの国にたどり着いた。オイングスは美しい紫の蝶がエーダインであることを魔法の力で見抜き、館に入れて隠した。オイングスの魔法はファムナハ妃より優れていて、エーダインを夜の間だけ人間に戻すことができた。二人は愛し合っていたがファムナハ妃は無情にも強風を起こし、エーダインを山から谷へと七年間彷徨《さまよ》わせた。

凄まじい大嵐は北国エーダルという勇士の宮廷に蝶を運んだ。ここでエーダルの妻に呑み込まれ、子宮に達して再び人間の姿に戻った。

この頃、五〇人の領主たちは娘をエーダルの宮廷で侍女として仕えさせていたのでエーダインはこの娘たちとともに育った。

「ある日のこと、河口で女たちが沐浴しているところに、立派な装いの戦士が馬で通りかかった。……戦士は見事な馬を止めて、黒い瞳で沐浴している女たちを見た。そして、エーダインの姿に目を留め、彼女の美貌を称える歌を作った。女性たちや少女たちはくすくす笑っていたが、エーダインは黙って耳を傾け、歌が終わると兵士にお礼の言葉を述べた。」

戦士は最強の王となっていたエオヒド王の臣下で、王の結婚相手を探していた。エオヒド王もエーダインを見に行った。エーダインは前と同じ川の近くで侍女たちと髪を洗っていた。王はエーダインに求婚した。

この後、ミディルがエオヒドの王国開拓のために利用されていることに気づき、エオヒドの軍隊と戦

う。ミディルはエオヒドの妻となっていたエーダインと結ばれ、

二人は、宮殿の小さな天窓を抜けて飛び去っていった。そのとき外で城壁の警備をしていた兵士たちが見たのは、月を背にした二羽の白鳥である。二羽の白鳥は一度輪をかいて、南のシュリアヴナマン、つまり「女の山」へ飛んでいき、そこからミディルとエーダインはミディルの祖国、常若の国に入ったのである。

「河口での娘の沐浴に王が遭遇して娘を娶る」事実は白鳥処女説話の基層に貼りついた思惟なのである。そして、ケルトの理想郷である、歳をとらない常若の国として、彼岸に達する際には、白鳥となって飛翔していく。

白鳥は南の「女の山」に向かい、常若の国へと向かう。白鳥が一気に目指す理想郷に飛翔するとする伝承はない。必ず、立ち寄る場所が決められているのである。

日本では『古事記』『日本書紀』の日本武尊《やまとたけるのみこと》が白鳥となって彼岸に飛ぶが、途中の留まる山々に足跡を残す。東北刈田嶺の白鳥神社の白鳥も、魂となって飛んでいく白鳥が留まる山が語り伝えられている。

このように対比して考えても、白鳥処女説話に込められた水辺に嫁を求める北欧の『カレワラ』やケルトの語り「エーダインへの求婚」と、白鳥が水辺に舞い降りて嫁となる語りは輻輳してきていることが分かる。輻輳する項目は、白鳥処女説話の大本とみなすことができる。それぞれの場面で白鳥は人になり、人は白鳥になる。この相対的互換性が成立している限り、水辺に舞い降りる白鳥が嫁となり、嫁

は白鳥となって天に戻る、とする互換性が、天から地への一方向で解釈するトーテムミズムの信仰とは異なる精神世界の中ではぐくまれてきていたことが指摘できるのである。

つまり、白鳥処女説話の起源に最も近いと考えていた「アリャティ村の白鳥伝説」は水辺に嫁を求め、その嫁は白鳥であったというフィンランドやケルトの伝説ときわめて近い関係にあると認めざるを得ない。そして、白鳥をトーテムとする思惟は、あくまでも白鳥から人への一方向性が強調されることで、一方通行の歴史観が潜む。ケルトの伝説では白鳥と人の相対的互換性の世界観の中で、水辺の娘が白鳥と同じ世界で生きる相互交渉の姿を描き出した。

ケルトの伝説では、

水辺に求める嫁　＝　白鳥

という図が描けるが、トーテムとしての白鳥では、

白鳥　↓　水辺の処女

となる。

この相違は、白鳥処女説話の解釈を根本から変えてしまうおそれがある。前者は白鳥のいる水辺と娘が語りの舞台として強調される。しかし、後者では白鳥の特性が強調される。

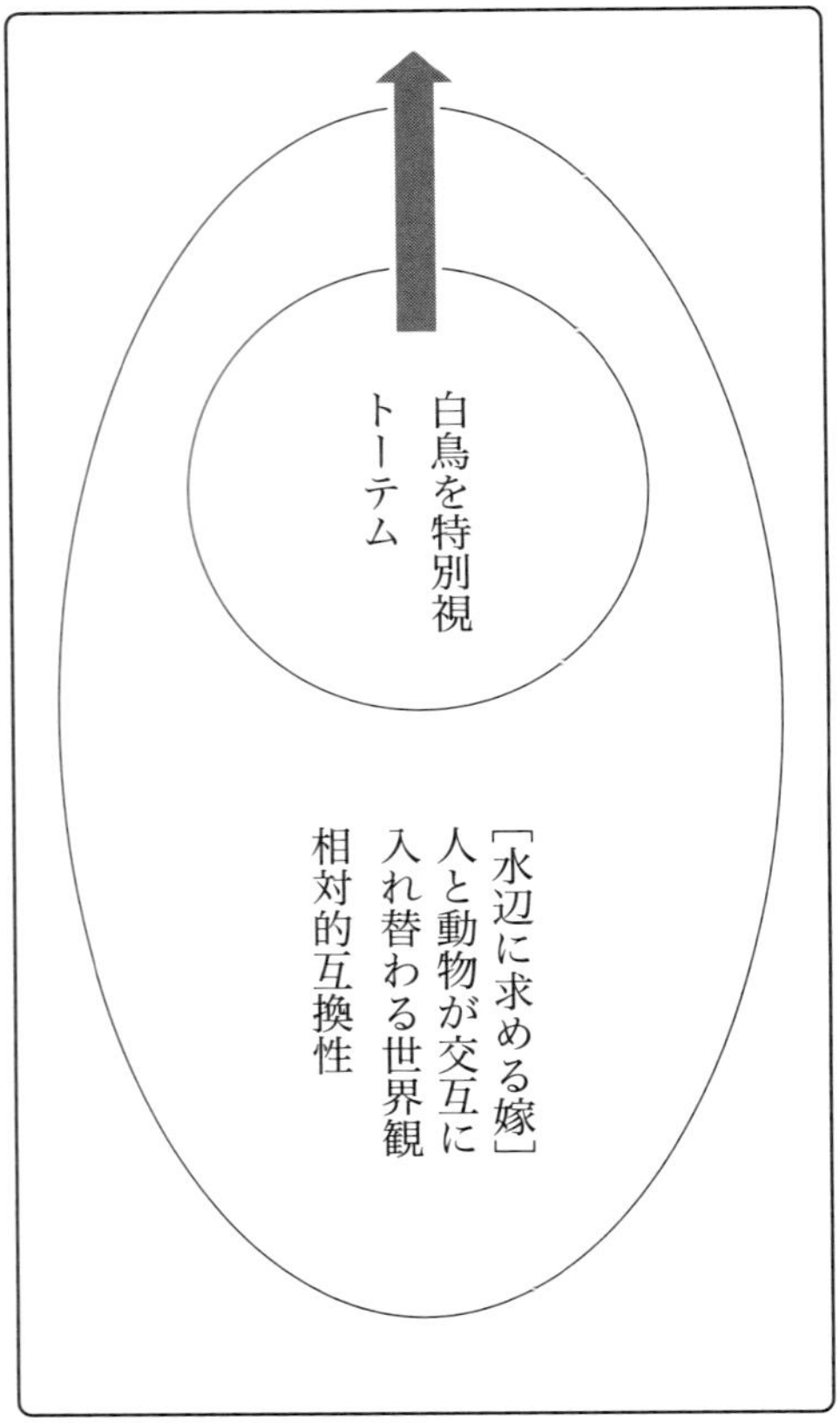

図 52　トーテムの位相.

トーテミズムの基底に、人と動物が相対的互換性をもって生きる世界観があったのであろうか。人と動物が簡単に入れ替わることのできる世界観があったとすれば、それはトーテミズムを否定することにつながる。それとも、人と動物の相対的互換性の一部として、特定の白鳥を強調するためにトーテムを創り上げた人々がいたとも考えられる（図52）。

厄介なこの問題に踏み込むために、相対的互換性が語りの端々に頻出するケルトの語りに踏み込まなければならない。

ヤン・ブレキリアンは「ケルトは一度もトーテム崇拝を持たなかった」[4]ことを述べている。神々と動物が密接に結びつく伝統のあるケルトにあって、原始トーテミズムの存在を想定したくなるのであるが。

3 ケルト神話と白鳥

ヨーロッパの三分の二はケルトのものだと言われる。スコットランドの北オークニー諸島からスペイン南西サグレス岬まで、またアイルランドの南西ディングル半島から黒海にまで広がっていたとされる。彼らは一つの国家や文明としてではなく、漠として存在する集団として捉えられたという。ローマ帝国のような中央集権的国家を構成しなかったことで、ヨーロッパの歴史から排斥されてきた。考古学は紀元前五世紀にドナウ河流域に姿を現したことを告げ、その一〇世紀後にアイルランドに現れたという。先史から初期中世に活動したさまざまなヨーロッパ民族の中でも際立っていたことが、紀元前五世紀のヘロドトスから紀元前一世紀のユリウス・カエサルまで、地中海世界とは異なる人々として記述が繰返された[5]。

ケルトの伝説では水辺に求める嫁が白鳥となっている。この事実だけから考えれば、白鳥処女説話の基層にケルトの精神性が底流していることが考えられる。大陸側のケルトであるフランスのブルターニュ地方の民話に「ポエル王の息子」という語りがある。

真っ白な羽をした三羽の白鳥が正午きっかりに湖畔に降り立って、三人の眩《まばゆ》いばかりに美しい王女に変身し、衣裳を脱いで水浴し始める。彼女たちは実は「黒い谷」の王（地下世界・他界の神）の三人の娘なのだ。ポエル王の息子はその中のひとりの衣裳を奪って、自分を父王の宮殿に連れて行くように約束するまでは鳥の姿に戻れないようにしてしまう。(6)……

「アリャティ村の白鳥伝説」にみられる白鳥の天と地の循環は、ケルトでは地下と現世の循環となる。白鳥は姫である。そして、他界への案内を強要する。そして、ブルターニュには白鳥を捕らえてはならず、もし違反すれば死の不幸を招くとする言い伝えがあるという。

「ロッホ島のグワルク」では、結婚資金を得るために小舟に乗り込んだ男の舟が白鳥に変化する。白鳥は彼を背にして湖水の中央へ進み、深みに潜っていく。ここには美貌の女主人が彼との結婚を待っていた。

「オィングス」では、妖精の国の王オィングスの寝床に美しい女性が現れて消える。彼女に恋いこがれたオィングスは病気になる。彼女は魔力が強く、一年ごとに白鳥と人間の姿を交互にとっていたことが分かる。一一月一日には白鳥の姿となって一五〇羽いる白鳥の中に紛れていることが知らされる。オィングスは湖へ行き、彼女の名前を呼ぶ。そして飛んできた白鳥を抱きしめ、自分も白鳥となって仲良く王宮に飛んでいった。(7)

「ローエングリン」は白鳥の騎士と呼ばれ、アーサー王伝説によっている。ワーグナー作のオペラともなっている有名な物語である。聖杯を守る騎士の一人が白鳥の姿をした天使の曳く舟に乗ってブラバント（オランダとベルギーにまたがる地方）に行き、強引に結婚を迫られている公爵の娘エルサを救うため、相手と一騎打ちをする。

エルサを救ってローエングリンは彼女と結婚する。その際、自分の名前を問わないことをエルサに誓わせたが、エルサは約束を破る。二児の父となっていたローエングリンは去る。

ドイツのノイシュバンシュタイン城は白鳥城として観光化されている。一八八三年バイエルン王国第四代国王のルートヴィヒ二世によって建立されたという。東京ディズニーランドのシンデレラ城のモデルとなったことで広く知られている。この城の内部には白鳥の間という部屋があり、壁面には白鳥の曳く舟に乗るローエングリンが描かれている。城の主である王はワーグナーに傾倒していたとされ、城ではワーグナーの歌劇が繰り返し上演されたという。

白鳥の騎士が持つ響きはシベリアの白鳥族と共鳴する。片や人と白鳥が容易に交換できるケルトの世界があり、片や、白鳥トーテムとしてのアラルスキー・ホンゴドルが存在する。

白鳥トーテムが成立してきた背景や歴史的基層には、人と動物や植物の間で相対的互換性が働き、容易に入れ替われる世界観があったのであろう。相対的互換性の方がトーテミズムよりも基層に属するものであろうことは想像される。つまり、ケルト文化の白鳥と人の入れ替わりや、日本の日本武尊《やまとたけるのみこと》の白鳥への変化や小湊の使姫の白鳥は相対的互換性が作用しており、ここからトーテミズムが産まれてきたのではないかとする推測も成り立つのである。

ケルトの部族は動物や鳥を紋章として掲げる習慣があり、猪、馬、鷲《わし》、白鳥などを描いた軍旗を押し立てて行軍した。マルク王は馬の部族の王であり、アーサー王は熊の部族の王であった。その

痕跡は現在に至るまで残っており、ロシアは熊、イギリスはライオン、フランスは雄鶏の紋章で表されるのである。(8)

このように、白鳥の旗を押し立てて進むケルトの騎士団と、白鳥を親族の紐帯としてトーテムに仕立てて旗を立てているブリヤートの人々の間に、深いつながりと、距てられた思惟の不均衡が表出してくる。

4 ケルト神話の海

ヨーロッパのケルト神話に象徴される海も、シベリアのホンゴドルに伝わる白鳥伝説の海も、現世と異界の境界と意識された。前者は地下世界や海面下が異界であり、ここには理想郷である常若の国が想定されていた。後者は天が異界であった。

そして、海辺や水辺は嫁を求める場所であり、ここで沐浴する娘を見初《みそ》めて結ばれる筋道が白鳥伝説に底流していた。

ケルト神話、ダーナ神族の神話に「白鳥になったリールの子」がある。(9)

海の神であるリールという王がいた。妻が四人の子供を残して死んでしまい、妻の妹を後妻として迎えた。しかし、リールが子供たちを溺愛するのを見て、激しく嫉妬し、魔法の杖で子供たちをデラヴェラの湖で白鳥の姿に変えてしまった。人間の言葉と歌を歌うことだけを許されたリールの子供たちは、ここで三〇〇年、次の三〇〇年をアイルランドとスコットランドの間にあるモイルの海で過ごし、あとの三〇〇年は西の海のグローラ島で過ごすこととなる。アイルランドの湖や河をさまよい、ようやく魔法の期限が来たときには九〇〇年の時が過ぎていた。人間の姿に戻った時、すでに故郷の父や知る人の姿はなく、四人は九〇〇歳の老人となって死んでしまう。

ここでは、水辺や海辺が異界と現世の境界そのものとして扱われる。

白鳥は塩辛い海でも淡水湖でも生活できることが物語の隠喩とされている。シベリア高地の沼地、森林に囲まれた『カレワラ』の水辺、モイルの海と、いずれの水辺であっても強く生き抜く力が当時の人々から承認されていたのである。悲劇のヒロインを装うしたたかな生き物であることが理解される。海に出て三〇〇年の試練を経てもなお、命を永らえて生き続ける白鳥たちの主題は、シベリア内陸の人々の間でも伝聞されていたのか否か定かではないが白鳥伝説の核となっていた。

シベリア高地ジェムズチェグ村の「白鳥女房」も、この視点でみていくと、ハンが求めた嫁は人妻であったが海辺で暮らしていた。その美貌が絵に描かれていたものであっても、海辺に嫁を求める動機を弱めることはなかった。「アリャティ村の白鳥伝説」でも、海辺が語られた。

そして、ケルトの神話も、シベリア高地の民が語る白鳥の姿と通底している。

かつてハバロフスクでガイドをしてくれた狩猟好きのロシア人が語っていた言葉が想い出される。「白鳥は王様の鳥といって、狩猟の対象にはしません」。王様の鳥の意味がしばらく分からなかったが、

「白鳥女房」「アリャティ村の白鳥伝説」「トゥオネラの白鳥」「白鳥になったリールの子」と、極東からシベリアを経てヨーロッパ高緯度地帯のケルトの大地を踏まえていくと、「王様の鳥」であることが理解できるようになるのである。

白鳥が嫁となるのは王の嫁であり、王自身も白鳥になる。グリムやアンデルセンなど、ヨーロッパの語りものの中にある白鳥は、王子であったり王女となる運命に定められた者の集合体である。そして、日本でも帝の鳥として描かれた。

異界である海（水）の縁で生きる白鳥は彼岸、冥界、常若の国と、此岸を往き来できる唯一の鳥として人々の意識に深く刻まれていたのであろう。王の鳥たるものの特権として。

このように、ユーラシア大陸の北緯五〇度前後の寒冷森林ステップ地帯の水辺に、共通の思惟を把握している。シベリア高地から森林ステップ地帯を西にケルトの大地まで、白鳥の渡りが繰り返されている地域で白鳥処女説話がはぐくまれてきたことを確信するのである。

注

（1）リョンロット編／小泉保訳『カレワラ』上（岩波文庫、一九七六年、五一～六七頁）。
（2）同前書、一五七～二一九頁。
（3）フランク・ディレイニー／鶴岡真弓訳『ケルトの神話・伝説』（創元社、二〇〇〇年、二四頁）。
（4）ヤン・ブレキリアン／田中仁彦・山邑久仁子訳『ケルト神話の世界』下（中央公論新社、二〇一一年、一五〇頁）。
（5）同前書、九頁。

(6) 同前書、七一頁。

(7) 井村君江『ケルトの神話』(ちくま文庫、一九九〇年)。

(8) 前掲注(3)『ケルトの神話・伝説』、一五一頁。

(9) 前掲注(7)『ケルトの神話』、一二四〜一三六頁。

第四章　水（海）辺の婚姻

水（海）辺に求める処女（嫁）の主題は、沐浴する娘との婚姻がケルト神話や『カレワラ』で顕著に現れていた。大陸高緯度での語りが大本となり、水辺に嫁を求める世界的広がりのある伝説につながっていることを論じてきた。そして水辺に生きる水鳥が娘の表象となる伝説が出来上がっていく過程で、人と動物が入れ替わる相対的互換性に何らかの力が働いて特定の動物を民族の始祖とするトーテミズムの概念が特定の人たちに受け入れられていったと考えている。

日本では石田英一郎が『桃太郎の母』を著し、水辺に小さな子が現れて英雄となっていく話を世界的分布に即して描いた。桃太郎、一寸法師、親指姫、かぐや姫など、昔話の語りと深層でつながる白鳥処女説話は、水辺を舞台とした語りの始源に属するものであることを推量する。

結婚を控えた娘が水辺の鳥で象徴されるまでには、古人の思惟の集積と選択があったものだろう。同じ水辺を舞台とする小さな子の語りを考慮すれば、白鳥が小さな子となる語りがあってもいい。

そして、シベリアには、水の精霊が小さな子として描かれる前駆的な語りがある。同時に、オビ川流域に暮らすハンティの語りもある。太陽の娘が白鳥として降りてきて、水辺で若者と結ばれる。極北のケットは白鳥は人であったことを伝え続けていて、決して殺したりしない。春先一番に飛来する白鳥を出迎える儀礼もある。

人と動物が簡単に入れ替わる相対的互換性は、水の精霊と人が入れ替わることのできる精神性をはらんでいる。

白鳥処女説話の基層には相対的互換性がある。白鳥トーテムは、この鳥を特別視した種族の人々が創り上げてきた始祖伝説と考えるのが適切であろう。

このように、水辺を水の精霊の拠り所として女性で表す思考と、この場所にいる最も美しい鳥で表す思考が併存していたものであったろう。水の精霊は生殖を司る処女で表現され、美しさは白鳥で表現されていく。

そして、白鳥が娘の表象であれば、当然のように娘の着ている衣が白鳥の翼に比定される。一方、白鳥の渡りは天（ケルトの地下・水面下の世界）と地の循環を意味することになる。衣はそれが美しく、機能性に富んだものであればあるほど娘が天上や、ケルトの地下や水底にあるとされる常若の国からもたらされたものという考えに自然と結びついていったものであろうと考えられる。そして、海や水の中、そして天上は常若、つまり歳を取らない若返りの場所であった。

1　ブリヤートの白い布

清い水の湧き出す泉を命の源として聖なる場所とするのは人類普遍の理《ことわり》である。

シベリア、アラルスキー地方のアリャティ村を訪ねた際、最初に村の北側にある命の泉に案内されたことは記した（第Ⅱ部第一章4「供犠の小羊」）。

井桁に組まれた泉は湿地の中にあったが、この入口にはトーポリ（ポプラ）が茂り、供犠を行うことができる広場となっていた。案内してくれたカタヤマさんは、泉に体を向け、トーポリの枝に家から持ってきた白い布切れを結んだ。そして、命の泉に向かって歩き、ここの水を口に含んだ。泉に向けて布を結んだのは、各家の主であり、わざわざ家から持参していた。恐山の宇曾利湖畔に結ばれたおびただしい白手拭いと重なって見えた印象については記した。

バイカル湖畔でも同じ情景が現出していた。オリホン島にあるシャーマンの岩は、ここにいたシャーマンが岩になったという伝説のある場所で、名勝となっている。この岩に向かって木柱が何本も立てられ、白、黄、青の布がいくつも結びつけられている。幾重にも重なった白、黄、青の布によって木柱が人のように膨らんで見える。水辺の松の木の枝にも布が掛けられている。

同様の光景はイルクーツクからオリホン島に向かう道筋で何度も目にした。ブリヤートの聖地は山の頂、峠、水辺、山頂を望む場所などに設定されていて、肩高ほどの木柱が設けられている。この木柱に布を巻きつけて祈るのである。

白と青の布はブリヤートの色であると説明されたが、なぜ白と青なのか。

アリャティ村の供犠の羊で受けた饗応について再考する。供食の時、シャーマンと村長からブリヤートの標《しるし》である二メートルほどの白いスカーフと一メートル四〇センチほどの青いスカーフをそれぞれ首にかけてもらつた。この儀礼によつて、私がブリヤートのアリャティ村に受け入れられた標である、と感得したことは記した。

長い白布を水辺の木や木柱に掛ける行為は、自らの存在を対象物（泉や湖の精霊）の前に明らかにして、ここに来たことを知らせることである。しかも、色や布の大きさが指定されているのは、その所属を共有することを意味する。

つまり、アリャティ村の白鳥伝説にある、水辺に降り立った白鳥の衣を取って持ってきてしまう伝説の衣は、この白いスカーフ（白布）からの発想だったのではなかろうか。つまり、白布を白鳥の表象と考えるのである。

命の泉を前にしてここでの祈りについて指導されたのは、白い硬貨を投げ入れることであった。白くなくてはいけない。そして、泉の周りの灌木にも、白い布切れが大量に結びつけられていた。ちょうど神社のおみくじを結ぶような光景に似ていた。

水辺から連想される白とは何か。一つには汚れのないことであり、清純であることだ。汚れのないことで天と結ぶ。白鳥はまさにこの思惟を体現した天からの使者と考えられた。

各自が家から持ってきた白布を贈ることで、汚れのない命の泉や精霊の集まる清いところに、各自が水の精霊への「贈り」の行為を行っていたと考えられるのである。

だから、白鳥の白衣を貰ってしまうことは天からの贈り物と考えられ、各自が贈った白布の見返りと考えられるのである。ちょうどウデゲが狩りに出かける前に、自分が獲りたい動物の木彫り像を精霊に贈り、獲物を授けて貰う儀礼と、同じ心理が働いたではなかろうか(1)。

贈りの白布が命の泉の精霊に届けば、そこから何らかの結果が届けられる。人の健康であったり幸福であったりするのであるが、最も大きな見返りは、贈り主の生存の持続であったろう。自らの命を次代に伝える子供を授けてくれる嫁の獲得がこの中に入っていることは紛れもない事実であった。精霊への贈りによって自らの生存を確保してきたシベリアの人たちの思考にはブリヤートの白い布は命の泉、水の精霊への贈りが底流している。ちょうど日本の幣掛《ぬさか》けのように、たむけの思惟でのつながりをみる。たむけるのは布を使った贈りであるが、事前に贈ることで自身の安寧の裁可を願う。願いが達成された後は、供物などを供えて感謝を送る。

日本武尊《やまとたけるのみこと》は松に太刀と布をたむけて自身の帰還を願った。願いが達成され、崩御した後に白鳥となって飛翔し、その後には白い布が残されていた。彼岸に送られたのである。

ブリヤートも白い布を水辺でたむけて自身の安寧を願い、幸をもたらす白鳥を呼び込んだ。布を贈る行為は、自身の全存在をかけた最上の供犠であったと考えるのである。

2　水の精霊としての処女

水辺に飛来する白鳥が、男の嫁となる処女であるとする設定の元には、水辺が処女を誕生させたり、水の精霊が処女そのものの棲み家であるとする隠喩となっているはずである。事実、水界に嫁を求める話がシベリアにある。

水の神女が村の娘と遊ぶために草原に上ってきた。青年たちがこれを聞き、鎖や十字架を投げつけたが、うまく逃げられた。ところがその中の一人が逃げられずに青年に捉えられる。青年は「お前と結婚しなければならない」という。水の神女はこれに従って結婚し、多くの子を産んだ。その後、この嫁は仕事もせず川辺を徘徊することが多くなり、「働くことが出来ない」ことを主張し、水に飛び込んで元の世界に戻っていった。(2)

水の精霊はシベリアでは怖がられるものの一つである。酷《ひど》い風邪をひいた時にシャーマンが水の精霊のせいだとすれば、ここに贈り物を届けて許しを請う対象であった。

水の世界に住む精霊が人の世界に出てきて結婚するのは、水辺に求める処女(嫁)そのものである。シベリア諸民族の伝承では水界から来る乙女が子供を産む語りが広くいきわたっている。『カレワラ』では乙女アイノが水辺で死を迎える。水の精霊からの裁可が得られず、水の精霊に戻っていってしまったとの解釈もできる。

ケルトの女神も水底や地下から現れることがある。大地や地下、水底が命を産む源と考え、稔《みの》りや豊かさの象徴として崇《あが》めてきた。土地の守護神であるマンスターのエスニャは、豊作と稔りの女神として、穀物と家畜を守る月の女神として、アイルランドでは認められてきた。

あるとき、エスニャは白鳥の姿でグル湖に舞い下り、そのうすい衣をぬぎますと、美しい乙女の姿に変わりました。水浴びをしているあいだ、エスニャはうすい衣を岸辺の草むらにおきました。この美しい変身を木立のあいだから見ていたデスモンド伯は、そのうすい衣を隠してしまいました。エスニャは身を隠すことができません。とうとう彼の妻となり、二人のあいだには息子ゲラルドが

産まれました。(3)

月は水と通底する。水辺が命を誕生させる産土《うぶすな》の役目を果たしてきたことが暗喩として記されている。ここで思い起こされるのが、水の表象としての女性である。命を誕生させることができる女性は水の精霊の表れであり、水辺の処女は産土の主体となっていく。

極東の島国でも産土様として使姫となっている青森県小湊の雷電神社や宮城県の白鳥神社の産土様と見事なつながりがみられるのである。

ユーラシア大陸西、ケルトの白鳥とも通底する。トーテム信仰を持たなかったとされるケルトの白鳥と、トーテム信仰の色合いが強いシベリアや極東の白鳥との相違が気にかかる。トーテミズムにつきものの、主体となる動物に関する禁忌や社会的規制は極東でも、ヨーロッパでも、白鳥が王や尊《みこと》、貴族や姫の生まれ変わりとなる鳥であり、むやみに獲ることを忌む規制において共通するのである。しかも、水辺に降りてくる白鳥はすべて処女であり、歳のいった子の産めない、くたびれた白鳥が降りてくる話は一つもないという世界的共通性は、白鳥処女説話の水辺での命の誕生を暗喩としていることが理解されるのである。水辺に現れる小さな子の語りも、この文脈で解釈できる。

3　八百比丘尼

日本海側に広く分布する八百比丘尼《はっぴゃくびくに》伝説は海辺の処女が命永らえる語りとして、白鳥処女説話と通底する不思議な物語である。

若狭の国の少女が人魚の肉を食べ、八〇〇歳になっても容姿が衰えなかった、という粗筋である。食べた人魚の肉は、父親が海で釣ってきたものであるとされる。佐渡羽茂の八百比丘尼も八〇〇歳の時に若狭に渡り、ここで死んだと語られている。若狭にこの物語が広く残っていて、八百比丘尼がこもったとされる洞窟なども残されている。この比丘尼は椿の杖を持っていたと語られる。内陸福島県猪苗代湖畔にもこの伝承が語られている。

水辺、特に海辺の処女伝説と考えられる。しかも、歳を取らないことが意味するものとして、水による若返りの思惟が潜んでいる。

若返る水である変若水《おちみず》について指摘したニコライ・ネフスキー(4)が大陸の人であったという事実から、この島国に、大陸とのつながり、共通する思惟の塊を推察している。

海（水）の中の世界に生きるものは歳を取らないという考え方が垣間見られる。人魚の肉を食べて若返る八百比丘尼伝説、亀に連れられて海の中に達して歳をとらない浦島伝説と、若狭湾や丹後半島に、歳をとらない伝承が残されているのは、何らかの意味を考えてみたくなる事例である。しかも、羽衣伝説の余呉湖も近接している。

海辺（水辺）は、若返りの場所で、ここにいる処女は歳をとらないとする考え方は、ケルトの伝説にも、『カレワラ』の世界にも底流していた。

むしろ、水界を常若の国とする思惟は、ケルト独自のものではなく、広く世界に底流していたことが考えられるのである。海の彼方にあるニライカナイも、古代中国人が求めた蓬萊の国も、人が歳をとらない水界の世界と認められていたものであった。

海は水界の元で、この水が歳をとらない処女の誕生してくる世界との認識が古人にあったと把握している。

日本の夏越の祭に、海で水浴びをする伝統がある。無事に夏を乗り切るための行事とされているが、若返りの水として海に浸っている、とする考え方もできるのである。中世、日本海の粟島では馬越という行事があった。放牧している馬を海に入れる行事とされている。夏に向け、病気にならないように実施していたと考えられるが、わざわざ海辺に連れてきて海水につけることに特別な意味があったことは明らかである。

ねぶた祭の元である、ねぶり流しが夏の睡魔を払うために行われるとする説もあるが、眠りは歳をとることなのである。水を浴びて睡魔を払うことは歳をとらないことに通じる。

太平洋側には浜下りの習俗が福島県から宮城県海岸部にかけて分布する。御輿をかついだまま、産土《うぶすな》の神とともに海に入る。

「水も滴《したた》る女」とは、歳をとらない処女が、水（海）辺で水に浸かっている状態を意味したものと推測する。

「濡れ衣」は罪をなすりつけられることを意味する言葉であるが、処女が着衣を脱がないで、そのまま海（水）に入ることで、水の精霊の裁可が得られなかった『カレワラ』の乙女アイノと同じ状態を指す言葉であると、私は考えているのである。

注

(1) 赤羽正春『樹海の民――舟・熊・鮭と生存のミニマム』(法政大学出版局、二〇一一年、七一頁)。

(2) ニオラッツェ/牧野弘一訳『シベリア諸民族のシャーマン教』(生活社、一九四三年、三八頁)。斎藤君子『シベリア神話の旅』(三弥井書店、二〇一一年)には、ハンティの「水の精霊ミス・ネ」が取り上げられている。水の精霊が年寄り夫婦の家に来て子供を産む。シベリア諸民族にみられる水の精霊の語りは、白鳥処女説話の背景説明とすることが可能である。

(3) 井村君江『ケルトの神話』(ちくま文庫、一九九〇年、一四〇頁)。

(4) ニコライ・ネフスキー/岡正雄編『月と不死』(平凡社東洋文庫、一九七一年、所収)。

第五章　白鳥族

北極圏ツンドラ地帯で白鳥の家族は雛を育てる。広大なツンドラ地帯の湿地に、夏、つがいが家族の場所を確保して卵を生み、雛を孵《かえ》す。仔どもが親と一緒に、秋の渡りに耐えられるよう、餌を大量に与えて育て上げる。

白鳥の雄と雌が出合ってつがいとなることは、人の婚姻につながる自然の摂理である。春先、緯度が低く、暖かい越冬地で雄と雌が出合ってカップルが誕生する。

五月上旬、北極圏に戻る白鳥の群は北海道北端のクッチャロ湖で餌をとりながら待機している。この湖でよく見られる白鳥のカップルは、首を交互にねじ曲げて、嘴を合わせる行動を取る（一五三頁図31）。二羽を正面からみると両側の首が弧を描き、頭部で結ばれたハート型になる。これをハッピーリングといい、カップルの誕生、結婚を意味した。寒さの厳しい冬にじっと耐え続けた白鳥がつがいを作るのはちょうどシベリアへ繁殖に向かう時なのである。白鳥の婚姻は春の到来が運ぶ。

白鳥は渡来地でつがいとなる。白鳥処女説話が渡来地での語り伝えを元としたと想定したのは、白鳥が結婚して家族を持つのが渡来地での出来事であり、そこに住む人の目にみえる場所での現象であったからだ。

アラルスキー・ホンゴドルがシベリアの北緯五〇度程の湿地で見聞していた白鳥の家族誕生譚は、白鳥処女説話を誕生させ、広める舞台として最適であったとの考えに達している。

第II部の最初で仮説として提示した世界に散らばる白鳥の力を、水（海）辺に求める処女（嫁）の主題から読み解いてきたが、ユーラシア大陸の北緯五〇度線を東西にわたって極東から西欧のアイルランドまで横断して共通の思惟が横たわっていた。シベリアでのトーテムとしての白鳥から西欧ケルトの白鳥まで、その基層には齢を重ねることのない水界が生命を誕生させる処女で表象される世界があった。ここは白鳥の婚姻が成立していく場所であったことは強調したい。

1　故郷からの広がり

夏、シベリアで家族を育てた白鳥の家族は、冬の間、緯度の低い地方に渡る。インドや中国内陸部との間を往き来する白鳥が飛天の想像力をこの地の人に与え、意匠をはぐくんだ。

水（海）辺の処女（嫁）がまとう衣は天と地をつなぐ大切な舞台装置であった。布の力が強く意識される。日本の羽衣伝説もこの流れの中から醸成されてきたと考えられる。

大陸の東側では白鳥の白く美しく力強い飛翔力を持つ翼が布に置き換わり、妖艶な処女が身にまとう布が強調されて飛天の誕生を導いたものと考えられる。

一方のヨーロッパでも、一二から一三世紀に成立したとされるアイスランドの『エッダ』「ヴェルンドの歌」に白鳥が歌われる。岸辺で亜麻《あま》を織っている三人の娘が、白鳥の羽をまとった三人の男に娶《めと》られる。[1] 極東でも水辺で機織りしている処女が帝に娶《めと》られた。

地中海世界に舞い下りた白鳥も、水（海）辺の処女（嫁）となる。ギリシャ神話のレーダーに抱かれる白鳥（一六八頁図32）は、ゼウスが白鳥となって求める女性のところで想いを遂げる話となっているが、水辺に嫁を求める白鳥処女説話の変形と考えられる。地中海世界では白鳥処女説話が大きくその形を変える。

ギリシャ神話やローマ神話に出てくる翼を持った人が天使の意匠を導いたと推測されるが、そこには、ギリシャ哲学の翼を持った完全なる魂を想定したソクラテスの白鳥も、死に臨んでひときわ美しく鳴く白鳥の歌の思惟も、白鳥の姿からの美化が元になっているものと推測できるのである。そして、この想像力がキリスト教の天使の意匠をはぐくんだと考えるのである。

2 白鳥族の生き方

シベリア高地、アラルスキー・ホンゴドルの人たちを訪ねて身をもって感じたことがある。

零下五〇度から摂氏五〇度まで想定される幅のある、絶対的な厳しい自然の中で、冬にはブリザードに閉ざされながら、じっと耐え続けて生き抜く人たちにとって、自然界の動物は、自分たちを導く一つの規範であったということである。

草原に牛や羊を飼い、同じ屋根の下で鶏と暮らす。彼らが提供してくれる乳や卵、肉で生き続けている人たちにとって、自分たちの生存は、彼らへの依存につながる。家畜は、自分たちの生存の持続にとって最後の保障であった。そして、自然界からの頂き物は、自らの生存という目的に統合されていく。このような環境に生きていれば、家族の生存の維持は大自然の動植物が贖《あがな》いとなっていることに容易に気づく。

白鳥が長い冬を乗りきって季候のよくなる春の日に、目の前に現れて優雅な姿を見せれば、そこには大自然からの裁可によって生き延びたことが承認され、家族が生き続ける意味を見出すのは思慮深い人でなくとも感得できたものであろう。六月の花嫁という言葉が広く語られ、シベリアでの結婚式シーズンが夏であるというのも、このことと関係しているように感じている。七月に訪れたイルクーツク市街では結婚ラッシュであった。美しいバージンドレスの花嫁が街を歩く姿は、飛来する白鳥と重なってみえた。白鳥が渡りの途中で停留するアリャティ村の池で婚姻を告げていく姿が、人の婚姻の導き手となったと考えることは許されよう。

かつて、日本の農村では結婚式が農繁期の終了する一一月から三月までの期間に集中していた。働き手としての嫁が労働の都合で式を執り行って貰っていた実態がある。白鳥の飛来を結婚式の日程の遠因にする文化があっても不思議ではない。白鳥説話が大陸のふだんの何気ない日常生活の中から誕生してきたと考えられるからである。

日本で冬を越えた白鳥を観察してきたが、つがいは帰北の時に成立し始める。冬の停泊地にひしめく白鳥が帰北を始めると、あちこちにつがいができて、二羽の白鳥が連れだって行動するようになり、これが群れに紛れてシベリアまで二か月かけてハネムーンの飛行をするようである。

そして、ホンゴドル族の近隣に、白鳥処女説話と同じ話を伝えるカザフ族なども控え、民族の出自を白鳥に求める人々がいる。戦争で負傷した若者のところに一羽の白鳥が舞い下りて彼の命を救う。白鳥は少女となって若者と結ばれ可愛い息子を産む。その子がカザフ（白鳥）で、白鳥は民族の始祖である。水辺の処女は抜け落ちているが、ホンゴドル族の白鳥を始祖とする話と同じである。カザフスタンという中央シベリアの広大な平原にも白鳥の営みがあった。

人が優れて自然を支配するという考え方ができない厳しい自然界に生きる人々にとって、動物は多くの人の行為の規範となっていたことは十分に考えてもいいことだと思う。白鳥が人に婚姻の適期を教える。美しい処女は適齢の女性を示し、透き通る純白は女性の完成された肌に比定され、結婚するのに適した季節は生物としての繁殖期を意識した春に集中した。白鳥は婚姻を導く使者であった。

そして、白鳥が北から飛来する冬の季節は、遊牧の生活を送るブリヤートの人々に、動物とともに南下を促す知らせと考えたことが想定される。逆に、夏近くの白鳥の到来は帰北の知らせと考え、ステップ地帯を動物を追って北に餌場を求めて移動する時であったのではないか。

アリャティ村に滞在中、白鳥は人を導く規範としてあったことを感得していた。この白鳥によって示された規範が、人の生活の規範となるトーテミズムとつながっていくことを想定しているのである。

注

（1）　松谷健二訳『エッダ』（世界文学大系六六『中世文学集』（筑摩書房、一九六六年）。

第Ⅲ部　白鳥の渡り

第一章　各地への渡来

シベリア高地の白鳥族、アラルスキー・ホンゴドルが語る白鳥処女説話の根幹をなす、「水（海）辺に求める処女（嫁）」の思惟は、白鳥の渡りとともに世界中に広まったと考えてもよいのであろうか。わが国の一寸法師や桃太郎、親指姫など、小さな子が水辺に出現することとも関わる課題である。白鳥が渡る世界の各地域には、白鳥処女説話が残る。各渡来地では、水辺に嫁を求める形態が、地域的特色をもって語られている。

インドと中国内陸部に渡った白鳥は、飛天として妖艶な女性となる。

ヨーロッパでは、キリスト教の世界観と、シルクロードを辿って入る東洋の様式が交わり融合して白い翼を持った天使の意匠が誕生していく筋道を想定している。

日本ではシベリアからの水辺に求める嫁の思惟が、直接海を渡って到来し、また、中国大陸の白鳥飛来地からも、飛天から天女の伝説に昇華した語りが東シナ海を渡って伝わってきた姿を想定する。

いずれも、母なるシベリアから散った白鳥の家族がもたらした伝説であり、人類がユーラシア大陸を移動していた先史時代に、白鳥の語りを広げた人々の群れを想像するのである。シベリア高地の伝説が大陸を動乱に陥れるチンギス・カンの時代より遥か以前の語り伝えであろうことは確かである。

ギリシャ神話のゼウスが白鳥に化け、スパルタ王妃のレーダーを誘惑する話は、何度も繰り返してきたが、水辺に求める嫁の本旨を伝える変形の一つと捉えられることは強調しておきたい。白鳥処女説話は白鳥渡来地でそれぞれに変形されながら語りを伝えていったものであったと予測するからである。白鳥の渡りと停留地での姿を中心に章を編む。

1　日本に渡来する白鳥

シベリアから白鳥がどのように日本に渡ってくるのか。その経路は白鳥の会の関係者や野鳥の研究者が詳細に調査している（第Ⅰ部第四章「白鳥の文化」参照）。

夏の間、高緯度の北極圏ツンドラ地帯で仔育てをした白鳥の家族は成長した若鳥を連れて、秋の深まりとともにシベリアから緯度の低い地方に渡りを始める。ロシア国内での中継地は極東のハンカ湖などが明らかにされている程度である。日本列島沿いに飛来する群れは、電波発信装置とＧＰＳの追跡装置の解析により、サハリンの海岸線を南下し、宗谷海峡を渡ってクッチャロ湖に達するという。ここが日本国内のコハクチョウが集結する中継地となる。ここから寒波の到来とともに南下を続け、本州の越冬地へと散らばる。

本州の北陸地方では、白鳥の初飛来が一〇月初旬となっている。新潟県瓢湖での観察データからは、近年の初飛来が一〇月三日前後に集中する傾向を見せている。五年ほど前は一〇月一〇日前後に集中していたが、早まる傾向があるという。二〇一一年の初飛来に関するデータは次の通りである。

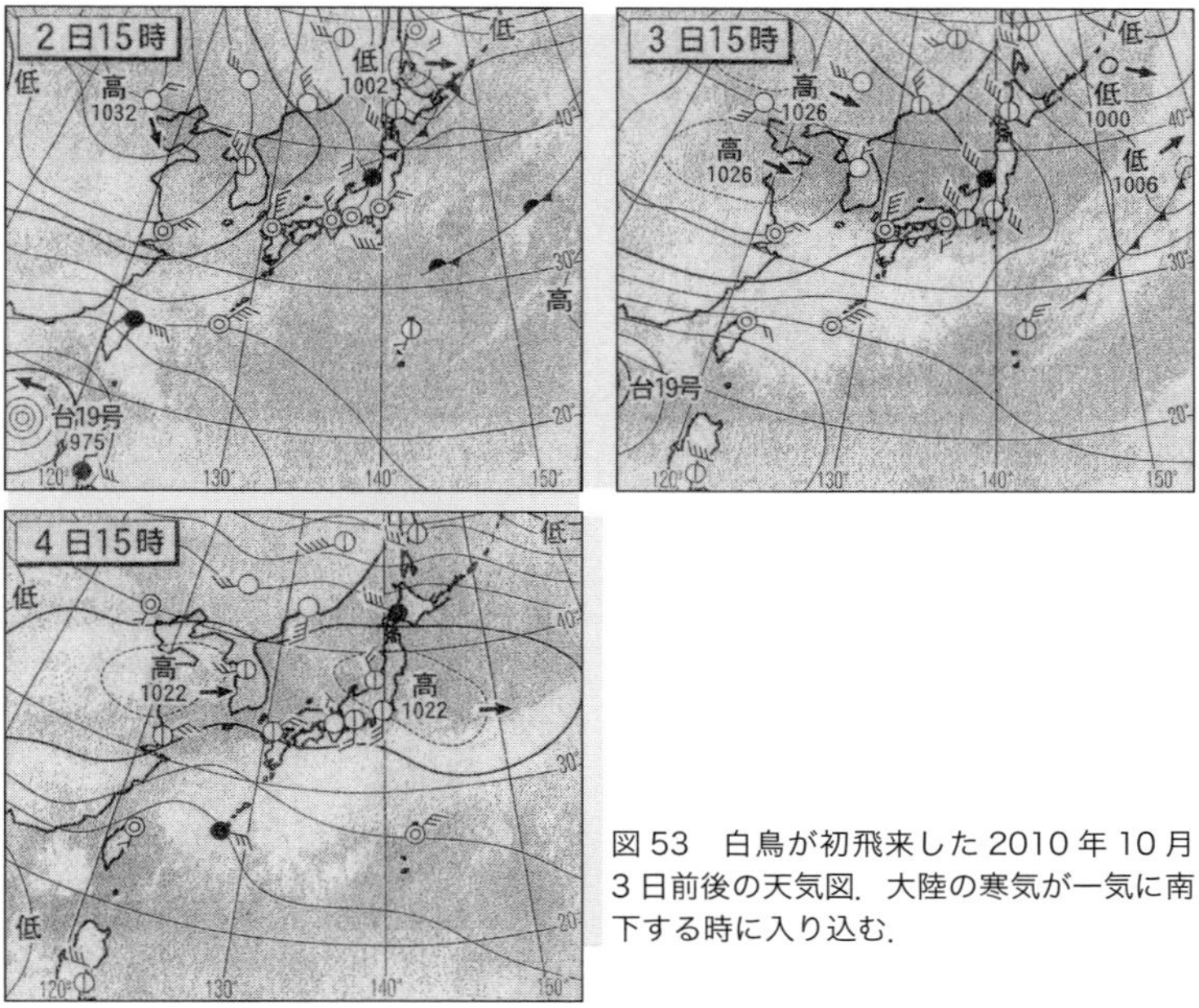

図53　白鳥が初飛来した2010年10月3日前後の天気図．大陸の寒気が一気に南下する時に入り込む．

一〇月　三日　初飛来三羽
一〇月　四日　七〇羽
一〇月二〇日　一〇〇〇羽

　初飛来や帰北の集中には、天候が大きく関わっていることが指摘されている。一〇年以上にわたって白鳥が空を飛ぶ姿を観察しているが、初飛来は関西・関東で木枯らしの報道があった日であることが多い。天気図にも、特徴的な傾向が見られる。

　秋の終わりを象徴する大陸の大きな移動性高気圧に押されて日本列島上空を弓なりの寒冷前線が通過していく。寒気を伴った大陸の高気圧が大きく張り出してくる。この時に白鳥の初飛来がある。二〇一〇年は一〇月三日から四日にかけて、典型的な天気図となった（図53）。

　一〇月二〇日は同様の天気図が繰り返

された翌日で、北陸地方では最も冷え込んだ日に当たる。このような気圧配置の繰り返しで、少しずつ寒さが増していく。数十羽の単位で白鳥が飛来する日は、大陸からの高気圧が張り出してきている時である。

山形県境に近い村上市では、朝日連峰が海に迫っていることが関係しているものか、海岸線に沿って南下していく白鳥が、声を合わせて上空を飛ぶ。一〇月上旬から一一月下旬にかけて、大陸からの高気圧を伴った寒気の南下の時には、真夜中でも上空を数十羽の群れで飛ぶ白鳥を見つけることができる。

かつて、新潟県の下越地方には一〇月一九日の岩船大祭を境に白鳥が飛来するという口碑があった。この日が冬の始まりを意味したのである。最近の早い飛来は、白鳥自身の学習の成果とも考えられる。毎年の渡来地を覚えていて、大陸の高気圧の張り出しに乗って渡来地に飛来しているもののように考えられる。新潟県に渡来した白鳥はここで餌を取りながら、近隣の渡来地へも移動する。冬の間近隣を往き来しながら過ごすのである。

このような定期的な渡来だけを取り上げても、日本人にとって、白鳥が特別な鳥となる要因は満たしていた。

定期的な渡来から、人と白鳥の交感記録も古く、『古事記』『日本書紀』に溯る。

『古事記』では、垂仁天皇の項に、本牟智和気王《ほむちわけのみこと》が顎髭が垂れ下がるまで言葉を発しなかったが、空を飛んでいく白鳥をみてはじめて「あぎとひしたまいき（顎を動かして物を言おうとした）」。

そして、白鳥を追いかけて捕まえたことが記されている。

『日本書紀』では、さらに詳しく白鳥と誉津別命《ほむつわけのみこと》（本牟智和気王）の交感が描かれ、捕まえた白鳥を弄ぶことで言葉を獲得できたと書かれている。誉津別命について、次の記述がある。

「皇后《きさき》、狭穂姫《さほひめ》より、誉津別命《ほむつわけのみこと》が生まれる」。

生《あ》れまして天皇愛《めぐ》みたまひて、常に左右《もとこ》に在《お》きたまふ。壮《ひとと》なりたまふまでに言《まことと》はさず。

（中略）

冬十月《かむなづき》の乙丑の朔壬申《ついたちみづのえさるのひ》に、天皇《すめらみこと》、大殿の前に立ちたまへり。誉津別皇子《ほむつわけのみこ》侍り。時に鳴鵠《くぐい》有りて、大虚《おほぞら》を度《とびわた》る。皇子仰ぎて鵠を観して曰はく、「是何者ぞ」とのたまふ。天皇、則ち皇子の鵠を見て言ふこと得たりと知《しろ》しめして喜びたまふ。左右《もとこひと》に詔《みことのり》して曰はく、「誰か能く是の鳥を捕へて献《たてまつ》らむ」とのたまふ。是に、鳥取造《みやつこ》の祖天湯河板挙《あめのゆかはたな》奏《まう》して言さく、「臣《やつこ》必ず捕へて献らむ」とまうす。即ち天皇、湯河板挙に勅《みことのり》して曰はく、「汝是の鳥を献らば、必ず敦《あつ》く賞《たまひもの》せむ」とのたまふ。時に湯河板挙、遠く鵠の飛びし方を望みて、追い尋《つ》ぎて出雲に詣《いた》りて、捕獲へつ。或の曰はく、「但馬國に得つ」といふ。

十一月《しもつき》の甲午の朔乙未に湯河板挙、鵠を献る。誉津別命《ほむつわけのみこと》、是の鵠を弄びて、遂に言語《ものい》ふこと得つ。是に由りて、敦く湯河板挙に賞《たまひもの》す。則ち姓《かばね》を賜ひて鳥取造《みやつこ》と曰ふ。因りて亦鳥取部・鳥養部・誉《ほむ》津部《つべ》を定む。

『古事記』では言葉を発するまでには至らなかったというのに対して、『日本書紀』では「是何者ぞ」との言葉を発している。

しかも、『日本書紀』では西の鳥取まで出かけて捕まえたというが、『古事記』では紀伊国、播磨国、因幡国、丹波国、但馬国、近江国、美濃国、尾張国、信濃国、越国の順に追いかけていって捕まえたことが記されている。捕まえた場所は「和奈美の水門《みなと》」であるという。私はこの記述のように白鳥は帰北するものであることから、北陸から東北地方の海に面した潟であることを推測する。現在の潟に飛来する白鳥の姿と変わらぬ残映が浮かぶ。白鳥は霊魂も伴って渡っていたのである。

2　霊魂を運ぶ鳥

雁をとこよの鳥としたことは、海のあなたから時を定めて渡り来る鳥だからである。同じ意味に於いて、さらに神聖な牲料《にえりょう》なる鵠《くぐい》は、白鳥と呼ばれて常世の鳥と考えられたのは固《もと》より、霊を持ち運び、時としては、人間身をも表す事の出来るものとせられた。鵠が段々数少なくなると共に、白い翼の鳥は、鶴でも鷺でも、白鳥と称えられ、鵠の持つた霊力を付与して考えられた。

我が国の古俗ばかりから推しても世界的の白鳥処女伝説は、極めて明快に説明が出来るのは、此国に民間伝承の学問が、大いに興る素地を持つているのだと言えようと思う。富と齢の国なる常世は、元、海岸の村々で、てんでに考えていた祖霊の駐屯地であつた。だから、定期にまれびととして来たり臨むほかに、常世波に揺られつつ、思いがけない時に、其島から流れて、此岸に寄る小人神があるとせられたこと、のるまん人等の考えと一つ事である。更に少彦名の漂着を言い、大国主の許に海の彼方から波を照らして奇魂・幸魂がより来たつたと言うのは、常世を魂の国と見たからである。[1]

折口信夫は白鳥を常世から魂を乗せて飛来するまれびととして考えた。そして、「霊魂を人の体へとどけて行くもの」とも考えた。「霊魂が外にふらふら出ていく」あこがる状態に対比させたのである。[2]霊魂を人の体から持って行ってしまうあこがる状態にする鳥に対し、白鳥を霊魂を運んでくる鳥として対照させる。

丹波の国の白鳥処女説話では、天から降りてきた少女が天羽衣を脱いで水浴している時に和奈佐老夫《わなさおきな》が羽衣の一つを盗み去ってしまい、天に帰れなくなる。老夫の家で育てられるが、以後、この家が富み栄える。ところが非情な和奈佐夫婦に家を追い出され、途中で餓死してしまう。

霊魂を運んできた処女を引き取った家を富ませるという意味に解釈されると、常世からのよき訪れを伝える鳥としての白鳥が意識される。

つまり、水（海）辺に求める処女（嫁）の主題は、極東の島国に渡って来ると、よき訪れとして、福をもたらす鳥として意識化されてしまったのである。

第I部で検討したように、日本に来た白鳥が、多くの福をもたらすめでたい鳥として意識されてきた背景には、白鳥の渡りが常世の国から霊魂を運ぶという意識を育ててきた古人の思想があった。

日本人の白鳥観を決定づけたのは、古代からの文献等に記された白鳥の記録からであろう。白鳥が餅から変じる伝説や『風土記』の語りが広く注目されて来た。餅がみたまを象徴することから、餅から変じる白鳥が霊魂の象徴となり、餅を供物にすることが霊代と意識されたとする折口信夫の説明が合理性ゆえに理解され広まった(3)。

しかし、これは一面でしかないことが明らかである。白鳥処女説話が羽衣伝説となつている美保の松原では羽衣を取り返して戻っていくのが主題である。だれも得をしないし損もしない。常世は意識されない。むしろ、常世を意識しない語りの方が大陸の水（海）辺に求める処女（嫁）の本旨に近い。

白鳥が飛来する一〇月以降の日本農村では、農閑期の婚姻ラッシュの時期を迎えた。ここでも花嫁に添う白鳥が意識される。

3　家族で帰北する鳥

白鳥処女説話の終末は、母親が天に帰ってしまう型と家族が此の世で幸せに暮らす型があった。前者には家族を連れて戻っていくものと母親が単独で帰るものがある。シベリアのアラルスキー・ホンゴドルは白鳥の家族が此の世に広がってトーテムとして確立し、白鳥族が覇権を握っていく筋道を示した。いずれも、白鳥の家族が強く意識されている。白鳥処女説話と家族は不可分の関係にある。

白鳥の帰北は日本列島太平洋側に春一番が吹く頃に始まる。二〇〇九年二月二四日は、南から一〇二〇ヘクトパスカルの太平洋高気圧が日本列島上の低気圧を押し上げて南から温かい風が入った。新潟県海岸部では、西から北上する白鳥が一斉に上空を通過した。二〇一〇年三月一八日も二〇〇九年の天気図と酷似し、温かい風が吹いた。これは、二〇〇一年三月一八日の天気図（図54）にも酷似している。

朝六時三〇分から七時一五分に、一編隊二〇羽を超える群れが梯団山型を組んで北に通過。七〇羽を超える。

この群れは、新潟県北で冬を越した群れである。同日九時頃に通った群れは、海岸沿いに高い高度を保って三〇羽程の群れが海岸沿いに呼び交わしながら北上していく姿があった。この群れは、もっと南から来たものと推測された。

白鳥が帰北できないで留まっている事例は、怪我等によるほかにはない。冬の間、真っ白に染まっていた

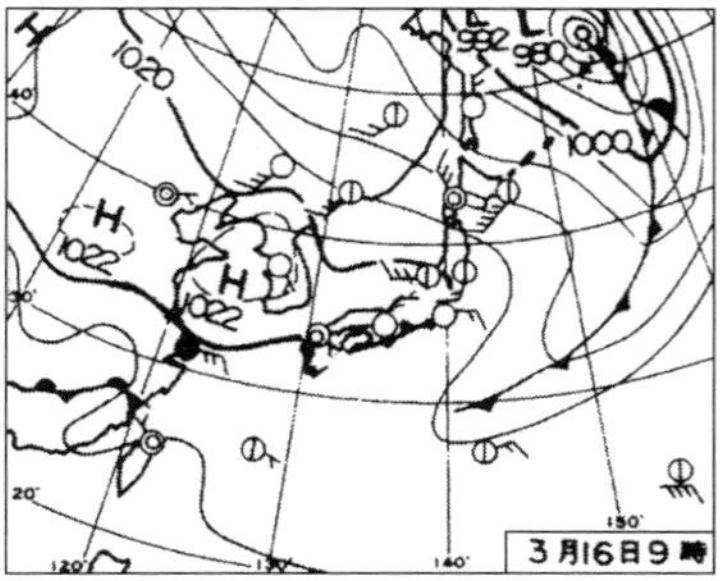

16日(金)穏やかな天気に

LやFは日本の東に遠ざかり大陸から移動H. 北海道の太平洋側から九州は風も弱く穏やかな晴天に. 上空には寒気が残り, 気温は全国的に平年並み止まり. 九州は午後から◎.

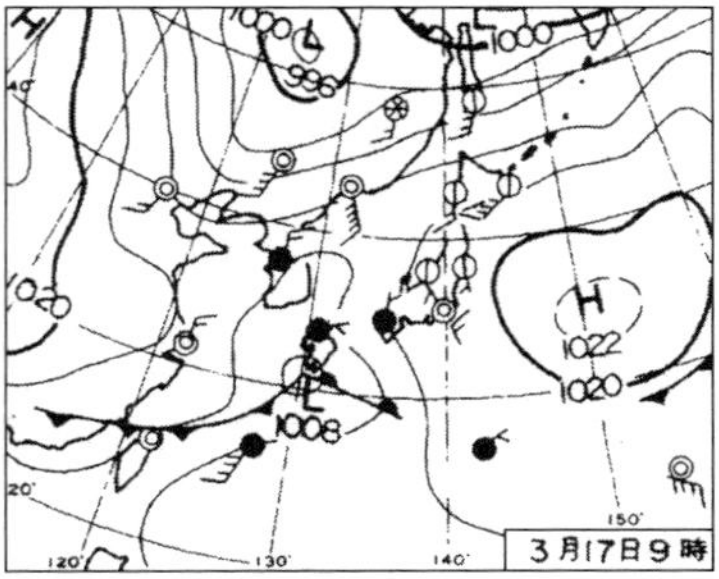

17日(土)雨域広がる

午前3時に東シナ海でL発生. 西日本の沿岸を東進. 西日本の●は昼過ぎに関東, 夜には東北へ. 九州は時間15mm前後のやや強い●. 名古屋は, 日中の気温上がらず真冬の寒さ.

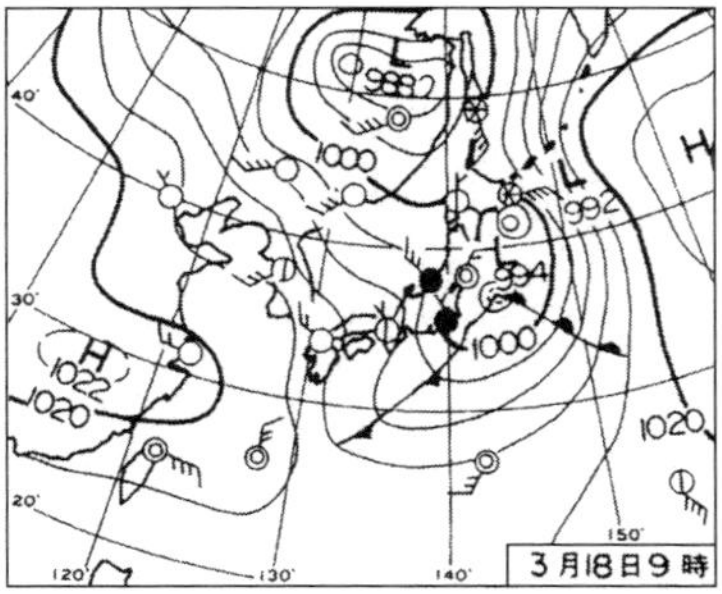

18日(日)暖気入る

三陸沖に抜けたLが暖気持ち込む. 西・東日本の●は朝までで次第に⏀. 全国的に4月上旬の気温. 東京max 17.2℃, 広島19.5℃など. 北日本では日本海側を中心に日中も●.

図54　2001年3月16日から18日までの, 帰北最盛期の天気図.

白鳥渡来地は、五月初旬には沼の水面を囲む萌葱《もえぎ》色の草に覆われ、白い鳥は消えている。

白鳥の定期的な渡りは見事なまでに季節を画するものである。だからこそ、飛来と帰北が人の心に刷り込まれていくのである。


白鳥が霊魂を運んで来るまれびとであれば、人にとっても季節の心地よさが感じられる春先や秋のはじめでなくてはならないとの想いは強い。ところが、実際には冬を中心に飛来する。海の彼方からのよき訪れが冬であったという現実は、折口信夫の想定する富と齢の国が南の国であれば温かく光溢れるイメージとして共感されるがこれと矛盾する。北の国からの訪れは寒気に伴うもので、大陸のブリザードの吹きすさぶ、困難な世界が想定される。白鳥が連れてくるのは寒く暗く長い冬なのである。

折口信夫は白鳥が冬鳥として渡ってくることを無視したのではなかろうか。

この矛盾が現れている問題に、鳥が穀物霊を運ぶものであるとする認識がある。

4　渡りと穀物霊

『豊後国風土記』に穀物霊を運ぶ冬鳥が描かれている。

白き鳥あり、北より飛び来たりて、この村に翔り集いけり。……鳥、餅と化為《かは》りき。片時の間に、また芋草数千株と化はりき。花と葉と、冬に栄えけり(4)

冬の景色を花と葉が栄える光景に変えるのであるからまれびととしての役割は果たしている。ところが、ここで栄えた長者が餅を的にして射ると一気に没落する。

己が冨に奢り、餅を作りて的と為しき。時に、白き鳥と化はりて、発ちて南に飛びき。当年の間に百姓死に絶えて(5)……。

話の筋道は白鳥と同じ冬鳥の飛来が繁栄をもたらすのであるが、霊代である餅をぞんざいに扱うことで南に去ってしまう。それと同時に繁栄が終わる。

京都伏見の稲荷社由来譚に類話がある。

伊奈利といふは、秦中家忌寸《はたのなかついへのいみき》等が遠つ祖、伊呂具《いろぐ》の秦公、稲梁《とうりょう》を積みて富み裕ひき。……餅を用いて的と為ししかば、白き鳥と化成《かは》りて飛び翔りて山の峯に居り、伊禰奈利《いねなり》生ひき。遂に社の名と為しき(6)。

ここでは稲の穀物霊に対して神社が創建されたことが述べられる。穀物霊を運んだのが白い鳥であった。折口信夫が霊代と考えた餅は稲の魂の宿るところと解釈され、稲魂を運んだのが白い鳥で、常世からの訪れであったという解釈ができるのである。

ところが、問題は穀物霊の伝承である。北から渡って来る冬鳥が穀物霊を運んできたとする伝承に、管見では一度たりとも接したことがないのである。白鳥飛来地の青森県夏泊半島の人たちが産土様《うぶすな》として迎える白鳥は使姫であり、水辺の処女である。宮城県白石市を中心に分布する数多の白鳥神社にも、穀物霊を運んできたのが白鳥だという伝承はない。

穀物霊が語られているのは、インドシナ半島から中国華南地方を辿って日本列島に達する「羽の生えた巨大米の伝説」や鶏などの家畜を生贄《いけにえ》にして穀物霊を強める伝承などである(7)。

穀物霊に関する伝承は、南から日本列島に達する文化に伴っていることが予測される南方の話である。『豊後国風土記』の冬鳥は白鳥ではなく鶴であろうと考える。中国大陸から九州に飛来する鶴の一群と考えるのが妥当である。少なくとも、米の本場である中国大陸からの飛来でなければ話としてもつじつまが合わない。シベリアではぐくまれた白鳥に穀物霊が附着する要素はない。

柳田國男は「餅白鳥に化する話(8)」で、飛び去る白い鳥は白鳥ではなく鷺《さぎ》ではないかと予測している。シベリアから白鳥がこの国に運んで来たのは、やはり人の生存を裁可する霊魂であったろう。日本列島では、南から来る穀物霊の観念と、北から来る人の霊魂の観念が混じり合い、白く神々しい姿の白鳥が、いずれの想念をも背負わされる宿命を担った。

5　北の故郷

白鳥の故郷と彼らの渡りの行動を、日本白鳥の会の研究成果から再確認する。渡りの姿が各地での説話の元となっているからである。

オオハクチョウは北緯五〇度前後（ボルガ川上流域、カスピ海北岸、カザフスタン北部、サハリン、極東沿海地方）から北緯六九度あたり（スカンジナビア、フィンランド）までのユーラシア大陸北辺が故郷であるという。

コハクチョウはオオハクチョウよりさらに北極海に近い場所を故郷としている。コラ半島のベチェンガ川沿いから東はコリマ川沿いまでのユーラシア大陸のツンドラ地帯を故郷とするという(9)（二一二頁図37参照）。

オオハクチョウの日本での飛来地は、北海道東部が圧倒的に多く、一部は新潟平野や青森県小湊などに飛来する。渡りの範囲が圧倒的に広く長いのがコハクチョウで、北極海ツンドラの故郷から西日本にまで達する。ソビエト連邦時代、日本に飛来するコハクチョウの群れは、東部亜種として位置づけられていた。そして一九七四年の時点で、「レナ川デルタからチャウン低地にいたる沿岸ツンドラ湖沼で繁殖し、東はチュコト海のコリャチン湾まで繁殖(10)」するという。

コハクチョウの渡りを解明するためにチャウン湾の営巣地で首に標識をつけて放鳥し、どこに渡っているのか各地の研究者に観察協力してもらった結果、クッチャロ湖を経由して日本各地の渡来地で発見されている。

チャウン川、パリャヴァアム川水系周辺のツンドラでは、二〇〇平方キロメートルの範囲に一〇から二〇のつがいが繁殖していたという。つがいになれなかった非繁殖鳥一〇〇羽位が近くで換羽するという。つがいは数年おいて同じ巣を手入れして使い、面積〇・五〜二平方キロメートルを占有するという。生まれた幼鳥は湖に近い岸沿いに移動するが、五キロ以上は離れないともいう。

平均産卵数が三・八四個。つがいは一日に四回以上交代して卵を暖める。孵化は産卵後一三日程度であるという。孵化した幼鳥が飛べるようになるまでには四五から五〇日かかるという。ここでさらに十分飛べるようになるには二から三週間必要で、七月上旬に産まれた個体が渡りに耐えられるようになるのは九月上旬となる。

日本に飛来するコハクチョウは五月一六から二一日頃、チュコト半島のチャウン湾に飛来し、ここで早いものは一〇から一六日で巣を改修し、つがいが産卵を始める。六月上旬から中旬はつがいとならない個体も大量に飛来する時期で、最初のつがいより二週間も遅れて産卵行動に入るものもいる。九月下旬に故郷のチャウン湾を一斉に渡去するコハクチョウは、故郷の短い夏に、四か月をここで過ごしているのである。

九月下旬の故郷からの渡りは、緯度の低い日本に向けて渡りを開始し、途中の停留地を経て一〇月上旬には北海道クッチャロ湖に入り、中旬にはここから日本各地の白鳥渡来地に渡っていく。日本の飛来地で過ごす期間は、一〇月下旬から三月下旬まで五か月を超える。四月には北海道クッチャロ湖周辺にも多くの白鳥が停留して寒気の弱まるのを待ち、五月上旬にはサハリンの海岸線を辿ってチュコト半島に帰去する。

意外なのは、渡来地の日本で過ごす五か月が最も長く、往き帰りの渡りにそれぞれ一か月半も費やしていることである。渡りに費やす三か月間は、各停留地に寄ってここで生活していることを意味する。

停留地には餌が十分に摂れる水辺が必要であり、しかも、チュコト半島と日本の間に程よい距離で低湿地や湖沼が連なっている必要がある。日本列島からチュコト半島に向かう東経一四〇度から一八〇度の間を辿ってみると、サハリン島とオホーツク海の沿岸地方、極東シベリアの大陸部では、コリマ川の低湿地がある。白鳥の渡りの旅の間には豊かな海と水辺が準備されているのである。

カムチャツカ半島とその周辺で繁殖するオオハクチョウも、同様にクリル諸島を辿ってカムチャツカに達するオホーツクの海辺は、渡りに絶好の条件を提供する水辺に沿っていた。

白鳥は陸と海の境を象徴する鳥であり、水（海）辺の鳥であることから生命活動に必要な水を象徴する創世の神話伝承には重要な役目をもって登場してきたのであろう。水（海）辺が生命誕生の場所として。

白鳥処女説話は白鳥の故郷が寒さ厳しく、夏の短いツンドラ地帯であることを斟酌《しんしゃく》すれば、穀物霊を殖やしたり、緑あふれる豊饒の世界を謳ったりしたものでないことは明らかである。白鳥は渡りと漂泊の中で婚姻を遂げ生存を持続させていくことを人に示す規範であった。

白鳥の生態は人の世に希望を与える白鳥処女説話と深いつながりをもっているのである。

注

（1）折口信夫「国文学の発生（第三稿）」（『民族』第四巻第二号、一九二九年）。『折口信夫全集』第一巻　古代研究（中央公論社、一九七五年、五五頁）。

（2）折口信夫「鳥の声」（『婦人の友』第二巻第一〇号、一九四八年）、『折口信夫全集』第一七巻　芸能史篇一（一九七六年、所収）。

（3）前掲注（1）参照。

（4）小島瓔禮校注『風土記』（角川文庫、一九七〇年、二一四頁）。
（5）同前書。
（6）秋本吉郎校注『風土記』日本古典文学大系二（岩波書店、一九五八年、四一九頁）。
（7）赤羽王春『樹海の民――舟・熊・鮭と生存のミニマム』（法政大学出版局、二〇一一年、所収）。
（8）柳田國男「餅白鳥に化する話」（『一目小僧その他』小山書店、一九三四年）、『定本柳田國男集』第五巻（筑摩書房、一九六八年、所収）。
（9）藤巻裕蔵「ソ連におけるハクチョウ類の分布と最近の状況」（『日本の白鳥』第一〇号、日本白鳥の会、一九八四年）。
（10）A・Ya・コンドラチェフ「コハクチョウの渡りと日本における越冬」（『日本の白鳥』第一五号、日本白鳥の会、一九八九年）、同「チュコト西部におけるコハクチョウの繁殖生態」（『日本の白鳥』第一三号、日本白鳥の会、一九八七年）。

第二章　インドの白鳥

西暦二〇〇年頃、ヴィシュヌ・シャルマーによって作られた説話集『パンチャ・タントラ』に「亀と二羽の白鳥」の説話がある。

ある池に亀と二羽の白鳥がいた。仲良く暮らしていたが、日照りで池が干上がってしまう。二羽の白鳥が友達の亀を助けるために木片の両端を持ち、亀にこの木片の中央部をくわえさせて別の池に運ぶ。ところが運ばれている途中で亀が喋ってしまったために木片から外れて落下して割れて死ぬ。余分なおしゃべりをするものではない、という説話で語られることが多い。

類話が中東やインドネシアに広がり、日本にもある。『今昔物語』第五巻二四「亀の教えを信ぜずして地に落ち甲を破る語」として、白鳥を鶴に置き換えた語りとなっている。『パンチャ・タントラ』の白鳥は日本に伝えられた時には鶴、インドネシアでは雁《がん》となる。

シベリアからインドに渡った白鳥が描かれたものであろう。

紀元前一五〇〇年頃成立したとされる宗教文献ヴェーダに、諸神を祭場に勧請し、讃歌を唱える『リグ・ヴェーダ』がある。(1)

この中に、河神の歌としてインダス河を讃える歌があり、続いて「サラスヴァティー河の歌」が掲載されている。

1　サラスヴァティー

サラスヴァティーは薩囉薩伐底と表記され、弁才天の意であるとされている。天竺（インド）からの仏教伝来時に中国から日本に伝えられて弁才天となった。

日本の福を授ける弁才天の起源が、古代インドの女神とつながるまでに、サラスヴァティー河がヒンドゥー教で芸術や学問を司る知の女神となった理由を知る必要がある。サンスクリットでサラスヴァティーとは水や湖を持つものという意味があり、豊饒の女神を意味するという。つまり河は女性の表象で、サラスヴァティーは文芸守護の女神の表象として弁才天の性格を備えたという。大地を潤す水、河、湖の神としての具象は、艶っぽい四本の腕を持つ女性が、数珠や琵琶などの楽器を持ち、白鳥あるいは孔雀の上に座る姿となっている。白鳥や孔雀はサラスヴァティーの乗り物とされたという。

シベリアから遠く離れたインドの地でも、白鳥処女説話の原像である水辺に求める処女の語りが表出する。

一　滋養の大水を湛えて、このサラスヴァティーは流れ進む。要害として、金属の城として。車を走らす者のごとく、大河はその威力により、他のあらゆる水流を駆り立てて進む。

二　諸川のうちにただ独り、サラスヴァティーはきわだち勝る。山々より海へ清く流れつつ。広大なる世界の富を知りて、ナフスの族に酥油《そゆ》〔バター〕と乳とを授けたり。
三　彼（男性の河神）は、若き女性（河神）のあいだの男子として、崇拝すべき女神のあいだの若き牡牛として成長せり。彼は寛裕なる人々に駿馬を授く。彼が勝利のために身を清めんことを。
四　この恵み深きサラスヴァティーもまた、この祭儀において、快く享けてわれらに耳傾けんことを。強き膝をもつ頂礼者により祈願せらるる女神は、富を伴い、あらゆる友に勝る。
五　これらの供物を捧げ、汝の前に頂礼して、――サラスヴァティーよ、讃歌を嘉《よみ》せよ――もっと好ましき汝の庇護の下に身を置き、われらは汝に近づかんと願う、あたかも木蔭に宿るごとくに。(2)
（後略）

滋養の授与、要害、授ける富、駿馬の授育、友に勝る神などが読み込まれている。ここには世界の白鳥処女説話に通底する水（海）辺に求める処女、水辺の嫁、水辺の子孫繁栄が含まれて謳われる。悠久の流れに添うインドの人々にとって、河は生命の誕生と消滅、そして輪廻に関わる表象である。ここに飛来する白鳥が、これらの思惟を具現化したり、説明するための具体物であったことは考えられよう。

ヒンドゥー教の女神が白鳥を乗り物としたという連想に行き着くまでに、この思考の流れを阻むものは見当たらない。むしろ、水辺で生活する白鳥こそが、サラスヴァティーに関わる表象と考えたくなる事例である。

シベリアから遠く離れたインドの地でも、白鳥が水辺で形成される多くの祈りや願いに積極的に関わっている姿は、ユーラシア大陸に広がった人々が抱く共通の思惟を体現していたことが予測される。それは、水辺が生命の繁殖する地であったという定理であり、白鳥はこの象徴としてあったということである。

2 弁才天

サラスヴァティーという聖なる河の化身であるインドの神が仏教に入って弁才天となり、水辺に祀られる女性像に結実する。福徳、智恵、音楽、技芸などを授けるとする信仰が日本でも広まった。しかし、日本では弁才天と白鳥が切り離されていく。琵琶を抱いた妖艶な女性像として流布していく弁才天の姿は薄い衣をまとった弁才天女とされ、仏教の金光明教を奉護する者を守る天神とされる。つまり、仏教との出合いによって天女とされたのである。

白鳥処女説話の水辺に求める処女は、インドから中国を辿って着いた日本では弁才天の姿に変わり、白く輝く翼をもつ清新な姿は薄い衣をまとう妖艶な女性に変わった。

日本では厳島神社や市杵島姫《いちきしまひめ》を祀る神社が弁天社として全国に分布し、多くは妖艶な女性が薄衣をまとって琵琶を抱いている御神体がある。水辺に祀られているものが多く、厳島神社のように海事の宗像《むなかた》を名乗るものもある。同時に奈良県天川村の天河神社のように水源を祀る宮もあり、水とは密接に結びついてる。同時に、七福神にも数えられている。白鳥とのつながりは弁天社では抜け落ちているが、水(海)辺は強く意識されている。

中国とインドの間、仏教の辿った道が玄奘三蔵の道であったとすれば、崑崙山脈を越えた麓にある敦煌の夥しい窟に描かれた飛天像がインドの聖なる河の化身・サラスヴァティーと深くつながることは想像できる。

仏像の周りを長い布をなびかせて飛翔する妖艶な女性が弁才天女となっていく筋道は、白鳥を乗り物としていたインドの飛天が元であろう。ユーラシア大陸高緯度の故郷から白鳥が一気にインドまで渡り、ここではぐくまれた白鳥処女説話の系譜となるサラスヴァティーが、うら若い色気漂う女性の飛天となり、弁才天の元となる。白鳥が一気に越えたヒマラヤ山系を人は迂回して、インドからもたらされた白鳥処女説話が中国では飛天として、また天女として遇されるようになっていった筋道を想定している。

つまり、水（海）辺に求める処女（嫁）の主題は白鳥が渡ったインドで、弁才天を誕生させたと考えている。

3　飛天から

中国敦煌の窟に描かれた飛天は妖艶な女性が天を舞い遊ぶ（二〇五頁図36）。天女の意匠を導いたのはインドの飛天であろうことを直感した。

インドで飛天がはじめて姿を見せるのは紀元前二から一世紀の仏教美術からであるという。バールフットやサンチーの遺跡にある浮彫には、仏陀を現す塔の頭上に有翼の生き物が描かれ、インド西岸ベンガル湾沿いに紀元前後建てられたジャイナ教の寺院の浮彫にショールをなびかせて飛ぶ飛天が見られる(3)。

この後、インダス川上流のペシャワールを中心としたガンダーラで、紀元一世紀から二世紀にかけて飛天が意匠として描かれるようになる。有翼の飛天が仏陀の頭上両面に浮き彫りされている。世界遺産となったアジャンターの石窟寺院群にも五世紀頃と推測される飛天が描かれているが、有翼の幼児のような構成で丸まると肉づきよい意匠である。インドの飛天を文献から抽出する。[4]

○ストゥーパの供養↓マディヤ・プラデーシュ州バールフット出土のレリーフに、仏塔左上に有翼男性の飛天が花盆の花をまきながら飛ぶ姿が描かれている。紀元前一世紀はじめ（シュンガ時代）の作品である。

○仏陀坐像↓ウッタル・プラデーシュ州マトゥラー出土。最初期の仏像背景に菩提樹が表され、左右に飛天が配されている。肩から足下まで流れる長衣をまとう。一世紀後半（クシャーナ時代）の作品。

○ストゥーパ図↓アーンドラ・プラデーシュ州アマラーヴァティー出土。ストゥーパの左右上に跳梁する天人が供物を持って舞う。二世紀（サータヴァーハナ時代）。

○仏陀坐像↓マディヤ・プラデーシュ州サーンチー第一塔。左右上方に飛天。翼はなく長衣を跳ね上げるようになびかせている。五世紀中葉（グプタ時代）の彫刻。

飛天像は天使意匠のさきがけとも考えられる図柄で、地中海世界でイエス・キリストの頭上両面に囲むように描かれる天使像と構図では同じ形態を取る。この時代の西欧との交渉は興味が尽きないほどの類似を感じさせている。キューピーの元になったグピドーが連想される、丸まるとした童子の飛天もある。インドとギリシャ＝ローマの交渉は、今後の課題である。

仏教が辿った道を、これらインド西北部からガンダーラに入り、カラコルム山脈を越えてタクラマカン砂漠に達する。天山山脈麓のシルクロードの要衝に達すると、有翼の飛天と長い衣をなびかせる飛天の両方が描かれる。インド北部のマトゥラー出土の仏陀座像が衣をなびかせる飛天である。有翼と衣、二つの混在する飛天が、紀元三から四世紀の中央アジア、キジルの石窟寺院壁画に描かれるようになる。シベリアから飛来した白鳥が、インドの地で水辺の処女の精神性を担う神格に昇華し、仏陀の周りで天と地を往き来する姿に具象化されたとの見方が許されないだろうか。天と地の往来は白く大きな翼で白鳥の意匠を取り込み、有翼の飛天が完成する。

天使意匠と重なるこの姿こそが地中海世界でも受容され、キリスト教の信仰を取り込んで天使の姿として後世に伝えられていく。天使が男の性格を持つのが有翼の飛天の特色で、グピドーからゼウスの化けた白鳥と連なっていく。キリスト教界でも、天使は男子で描かれることが多い。

一方の長い衣をなびかせる意匠は、インドの河や森の精霊・神として考えられた飛天の姿を伝えたものとされ、女性を意味する。弁才天にしろ飛天にしろ、その姿は妖艶な女性であり、インドの飛天のもつ性格に近い。

この違いが生起した中央アジアでは、中国内陸部甘粛省敦煌での飛天がすべて妖艶な女性が長い衣をなびかせる意匠で統一されていることから、ヨーロッパに向かう流れとは別の東洋の飛天が確立していったものと考えられる。こちらは水辺の女性と飛天のまとう衣裳が強調されて、天女が出来上がっていく。

ここで、シベリアのアラルスキー・ホンゴドルがトーテムとした白鳥の思惟をインドまで伝えた人がいたのだろうか。それとも、飛来する白鳥をみて、インド独自の思惟が飛天を導き、天使や天女を作りだしていったのであろうか、という大問題が生起してくるのである。

ホンゴドル族の白鳥は水（海）辺に求める処女（嫁）の思惟が基層にあった。

インドの飛天も水（河）辺や森の精霊・神の思惟が基層にある。

中国の天女は水辺の処女（嫁）と着用する長い衣を強調する思惟が基層に横たわっている。

地中海世界の天使はキリスト教に呑み込まれていくことで男性に変質した。

注

（1）辻直四郎訳「リグ・ヴェーダ讃歌」（『世界文学大系　四　インド集』（筑摩書房、一九五九年、所収）。
（2）同前『世界文学大系　四　インド集』一九頁。
（3）吉永邦治『飛天の道』（小学館、二〇〇〇年、所収）。
（4）肥塚隆・宮治昭編『世界美術大全集』第一三巻　インド（一）（小学館、二〇〇〇年、所収）。

第三章　中国の衣

第Ⅱ部「シベリアの白鳥族」で描いた白鳥処女説話の構成は、シベリアの白鳥伝説と天上訪問譚（難題の克服）の二つの要素でできていた。二つをつなぐものに天上処女の機織りがあり、布が天上訪問で大切な道具となった。

白鳥が渡った低緯度の温かい地方では、人が白鳥の翼を担ぐ天使の意匠が誕生したり、布が人を空に浮かび上がらせる道具となったりして、飛天が誕生した。

中央アジア、東西文明の十字路では飛天が天使と天女に分かれ、キリスト教界と交わった天使と、有翼の女性を拒否して長い衣をまとって空に舞う中国の天女に分かれていった姿を想定している。

第Ⅱ部で白鳥処女説話の構造を図49（二五七頁）に示したが、白鳥トーテムのアラルスキー・ホンゴドルの白鳥伝説と、天上訪問譚に縞模様の絹布をもって故郷を訪ねる要素がつけ加わっていることを仮説として提示した。

この図を中国の長い布にこだわる天女の姿を踏まえて考察すると、天上処女の機織りにつながる文化は、中国のものである可能性がある。つまり、白鳥処女説話はシベリア、アリャティ村の白鳥伝説と中国の天上処女の機織りという二つの要素が一緒になったものではないのだろうか、と考えられるのである。

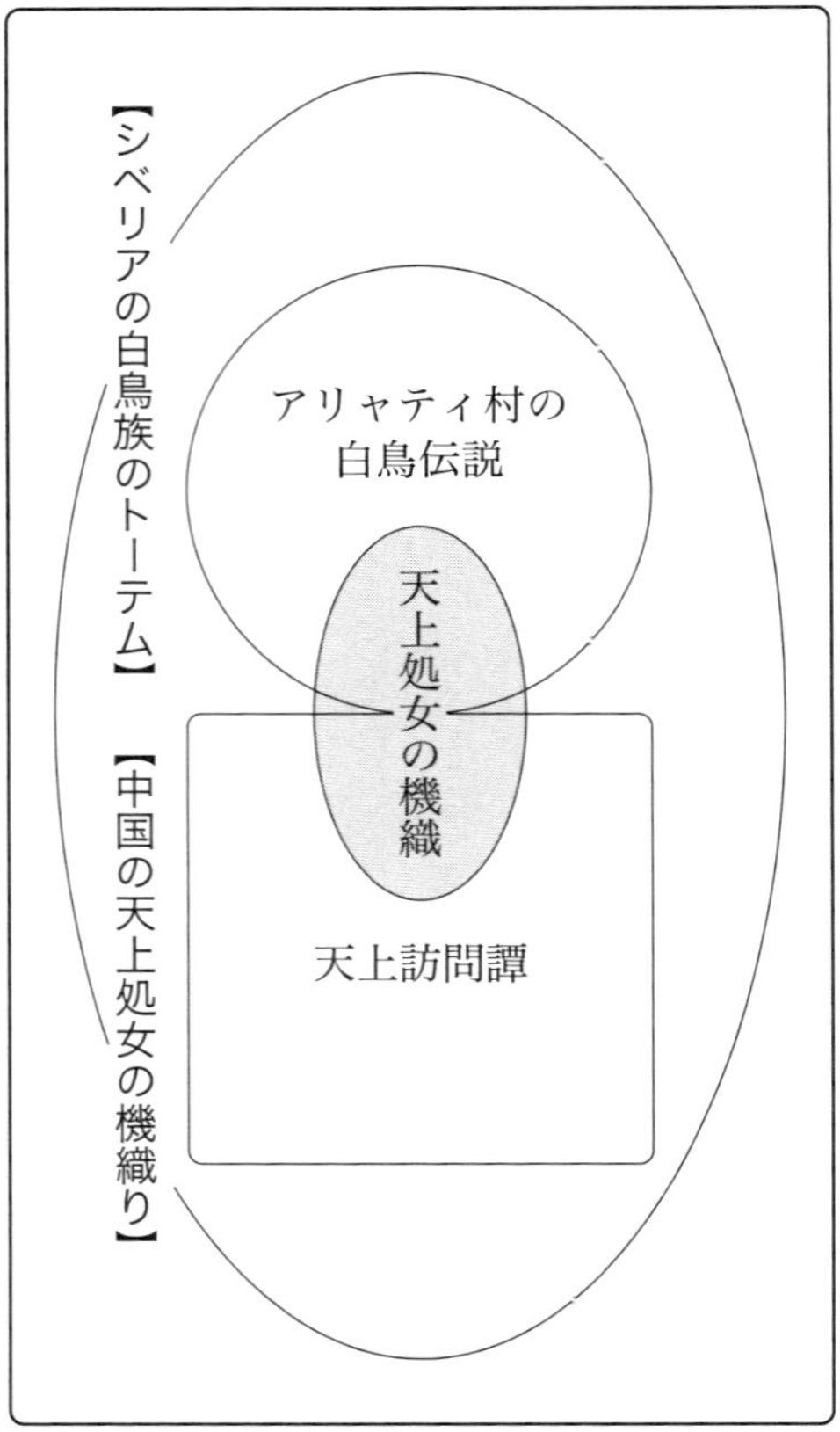

図55　白鳥処女説話の構造.

第II部の図に重ねれば、シベリアの白鳥族のトーテムと中国の天上処女の機織りにいき着く（図55）。

1　白く長い布

天上に遊ぶ飛天がまとう、白く長い布の本体を考えてきた。西欧での白鳥処女説話の布は麻に比定されることは第I部で述べた。グリム童話やアンデルセンなどの苦労して紡ぐいら草の伝承は、機織りの処女の存在を大きくし、布にするまでの苦労は説話の印象を重厚に偏らせることがあった。

ところが、中央アジア、東西文明の十字路で浮かび上がってきた飛天のまとう長い布は麻でなく絹であることが推測され、説話の印象は軽快になった。白鳥が苦労して高みに到った飛翔の印象は、軽くて長い布によってふんわりと浮いて天に到る天上訪問譚となった。

薄く白く光沢のある絹布は、白鳥がまとってきた羽毛に匹敵するほどに軽く色鮮やかな素材であった。白鳥処女説話はシベリアと中国の語りが核となっていることを推測するのであるが、中国の絹の存在が大きな位置を占める。

白く長い布が天上に到る道を表象するようになっているのは、キリスト教界がイエス・キリストの遺体を包んだ亜麻布から連想してきたことでもあった。初期のキリスト教会の意匠に、十字架に架かる長い布がシンボルとされる四六六年頃のエジプト、ソハーグ、ディル・エル・アビアド（白修道院）の例がある。天使の初期の意匠にも翼を背負わずに長い聖衣をなびかせて空を飛ぶ絵柄がある。いずれも亜麻布からの連想と解釈できる。

西欧の白く長い布の多くはイエス・キリストの聖衣や、遺体を包んだ亜麻布を意味することが推測され、布をなびかせて天に到るという思惟は、地中海世界にも伝わったことを推測している。ところが、ここでは有翼の天使の方が幅を利かせるようになる。ギリシャ神話のゼウスが白鳥となってレーダーの胸に飛び込んだ語りは、その象徴である。グピドーからキリスト教界の天使まで、多くは男が背中に翼を負って飛ぶ。

一方の中国では、有翼の男の事例は紀元前三世紀頃には成立したとされる『山海経《せんがいきょう》』に記載されている。羽民国というものが海外にあり「その人となり長い頭で身に羽がはえている」。讙頭国《かんとうこく》は「その人となり人面で翼があり、鳥の喙《くちさき》」の二例が載るばかりである(1)。

ところが、中国では有翼の男が天と地を往き来するという記録が、これ以後見当たらない。天と地の往き来は長い衣をまとった飛天、そして天女に任される。この布の登場と女性の存在は絹の文化を象徴する。

2　女性と絹布

絹は天からもたらされたものとして、特別に尊ぶ思惟が中国の文献に散見される。この節では六朝時代から唐代にかけて成立したとされる『捜神記』を手掛かりに絹布の記述を追う。

まず、許嫁《いいなずけ》が結婚相手に贈る最上の品としての絹布がある。巻四に「河泊の娘と結婚した男」がある。一人の男が浙江省の南にある上湖で、酒を飲んで眠ってしまう。目が醒《さ》めると若い娘に歩み寄られ、父親と会うことになる。父親は河の神で娘と結婚することを薦める。河泊は河童で水神、水の精霊を意味し、水辺に求める嫁の世界的語り物と輻輳する。婚礼の準備が整えられ、

やがて、準備ができたという報告があり、絹の単衣《ひとえ》物と薄絹の着物上下一揃い、それに靴が贈られた。いずれも手のこんだ上等の品である(2)。

南京では神の娘の使者に連れられていった若者が婿となるが、家に帰して貰うことを懇願する。娘はさめざめと泣き、「別離の情を連ねた詩をつくり、織り上げた上下一揃いの着物とあわせて」贈った(3)。結婚に際して相手の男に衣を贈る習慣があったことを彷彿とさせる。その伝統は日本にも伝わっている。同時に、結婚前の女性が神女として神の娘とされていることに注目したい。

人の死に臨んで絹布が贈られることがある。葬式に際して最大限の礼儀を尽くすために絹布の白衣を死に装束としたことが推測される。特に女性の死に際し、この傾向が強いように思われる。天に帰る女性の装束としての絹布が想定できる。

巻一一の「命を捨てて姑を救う」に、強盗に襲われた姑の前で、嫁が自分の首をはねて身代わりとなって死ぬ。

郡の太守がこの事実を聞き、強盗を殺し、嫁には絹の布を贈って手厚く葬った(4)。

巻一六、「死女の傷」では、河南省穎川の若者の所に美しい女性が通ってくる。若者は精神状態がおかしくなる。この美人が妖怪の仕業と忠告する人があり、殺すようすすめる。若者が刀で斬りつけて股に傷を負わせた。女は真新しい綿で血を拭いて逃げ去った。女の足跡を辿ると、

大きな墓のところに来た。掘り返してみると、棺の中には美しい女がはいっていた。からだつきはまるで生きている人間のようで、白い練り絹の上衣に、刺繡をほどこした赤い裲襠《うちかけ》を着ていたが、左の股に傷があり、そこから流れ出た血を裲襠のなかの綿で拭ってあった(5)。

怪異話である。しかし、当時の女性の葬られた状態を暗示している。葬られた女性の綿入れの裲襠《うちかけ》には繭から採った真綿が詰められていて、死に装束は見事な練り絹（絹糸を被うセリシンを除いた光沢のある絹）であったというのであるから、当時の高い身分の女性であることが推察されるのである。

このように、高貴な女性に着用された絹は、織るのも神格のある女性である。神の娘であったり天に帰る娘であったりした。絹は天の女性と深く結びついていることが指摘できる。

そして、長い布となった絹織物は天に昇る道具となったことが記されている。「火星人の少年」である。

永安三（二六〇）年、異様な子供が呉の国に現れた。「三国は司馬氏のものになる」と予言をし、天に去っていく。

躍りあがったかと思うと、姿を変えた。ふり仰いで見れば、白い絹の布が長く尾を曳いて、天へと昇って行くように見えた。あとから駆けつけた大人の目にもまだ見えていたが、ふわりふわりと次第にのぼって行き、やがて姿を消した(6)。

絹の織物が天やそこに住まう神の領域に属することを述べる暗喩ととらえている。

絹は天（神）が与えたもので、神の女性としての処女が織る仕事に携わったことがこの時代の共通の認識であったと考えられるのである。

中国では、西欧のように白鳥から借りた翼を持つ人（天使）の連想に進まず、天からもたらされた絹の意識が白鳥と結びついたのであろうと推測できるのである。つまり、白鳥処女説話の原型と考えられるシベリアの白鳥族の語りは、中国で天上神女の語りに呑み込まれていく。

3　天上神女と絹織物

天上神女が絹織物をもたらしたとする中国の語りは、序章でも述べた。従来の研究では白鳥処女説話の原型を中国『捜神記』の二つの説話「鳥の女房」と「董永《とうえい》とその妻」に求めることが一般的であった。ところが、この追究姿勢には難点があった。ユーラシア大陸の東西両側で水辺に舞い下りた白鳥が嫁となる、同じような話が採集されるのに、中国だけが薄い衣をまとう天女として変節していたことである。つまり、西洋では白鳥と布が強調されても、天女に辿り着く思惟はなかった。

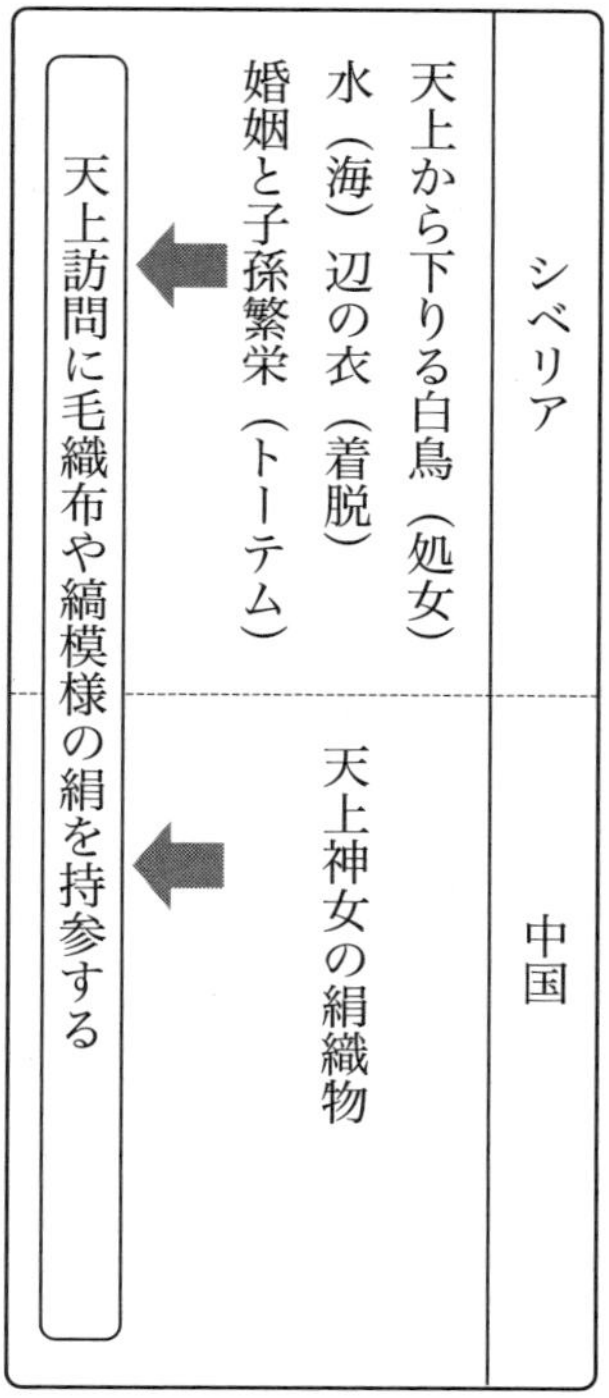

図56　白鳥処女説話と織布.

一体、天上神女が絹織物を地上にもたらしたとする、強い信仰のような堅い中国の思考が、シベリアの白鳥族が唱えるトーテムの思考と出合うと、どういうことが起きるのだろうか。

図56から明らかにしたいのは、中国に渡った白鳥が、この地で白鳥処女説話の後半部分にある天上訪問譚をつくったのではないということである。

第一に、シベリアには白鳥が絹と結びつく直接の事例がないこと。第二に、水（海）辺に求める処女は中国では機織りの伝承となっているが、シベリアの白鳥族には機織りの要素がない。

つまり、白鳥処女説話は、中国に入って巧みに取り込まれ、飛天、天女、薄衣、絹といった要素を含ませて文学的に創り上げられていった。元となったのはあくまでもシベリアの白鳥族の伝説であったというのが実体であろう。

このように考えれば、シベリアの白鳥族の語りが西欧に渡ってケルトなどで独自の文学として発展し、地中海世界に渡ってギリシャ神話などに登場し、中国で独自の発展を繰り返すという実体が明らかとなってくると考えられる。そして、わが国で語られる羽衣や天女の伝説は、中国から強く影響を受けていることが分かるのである。

4　養蚕と天上神女

中国では絹の存在伝承が白鳥処女説話を呑み込んでいる。絹の歴史は古く紀元前三世紀から六世紀にはすでに始まっていたとされる。桑の葉で蚕を飼い、蛹《さなぎ》になる段階で作る繭《まゆ》から生糸を採る。繭を湯に浮かべて構成している生糸をほぐし、端をつかんで糸繰り器にかけて巻き取る。一つの繭から一〇〇〇メートル程の生糸が採れる。この生糸をアルカリ性の灰汁などで精錬すると表面を覆うセリシンが取れて光沢と柔軟性に富む練糸が出来る。この状態になると染織しやすい。加工した絹糸で織った布が絹布である。白い光沢と軽く柔らかい肌触りは、従来の繊維にはない斬新なものであった。シルクロードを辿って絹が地中海世界で重宝されても、その製造方法が伝わったのは、六世紀であるとされ、中国の特産品を生み出す地位は続いていた。

養蚕は卵から蚕になった個体を蚕室と呼ばれる管理された部屋で繭にまで育てることである。五三二年から五四九年の間に完成した農書『齊民要術』に記述があり、前漢時代には蚕室での養蚕法が確立していたとされている。

豊かな歴史をはぐくむ絹の前には、どのような衣が使われていたのか。また、貴重な絹を着用できない人たちの衣の姿とはどのようなものであったのか。

毛織物の服について『捜神記』に記されている。国じゅうに毛織りの布で頭巾や帯や袴をこしらえることがはやったことがあるという。

「毛織物は胡の産物だ」(7)。

また、「蛮夷の起源」には、「木の皮をつむいで織り、草の実で染めて着物を作った」(8)ことが記されていて、辺境の民の着物についての記述がある。同様に木綿についての記述もある。

敦煌の博物館で木綿地に四ツ爪の龍をあしらった刺繡の上着を拝見したことがある。辺境支配の証拠品として、アムール川流域の諸民族に残された龍の刺繡を前面にあしらった絹の蝦夷錦と較べると、布地や色彩の感覚がずいぶん粗末に感じた。しかし、辺境の支配者が皇帝から賜った衣であることは理解できた。

絹地に四ツ爪の龍が刺繍されていれば、皇帝が下賜した最上の証拠品となったであろうことは容易に想像された。

養蚕は中国の重要な産業としてあり、絹製品は世界に渡った。この養蚕の起源について語られる話には、必ず天上の神女が登場する。蚕自体も天から降ろされたものであるとする語りが伝わる。

『捜神記』の巻一四「馬の恋」は、日本の馬娘婚姻譚《ばくろうこんいんたん》の起源として名高い。

> 遠くに行った父と離れた娘が、牡馬を親身に世話しながら暮らしている。馬に向かって父親を連れ帰ってくれるなら馬の嫁になると軽口を叩く。本気にした馬は手綱を引きちぎって父親を迎えに行って連れてくる。事情を娘から知らされた父親は馬を殺して皮を干す。父親が出かけたあとで娘がふざけて馬の皮を足で踏むと、皮が娘を包み込んで飛び去る。
>
> 数日後、庭の桑木の枝に娘と馬の皮が発見される。どちらも蚕と化して枝の上で糸を吐いている。繭は厚く大きく、となりの女房が枝から下ろして育てたところ、通常の数倍の糸が採れた[9]。

漢代には、皇后が手ずから桑の葉を摘んで蚕神を祀ったという。蚕を女性（娘）の尊称で呼ぶのも、蚕の先祖である馬と恋した女性の説話が元になっているというのだ。

巻一「ふしぎな蚕」には山東省で五色の香草を栽培している美男子・園客のもとに五色のふしぎな蛾がとまり、蚕を産む。

養蚕の季節になった。ある晩神女が来て、養蚕の仕事を手伝い、香草を蚕の餌として食べさせた。その結果、百二十個の繭ができたが、大きさは酒瓶ほどもあり、一つの繭から繰《く》る糸は、六日から七日もかかってやっと尽きるほどであった。

糸を全部繰り終わると、神女は園客といっしょに、天上へと舞いあがって、それきりゆくえが知れなかった。(10)

神女の手ほどきによって養蚕が盛んになっている。序章でも述べた「董永《とうえい》とその妻」は、誠の心を持つ永を助けるために、天帝が天上の織女を遣わし、絹を織らせて借金を返して天に帰る話である。天の織女、神女と、養蚕と機織りには天の女性が係わっている。天女の起源はここにもある。

5 北から南へ

北の故郷から南に渡る白鳥を謳った白鳥伝説と、中国固有の養蚕、絹織物との出合いが、白鳥処女説話を構成した。

第Ⅱ部で全文記述したブリヤートの「白鳥女房」は、シベリアの白鳥伝説と中国の天上織女の合体したものであろう。

北と南の交渉は大陸を駆けた遊牧の民以前から生起していたものであることは、インド、中国、ギリシャなどの伝説や神話の検討から明らかなことであった。この交流を導いたものは何か。

一つには白鳥の行動を人の規範として見習う古人の存在。また一つには、養蚕や絹織物など、人の革新的な技術や営みを天に帰す古人の共通意識があった。そこには人類の叡智が時代を導くというような驕《おご》った感覚などは皆無で、すべては絶対的な自然に従って生きる人々の営みがあったと思量される。動物の動き、星の分布、気象の現れなど、すべての身の回りのものから学び、自身の規範とする思考が広く行き渡っていたと考えられるのである。

古人の思惟には、北や南といった方角さえもが人の生や自然界の運行と関わるものとされていた。北から来て南に渡る白鳥の動きは、どのように人に意識化されたものであったろう。

『捜神記』の巻三、「北斗星と南斗星」には、人の生を司るのが北斗星であるとする当時の教えを述べた語りが載る。

桑の木の陰で夢中になって碁を打っている北斗星と南斗星の二人の所へ行って、死相が出ている若者が酒と干し肉を提供して寿命を延ばしてもらう。

> 「南斗星は生をつかさどり、北斗星は死をつかさどるものでな。人間はすべて、母の胎内に宿ってからは、南斗星から北斗星の方へ進んでいくのだ。だから一切の願い事は、みな北斗星にお願いするのさ」[11]

正倉院の宝物の中に、桑園[12]で二人、碁を打つ神仙の図柄がある。北斗星と南斗星の信仰が飛鳥人に伝わっていた証拠と考えている。

第四章3「白鳥の姿」で、飛翔する白鳥の姿から連想された文学を記録した。宮沢賢治の『銀河鉄道の夜』にある白鳥座についての考察である。天の川を北半球の白鳥座（ノーザンクロス）から南半球の南十字星（サウザンクロス）に向かって銀河・天の川を旅するカンパネルラとジョバンニが、永遠の別れを告げる道程には、中国の南斗星と北斗星の言い伝えが底流していることを推測している。宮沢賢治の白鳥に対する想いは白鳥の故郷である北斗星に対するものではないが、北から南へと旅をして生の復活と消滅を意識する構成は、白鳥によって象徴される。

真北を意味する北極星と真南を意味する南斗星の一八〇度の対極は、死と生の対極であるが、その間をつなぐ道程は生きている現在の人の生を現すものであった。古都奈良では、人の死に臨むと洗濯物を南北方向に干す伝統が今もある。白鳥の渡りは死と生の渡りと考える賢治や古人と同様の思惟は古代から続いていたのである。

6　天界の渡り

広大無辺な大陸を南北に渡る白鳥を、古代中国の人々が何の意義も見出さずにただ眺めていたとは思えない。地上で繰り返される毎年の南北の渡りが宇宙に投影されたはずである。星の運行と日常生活や農事を関連づけてみていた人たちにとって、白鳥の渡りが天の川を挟んだ渡りに見立てられたとする予測を抱いている。

宮沢賢治のノーザンクロスからサウザンクロスへの渡りの意識は、北から南へのものであったが、古代中国では南斗星から北斗星に向かう動きとして表現された。

同時に東西の鳥の渡りが天の川を挟んで意識された。七夕である。

天の川の東、こと座一等星ベガを織女星織姫とし、西のわし座一等星アルタイルを牽牛星彦星として二人の悲恋が鵲《かささぎ》の渡りを通して語られた。

七夕の物語は中国起源で機織りの姫として描かれる。天の川のほとりに天帝の娘・織女が住んでいて機織りに精を出していた。年頃の娘であることから、天の川の西に住む牛飼いの青年・牽牛と結婚させることにした。結婚した二人は毎日楽しく遊び、仕事をしなくなってしまう。天帝は腹を立て織女が機織りに精を出すよう二人を離してしまう。そして、仕事に精を出すようになった二人を一年に一度だけ、七月七日の夜に会うことを許した。

この物語に南北を駆ける白鳥は出てこない。ところが、後漢から六朝（西暦二五～五〇〇年）の七夕の起源とされる記録には、水辺に求める処女の語りが色濃く映し出されている。「天の河の岸」である。(13)

ある山の傍らに一人の水牛飼いが住んでいた。ある夏の日、草場の南の河で七人の仙女が水浴びをしていて、宝衣を隠せば嫁になることを牛が教える。仙女一人の宝衣を取り上げて牛飼いが家に駆け戻ると織女も牛飼いを追って家に着いた。天界に帰れなくなった織女は牛飼いの嫁になるほかなかった。

織女は機織りが好きで人間界でも杼《ひ》を手にしていた。牛飼いは嫁が来てから仕事をしなくなり、牛は病気で死ぬが、その際、牛の皮を剝いで黄砂を包んで持っているように伝えられる。

二・三年後、息子と娘が産まれて家族が出来た。しかし、嫁は宝衣のありかを尋ね続けた。牛飼いはもう大丈夫だろうと思って土台石の下に埋めた宝衣のありかを教えてしまう。

織女は宝衣を取りだして雲に載り揚がっていく。牛飼いは子供の手を引いて追いかけたが、雲に載れない。その時、背負っていた牛の皮を叩くと突然雲に載ることができ、父子三人で嫁に追いすがる。

織女は簪《かんざし》を抜いて後方に線を引くと大河に替わった。牛の皮包みから黄砂が流れる。堰ができて河を渡った。織女は追いつかれまいと、金の簪を出して後ろに線を引く。皮包みの紐を河の東に投げると織女に当たる。

二人が争っているところへ天帝の使いである白髭の神が現れ、織女を河の東に牛飼いを河の西に住むよう裁定する。縁が尽きていないので七月七日に一度だけ会うことを許すことも伝える。[13]

ベガとアルタイルの近くにある星も、家族とのつながりを示すものとの意味づけが語りの最後に付与されている。

この語りは白鳥処女説話の粗筋そのものである。つまり、織り姫と彦星の七月七日の出合いを語る七夕の教えは、白鳥処女説話の枠に沿って作られたことが分かる。アラルスキー・ホンゴドルの白鳥伝説と七夕の語りとの間には密接な関係がある。

牽牛織女星は『詩経』（紀元前一一〜六世紀）に現れる語りであるという。[14] 年代的には『捜神記』の成立が遅くなるが、白鳥処女説話の主題がなければ牽牛と織女の七夕構成は出来上がらない。中国の語りの伝承は昔話にも伝わり、時代を超えた主題がそちこちに見出される。白鳥と七夕、二つの伝承が見事に重なったのは、大河を挟んで渡る白鳥の舞台装置があってはじめて可能となった。

中国に渡った白鳥伝説は、やはりその基層に水辺に求める処女の主題を中心に語りが組まれていた。そして、この枠組みを中心に、絹の特性や織女を天のものとして描き、天から来る処女と人間界の男を結ぶ子孫繁栄の語りとして完成させていったのである。

ここでも水辺に求める処女が強調されてきた。この語りこそ、大陸世界の基層に貼りついた思惟であったろう。

注

(1) 高馬三良訳『山海経』(平凡社、一九九四年、一一九頁)。
(2) 干宝／竹田晃訳『捜神記』(平凡社東洋文庫一〇、一九六四年、七九頁)。
(3) 同前書、八三頁。
(4) 同前書、二二五頁。
(5) 同前書、三三二頁。
(6) 同前書、一八二頁。
(7) 同前書、一五六頁。
(8) 同前書、二六〇頁。
(9) 同前書、二六六〜二六八頁。この語りものが日本に来て馬娘婚姻譚となる。オシラ神の縁起として東北地方を中心に語られていた。今野円輔『馬娘婚姻譚』（岩崎美術社、一九七七年）。
（10）同前書、二七頁。
（11）同前書、五七〜五九頁。
（12）正倉院展公開講座「正倉院宝物にみる神仙世界」二〇〇二年、所収。
（13）ヴォルフラム・エーバーハルト／馬場英子・瀬田充子・千野明日香編訳『中国昔話集』（平凡社東洋文庫七六一、二〇〇七年、所収）。
（14）同前書、三一四頁。

終章　白鳥に求めた人の規範

ロシアで聴いた、「白鳥は王様の鳥」の意味するものは、大陸の伝承で描かれる、支配者（王、王子、ハン）が白鳥と入れ替わった姿であったり、支配者の嫁（姫）の姿であったりした。高貴な人が白鳥になるとする思惟は、日本の帝の魂としての白鳥にもみられた。

純白の美しい翼は「羽衣」と認識され、これをもたらしてくれる世界を天とした人々の思考が「布と家族」を天上世界に誘った。白鳥の故郷は天であった。

人が最初に天を意識した寓話と仮説した白鳥処女説話は人の精神世界に現世と天上世界をもたらした。この思考を導いたのが羽衣と布と家族を中心とする語りによる人への刷り込みであった。

そして、現実の白鳥の故郷は北であり、生を司る場所との認識が白鳥の渡る南側の中国などで生まれた。水と冷気に囲まれた北を人に意識化させたのは白鳥であったろう。

生命の誕生が水辺であることを深く考えた古人は、生を司る北から来る水鳥に、特別の想いで接した。天上は豊饒の国として描かれ、自らの子孫を地に満たしてくれる在処《ありか》とされた。

このような思惟をもたらしたのは、白鳥の存在による。

白鳥から人が受けた刷り込みは白鳥の生態から古人が学んだものである。

第一に、季節を誘う渡り鳥として、毎年の定期的来訪と渡りの姿。

第二に、純白から人が受けた印象が強い美意識を醸成して、人の特別な儀礼や行事に導入されていく状態。

第三に、家族の紐帯を示す行動が顕著な動物として、人の社会に好ましい家族の規範を提示。

定期的来訪と飛去は季節を画然と分かつ。冬の間の飛来と滞在は、北の生命を司る地から魂を持って飛来することを人に知らせた。寒さが大地を塞ぐ生命の縮こまりとして認識され、白鳥の南下は遊牧民の南下を導く契機となった。白鳥の越冬地日本では、厳しい冬を乗り切り、北風を防ぐ水辺を産土《うぶすな》として画定した。白鳥の行動に倣った人たちが、白鳥を産土様として崇めた。産土は生存を持続させる場所でもあり、白鳥の教えた契約の地であった。

白鳥の秀麗な姿から人が受けたのは美の実体であった。

人が最も高い水準で受ける美意識は、その表現が多様性に富んだ広がりで判断できると私は考えた。白鳥から受けた美をどのように表現するか。

絵画として。音楽として。哲学として。文学として。

白鳥は実に幅広く、各分野にわたって描き続けられている。ギリシャ神話、ゼウスの白鳥は、絵画の主題にもなり、宝飾品の意匠に使われている。レーダーの元に通う白鳥・ゼウスはセザンヌの絵画にまで影響を与えた。ギリシャ哲学では、ソクラテスが完全な魂の姿に白鳥を当てはめた。白鳥の完成された美が想定される。

白鳥の美が人の感性に到達して、心地よい音楽になった。サン＝サーンス、シューベルト、シベリウスなど、それぞれの感性が輻輳している。

文学においても幅広く白鳥の印象が描かれる。宮沢賢治の白鳥に対する想いは深淵である。アンデルセンの白鳥は歴史に蓄積された想いの表出である。

白鳥が家族で示す結びつきの深さは人が規範としてきたことである。神性を想定された動物には多かれ少なかれ、人の規範となる何かが示されている。神馬には俊敏性や飛翔力が神の乗り物としての意義を、熊には山の神の贖《あがな》いとして人を守る力が、それぞれ想定されてきた。

これら、神性を認められた動物の中で、人の家族の紐帯、家族の親和性を人に示した動物が白鳥であった。梯団を組んで家族で飛来し、家族で飛去する。渡ってきた場所でも、滞在中は家族で行動する。親が雛を守る姿は、人の規範である。雛を狙う外敵に対する親の攻撃には目を見張る。また、仔どもを慈しむ姿は感動的である。

文学として白鳥を描いた原初の語りが白鳥処女説話であった。

白鳥処女説話は人が語り物で学ぶ最古の規範の一つであったことを推量した。

世界に広く分布する白鳥処女説話の元は、中央シベリアのブリヤート、アラルスキー・ホンゴドル族の白鳥伝説である「アリャティ村の白鳥伝説」にあることを考えてきた。この語りの起源を比定することが困難であることは十分承知している。全世界に分布し、白鳥を始祖として頂く種族の存在は大きい。民族の大陸移動と、深く関わるほどの語り物である。

しかし、高い確度で推測すれば、ホンゴドル族の白鳥伝説は北欧の『カレワラ』の世界観やケルトの心情と共振し、水（海）辺に求める処女（嫁）の思惟は水が時間を止める若返りの世界に属し、女性を水界・生命誕生の表象とするものであることを示して、北緯五〇度辺の大陸を帯状に横断する各所で共通する思惟であったことが考えられた。しかも、この一帯は白鳥の渡りが繰り返され、そのつど白鳥が滞在する場所である。白鳥が繁殖する故郷でも、冬の間滞在する低緯度の渡りの場所でもない。厳しく人を支配する絶対的な自然の中ではぐくまれた語り物である。ここでは人の行動が動物によって導かれる世界観があり、白鳥をトーテムや規範として受け止めていたホンゴドルのような種族が存在した。人の生存の持続を白鳥の行動規範から導く思考があった。

一方、白鳥が渡った低緯度の滞在地では、人のはぐくんだ技術が人を支配する絶対的な自然を和らげた。麻や絹の織物が白鳥の羽毛に取って代わられる世界観が醸成され、飛天や天女が白鳥の役割を代行した。水界・生命誕生の表象は水辺の処女（嫁）となり、衣は飛翔の道具となった。

このような思惟の転換は中国文明との接触で顕著に生起した。中国がはぐくんだ絹と天上織女の文化が、ホンゴドル族の白鳥伝説にかぶさり、ジェムズチェグ村の「白鳥女房」が出来上がってきた過程を捉えることができる。第Ⅱ・Ⅲ部で論じたところである。

地中海世界や西欧の白鳥処女説話はホンゴドル族の白鳥伝説と体を覆う布の力を強調した語りとして広がり、絹の伝承がないことから、東西交渉による白鳥処女説話の中国から西欧への伝播は時代的に遅れたものと推測した。むしろ大陸の西側へは、シベリアから直接南下していく筋道の方が考えられる。水（海）辺に求める処女の説話は、紀元前、人類の悠久の移動の中で伝えられていった語りであったと、推し量っている。

シベリアから西欧への移動は白鳥の渡りと同じ道を辿る。白鳥トーテムはキリスト教界に巧みに取り込まれる。地中海世界ではギリシャ神話ゼウスの白鳥のように、水辺の婚姻が語られる。そして、水（海）辺に求めた処女が嫁になる語りは変容を遂げる。つまり、水辺で行われたのは神との婚姻である。洗礼の嚆矢であるバプテスマのヨハネや水を注いでキリストから受ける洗礼となり、神と永遠につながる婚姻が、バプテスマの真の意味づけとされるようになっていく。キリスト教界では白鳥処女説話の精神性を、洗礼式として位置づけたことが考えられるのである。天が開くときに現れる白い鳩や黙示録の鳥は天との交渉を担う。白鳥処女説話は天使とつながる。

そして、インドや中国への白鳥の渡りは飛天や天女といった天の女性の発見につながった。天の女性の発見は人類史にとって画期となる。シベリアの白鳥トーテムに母性が内包されていて、白鳥が渡った各地で女性に対する神性が強調されて天を母なる浄土とする思惟がはぐくまれたのである。

地中海世界や西欧の天国と大陸東側のインドから中国を経てシベリアに到る東洋の浄土を統《す》べる神が、それぞれ父と母に分かたれたのは、当然の流れであったと考えられる。

キリスト教界の父なる厳格な神と仏教界の観音に表される母性の対称は白鳥が渡ったそれぞれの地で営まれていた共同の現実も取り込まれていた結果であったろう。

白鳥処女説話を追究する過程で、この説話の広く現代社会にも通じる隠喩が浮かび上がってきた。一つに婚姻に関することであり、また一つに渡りの意義がある。

水（海）辺に求める処女（嫁）の主題は、嫁となる女性が、天であったり海の彼方であったりするように、婿とは全く違う外界から訪れることがあげられる。白鳥処女をトーテムとすることは、白鳥の所属していた世界を婚姻によって家族に持ち込むことを意味し、価値の変換を惹起するのである。外婚によって自らが所属する集団は価値観の変容を導くが、それは外部から来る嫁（白鳥処女）がもたらす、とする思惟がこの説話によって確立していたと考えられる。また、近親婚を避けるトーテミズムの本旨とも合致する。

中国では絹と嫁が結びついていた。ペルシャでは鉄と嫁が、日本でも機織りと嫁が不可分の関係にあった。シベリア白鳥族の白鳥伝説は、もっと根元的である。家族の幸せという至上の幸福をもたらした。天から舞い下りてくる白鳥処女が男と家庭を持って地上に幸福を届ける。不運続きの主人公が白鳥処女を嫁にすることで幸せになる。この主題こそが婚姻の喜びを表現する。白鳥の夫婦愛・家族愛は人の規範となっていたのである。

婚姻の時期をめぐる人の文化も白鳥処女説話の隠喩となっている。

処女が衣を脱いで水浴びをするのは夏のはじめである。自然界では多くの動物が春に繁殖期を迎える。人も本来は春が繁殖期であったろう。生物としての人間の性に対する目覚めは春である。人生にも思春期という言葉があるように、春の位置づけは婚姻を導く。

白鳥飛来地での白鳥も春の帰北前になると雌の白鳥を追う雄の姿が目立つようになる。ハッピーリングが出来上がるのもこの頃である。つがいが成立すれば、シベリアの故郷での婚姻と繁殖が行われる。三月中旬に飛来地での生活を終え、日本本土をたった白鳥はゆっくり北上して四月下旬には北海道クッチャロ湖に達している。餌を採りながらまたひと月近くかけて五月一六から二一日頃、チュコト半島のチャウン湾に飛来する。ここで早いものは一〇から一六日で巣を改修し、つがいが産卵を始める。六月上旬から中旬はつがいとならない個体も大量に飛来する時期で、最初のつがいより二週間も遅れて産卵行動に入るものもいるという。この地で子孫を残した白鳥の家族は九月下旬に故郷のチャウン湾を一斉に渡去する。典型的な渡りの型である。

渡りにかかる時間は帰北で一か月半ある。故郷のシベリアに渡るこの間も、漂泊の旅の生活が続いていることを斟酌する必要がある。それぞれの滞留地につがいや家族で渡って行く白鳥は、これを眺めている人たちに、家族やつがいの紐帯を強く意識させたことが考えられる。「六月の花嫁」は、各地での白鳥の飛来と必ずしも重なるものではないが、繁殖行動の始まっている白鳥の姿と重なっていたことは考えられる。シベリアのイルクーック市で、七月の結婚ラッシュに遭遇したことは記したが、純白のバージンドレスに身を包んだ花嫁の街を歩く姿は瞬間的に白鳥を連想させた。

このように、白鳥の渡りは人に人生を想起させて意義深い。

人が営む漂泊の生活は、動物の行動が規範となっていることが多々ある。渡りと人の漂泊を対比すれば、子孫を残す場所に家を造り、家族で暮らす定住の場所こそが故郷と呼ぶにふさわしい。ブリヤートの人々は中央シベリアで牛や羊、馬を飼い、草を求めて大陸を移動していた遊牧の民である。春、白鳥の飛来をみながら北の草場に移動し、秋の白鳥の南への渡りを眺めながら、家畜を南に移動させる生活を繰り返してきた。現在は国の政策で定住生活に移行したが、広大な森林ステップ地帯の各所を広げて餌場の確保が行われている。食糧を家畜に依存する彼らにとって、家畜の行動は何らかの意味を示すものとして了解されている。動物とともに生きるのは、人が彼らからの行動規範を受け取ることである。

季節の到来と移動の時期を伝える白鳥が、家畜などの動物に依存して生きる人たちの行動を導くのは当たり前のことなのである。

白鳥処女説話は、人とのつながりがそれほど深くない白鳥という天の動物から、人が学んだ規範の集積であった。白鳥とのつながりが深く確立したのは、大陸で牛や馬、羊などの動物に依存して生きてきた人々との間であり、白鳥の渡りの姿が人の行動の規範を導き、動物との昵懇《じっこん》な関係を持続させるのに役だった。そうしなければ漂泊の生活で生存の持続を遂行することができなかったからである。飛来する白鳥が嫁となる水（海）辺に求める処女（嫁）の教えは、婚姻の在り方を人に伝えた。外婚によって人が得る幸せは自らの所属する集団に価値の転換を迫るものであっても、これを超える意義があることを示した。

白鳥処女説話は人類が語り伝えてきた創世神話の一つとしてあったとの考えに行き着いている。そのことは、ブリヤートの始祖が白鳥の嫁であったというトーテミズムの語りを基底に据えることでも明らかとなる。トーテミズムは自らの出自を始祖としての動植物などの自然界に求める意識の集積である。特定の動物の規範が、特定の人々の行動規範として受け入れられていく筋道があった。白鳥の渡りや行動に沿って、自らの民族の行動様式とした人々の群れがあったと考えられるのである。中央シベリアのアラルスキー・ホンゴドルは白鳥の子孫として存在していく。規範である白鳥という動物が親なのであるから。そして、その動物から地に満ちた子孫は、親の故郷である天に戻るという意識はなかった。白鳥の白旗の元に集うホンゴドル族が大陸を駆け回った姿が想像できた。

ところが、白鳥を出自としなくても生活が成り立つ人々は、トーテミズムの規範に頼らなくてもよかった。特にシベリアから南に渡った地、冬に白鳥が生活する飛来地では、白鳥に規範を求める必要のない人たちが多くいた。中国やインドでは白鳥に規範を求めなくても、別の規範が充満していた。このような場所ではトーテミズムに頼る窮屈な規範は必要ない。白鳥と人が相互に入れ替わる相対的互換性で十分心の支えはできた。こうなると、白鳥は民族の始祖でも何でもないものとなり、ただの語りの動物として存在することになる。トーテミズムを奉じていた民とは全く違う発想である。白鳥処女説話の語りの中に、白鳥が仔どもを連れて天に帰るという筋道が作られる。トーテミズムの白鳥は、民族の始祖として子供を地に広めた。たとえ本人が天に戻っていく際にも子孫は地上に残した。ところが、トーテミズムの規範を好まない人々は、子孫を連れて天に戻るという語りを創造した。人と動物が容易に交換する相対的互換性は大陸に広く貼りついた思惟であったとも考えられる。そのことが、中国などでの膨大な白鳥処女説話の誕生につながり、多くの語りが楽しまれるほどに変節を遂げた。

外婚による違う世界の嫁の受け入れは、自らの帰属集団内から嫁を迎える内婚よりも、優れていることを語っていることは改めて検討したい。帰属集団は同一のトーテムを奉じることに熱心でなければならないのに、これを壊すような心理的背景を受け入れて生活していく必要があることを周知化したのが白鳥処女説話であったと考えられるのである。つまり、シベリアの白鳥伝説には自らの集団にある精神的支柱を破壊する設定が語りの中に内包されていたと考えられる。このことが、全世界に広がった白鳥処女説話の変節を導き、各地でさまざまな語りが誕生して残されていく契機となったと考えられるのである。

白鳥処女説話は、白鳥の行動に規範を求めた人たちによって創られ、その教えを受け入れた各地域で多くの要素がつけ足されて広がっていった。動物を始祖とする語りに、外婚による交渉の重要性を説いて、世界標準へと昇華していった。

人の世には神話が備えられているが、動物を人の始祖とする文学も備えられていた。トーテミズムの語りは不可逆的に天から地への恵みである。動物と人が簡単に入れ替われるとする考えは天と地を簡単に往き来できるとする思考を孕んでいた。動物と人の入れ替わりは、神話以上に豊かな要素を孕んだ物語である。

むしろ、神話は動物を人の始祖とする文学から誕生した一つの枝分かれだったのではないかとする思考に行き着く。

人と動物が簡単に入れ替わることができる相対的互換性から、特定の動物に規範を求める動きに転じた人たちがトーテミズムを奉じ、多くの規範を始祖としての動物に求めて禁忌として確立していく。この規範を創造する動きに乗じたのが原始宗教や神話であったとする考え方もできるのである。

この動きは進化論的に一方向に進んだとは断言できない。相対的互換性を持たないで、いきなりトーテミズムの規範を求める人の群れもいただろうし、トーテミズムを奉じないで歴史を繰り返してきた人たちもいるだろう。

そこで、もう一度、白鳥処女説話を反芻する。

動物に求める規範とは、人の容喙を許さぬ厳しい絶対的な自然の中で生存の持続を考える人に、多くの教示を与えた動物がいたことを一義的に思量している。極東ハバロフスク州の紋章はアジアクロクマである。この地の多くの少数民族は熊をトーテムの動物として奉じてきた。厳しいシベリアの自然の中で、穴にこもって冬を越え、春に出てくる再生の姿や、森で甘い蜂蜜を探す能力の高さ、虎とも対等に渡り合う智恵の高さなどが人に規範を与えたことが考えられる。

イルクーツク州の紋章には獲物をくわえた川獺《かわうそ》とされる動物が描かれている。湖沼の多い森林地帯で食べ物を探して確実に確保する動物の特性が人の持続的生存に投影されたことを確認している。

動物から学ぶ北方文化の位置づけは中国東北部でも顕著なものがあり、北の厳しい自然の中で生きてきた人々に共通する。虎、熊、山猫、川獺、貂《てん》、狼、鼬《いたち》など、厳しい自然の中で、確実な生存の持続がなされている野生動物にはトーテミズムの栄誉が与えられてきた。

白鳥は季節を導き、外婚によって家族を誕生させ、家族の幸せを示威する動物として、シベリアの白鳥族がトーテムとしてきたことを論じてきた。白鳥の行動に自らの規範を求めた古人たちが白鳥処女説話を創り、生存を持続させるための漂泊の旅路を支えた。白鳥の来訪を毎年心待ちにしている人々は、自らの行動を白鳥の行動規範に求める刷り込みを受けていたのである。

大陸での漂泊は悠久の時間に沿ってなされ、自らの出自を白鳥にたのむブリヤートの所属連帯感が白鳥トーテムを持続させてきたのであろう。

白鳥の研究は人が生存の持続を学ぶ神話以前の文学を追究するものであるとの考えに達している。

あとがき

厳しい冬を過ごした。雪に閉ざされて過ごしたのは何年ぶりだろう。天気予報がバイカル湖周辺から南下するマイナス五〇度の寒気団を報じるたびに、この地に暮らすブリヤートのアリャティ村の人たちを想った。どうしているだろう。

越後の白鳥飛来地はどこもシベリアから来た白鳥で満たされた。アリャティ村に立ち寄る白鳥を想像しながら、雪だるまのように身をこごめた白鳥の姿を記録した。

昨夏、震災後の日本から出かけていった私に「大丈夫か、お前たちは」と、日本の人々を案じてくれていた方々である。「産まれてから五〇年、この村から出たことがない」と語っていた人たちが、自分の故郷を契約の地と定め、ここで生き、ここで生を閉じていく。その地に、ブリヤートの人たちの生き方を学ぶために日本からの迷える小羊が迷い込んだ。アリャティ村の人たちは小羊を屠り、遠来の客を迎え入れてくれた。

容喙を許さぬ絶対的な自然の中で、与えられた生を全うする方法には、動物を伴侶として生きていく必要があることを学んだ。そして、各自が生を持続的に全うするために、仕事を細分化、分業化しないで、できる限り持続的生存の目的に添って、統合して食を得ていくことの大切さを感得してきた。震災後の私たちが目的とする生存の持続は、与えられたそれぞれの地で、今まで細分化されていた仕事を統合的に見直し、故郷を作り直していくことであることを確信した。

アリャティ村の舟造りでは、各家の大人が三々五々集って、各自のできる仕事をこなしていた。一〇人もの大人が、それぞれ道具を手にして、一艘の舟を造っていく。疲れると、周りにいる人たちに交替する。出来上がった舟は湖沼でカラシーと呼ばれる鮒捕りに使われる。樹齢一二〇年のシベリア松は、村人の必要度に応じて順番に手に届くようになっており、舟造りは専業の船大工ではなく、各家の大人が手の空いた時に出かけていって手伝う。舟造りを観ている子供たちも、ここで教育されて、次の担い手となっている。

労働にはこのような形態もあるのだ。日本のように、一人一人に仕事が細分化されて、それぞれが力を発揮しなければ全体がうまく立ち行かないような形態とは異なる。村人一人一人のための舟造りであっても、皆で作り、若い作り手はそこで教育を受けて次の仕事の担い手となる。

舟造りの間にカラシーが大量に水揚げされた。今度は、各家から肉づきの良いご婦人方が入れ物を持って魚を取りに来た。一部はここで仕事をしている父親に食べさせるために料理している。そして、皆で食べている。

村人が皆、生き続けられるように社会が動く。

経済の持続的成長という課題は、持続的生存という基盤の上にある。自分たちに足りないものがあれば、外から持ってくることで成長路線を図ればよいとする論理は、獲られる側を無視する論理で、生存の持続性を目指す社会の流れに逆行する。

シベリア高地の広大な森林ステップ地帯に暮らすブリヤートの人々の教えは、生き続けるために周りの自然にとことん従うことである。そして、自然が人を養う許容量を見極め、足らなければ足りているところから手に入れ、人の力ではどうにもならないことには、動物の力を借りて生存の持続を図ることであった。あくまでも、絶対的な自然の枠を斟酌しているのである。

そして、動物は人の良き伴侶であり、人の行動の規範ともなった。動物の行動が人の行動の規範となる社会では、自然界の動物の動きに人の目が注がれる。

私を村で受け入れるために、小羊の供犠が行われた儀礼の場で、女性シャーマンが語り始めた「アリャティ村の白鳥伝説」は身震いするほど私の心を高揚させた。供犠の小羊も、村の泉に降《くだ》る白鳥も、彼らの規範であることに気づいたのである。小羊は贖《あがな》いという裁可のために人の規範となり、白鳥は種族の持続的繁栄のための規範であった。

世界に広く語り継がれてきた白鳥処女説話は、それぞれの地でながく語り続けられるように変化を遂げていくが、一般的に、生活と結びつきながら人の規範となっていくほどのつながりを持つことは稀である。

だから、人の行動の規範となる白鳥伝説が語られてきたシベリアの大地は、白鳥処女説話の故郷であると推し量っているのである。

文化史を紡ぐ作業も、従来型研究のように、分野ごとに細分化するのではなく、研究を統合する営みであることに気づいた。一つの主題に沿って、細分化されていた研究分野の実績を統合しているのである。この方法で白鳥をまとめてくることで、「統合された知」を私は考えるようになった。大震災と原発事故を経た現在の日本に必要な学とは、文化史を起点にすべきであるということである。いたずらに専門化し先鋭化された学では、社会に受け入れられない。手の届かない学ほど丁寧に社会に説明して存在の裁可を願う試みが必要である。文化を紡ぐとはそういうことであろう。だから、文化史を紡ぐには、人の生の持続という社会的目的を設定したいのである。

ものと人間の文化史を紡いできた編集の方々には深く感謝している。秋田公士さん、奥田のぞみさんの御厚情で『白鳥』を加えていただくことができた。知の山脈であるこのシリーズは、日本の学の起点である。新しい知を生み出す基底にこのシリーズがある。

このような考えを反芻していた二〇一二年六月一二日朝、ラジオから詩人の荒川洋治氏が座右の書と、〈ものと人間の文化史〉について語りかけていた。全国の大学出版でも特筆すべきシリーズとして絶賛しておられた。特に、大学の先生ばかりではなく市井《しせい》の研究者を巻き込んで、一つの主題を掘り下げる姿勢を強調しておられた。この言葉の数々で心温まり、心弾む一日が始まった。ちょうどこの文章を書いている時だったからなおさらである。

私はこのシリーズに上梓できるような研究をすべく、それを目標としてきた。多くの方々の心温まる指導を得ながら『白鳥』に辿り着いた。

白鳥の研究に取り憑かれたのは、日本白鳥の会の設立総会で次のような天啓の言葉に接したことに一因がある。

白鳥の来るような田舎の淋しい水辺に住むわれわれが、案外、日本の運命と、かかわりがふかいものだともかんじております。……貧しきわれわれこそが、いつまでも日本の人々の心に残るエトランゼ・白鳥の詩をつくろうではありませんか。（家田三郎）

全国には恵まれない環境で身を削るような研究生活を送っている人たちが数多くいることを忘れることはできない。このシリーズに上梓することを目標の一つに努力している人も数多くいることを知っている。貧しきわれわれに輻輳する言霊である。

赤羽正春

著者略歴

赤羽正春（あかば　まさはる）

1952年長野県に生まれる．明治大学卒業，明治学院大学大学院修了．文学博士（新潟大学）．

著書：ものと人間の文化史 103『採集――ブナ林の恵み』，同 133『鮭・鱒』Ⅰ・Ⅱ，同 144『熊』，『樹海の民――舟・熊・鮭と生存のミニマム』（以上，法政大学出版局）．
『日本海漁業と漁船の系譜』（慶友社）．
『越後荒川をめぐる民俗誌』（アペックス）．

編著：『ブナ林の民俗』（高志書院）．

ものと人間の文化史　161・白鳥

2012 年 9 月20日　初版第 1 刷発行

発行所 財団法人 法政大学出版局

〒102-0073 東京都千代田区九段北3-2-7

電話03(5214)5540 振替00160-6-95814

組版：秋田印刷工房　印刷：平文社　製本：誠製本

ISBN978-4-588-21611-4

Printed in Japan

12 絵馬　岩井宏實

古くは祭礼における神への献馬にはじまり、民間信仰と絵画のみごとな結晶として民衆の手で描かれ祀り伝えられてきた各地の絵馬を豊富な写真と史料によってたどる。四六判３０２頁 '74

13 機械　吉田光邦

畜力・水力・風力などの自然のエネルギーを利用し、幾多の改良を経て形成された初期の機械の歩みを検証し、日本文化の形成における科学・技術の役割を再検討する。四六判２４２頁 '74

14 狩猟伝承　千葉徳爾

狩猟には古来、感謝と慰霊の祭祀がともない、人獣交渉の豊かで意味深い歴史があった。狩猟用具、巻物、儀式具、またけものたちの生態を通して語る狩猟文化の世界。四六判３４６頁 '75

15 石垣　田淵実夫

採石から運搬、加工、石積みに至るまで、石垣の造成をめぐって積み重ねられてきた石工たちの苦闘の足跡を掘り起こし、その独自な技術の形成過程と伝承を集成する。四六判２２４頁 '75

16 松　高嶋雄三郎

日本人の精神史に深く根をおろした松の伝承に光を当て、食用、薬用等の実用の松、祭祀・観賞用の松、さらに文学・芸能・美術に表現された松のシンボリズムを説く。四六判３４２頁 '75

17 釣針　直良信夫

人と魚との出会いから現在に至るまで、釣針がたどった一万有余年の変遷を、世界各地の遺跡出土物を通して実証しつつ、漁撈によって生きた人々の生活と文化を探る。四六判２７８頁 '76

18 鋸　吉川金次

鋸鍛冶の家に生まれ、鋸の研究を生涯の課題とする著者が、出土遺品や文献・絵画により各時代の鋸を復元・実験し、庶民の手仕事にみられる驚くべき合理性を実証する。四六判３６０頁 '76

19 農具　飯沼二郎／堀尾尚志

鍬と犂の交代・進化の歩みとして発達したわが国農耕文化の発展経過を世界史的視野において再検討しつつ、無名の農民たちによる驚くべき創意のかずかずを記録する。四六判２２０頁 '76

20 包み　額田巖

結びとともに文化の起源にかかわる〈包み〉の系譜を人類史的視野において捉え、衣・食・住をはじめ社会・経済史、信仰、祭事などにおけるその実際と役割とを描く。四六判３５４頁 '77

21 蓮　阪本祐二

仏教における蓮の象徴的位置の成立と深化、美術・文芸等に見る人間とのかかわりを歴史的に考察。また大賀蓮はじめ多様な品種とその来歴を紹介しつつその美を語る。四六判３０６頁 '77

22 ものさし　小泉袈裟勝

ものをつくる人間にとって最も基本的な道具であり、数千年にわたって社会生活を律してきたその変遷を実証的に追求し、歴史の中で果たしてきた役割を浮彫りにする。四六判３１４頁 '77

23-I 将棋I　増川宏一

その起源を古代インドに、我国への伝播の道すじを海のシルクロードに探り、また伝来後一千年におよぶ日本将棋の変化と発展を盤、駒、ルール等にわたって跡づける。四六判２８０頁 '77

23-Ⅱ 将棋Ⅱ 増川宏一

わが国伝来後の普及と変遷を貴族や武家・豪商の日記等に博捜し、遊戯者の歴史をあとづけると共に、中国伝来説の誤りを正し、将棋宗家の位置と役割を明らかにする。四六判346頁 '85

24 湿原祭祀 第2版 金井典美

古代日本の自然環境に着目し、各地の湿原聖地を稲作社会との関連において捉え直して古代国家成立の背景を浮彫にしつつ、水と植物にまつわる日本人の宇宙観を探る。四六判410頁 '77

25 臼 三輪茂雄

臼が人類の生活文化の中で果たしてきた役割を、各地に遺る貴重な民俗資料・伝承と実地調査にもとづいて解明。失われゆく道具のなかに、未来の生活文化の姿を探る。四六判412頁 '78

26 河原巻物 盛田嘉徳

中世末期以来の被差別部落民が生きる権利を守るために偽作し護り伝えてきた河原巻物を全国にわたって踏査し、そこに秘められた最底辺の人びとの叫びに耳を傾ける。四六判226頁 '78

27 香料 日本のにおい 山田憲太郎

焼香供養の香から趣味としての薫物へ、さらに沈香木を焚く香道へと変遷した日本の「匂い」の歴史を豊富な史料に基づいて辿り、我国風俗史の知られざる側面を描く。四六判370頁 '78

28 神像 神々の心と形 景山春樹

神仏習合によって変貌しつつも、常にその原型＝自然を保持してきた日本の神々の造型を図像学的方法によって捉え直し、その多彩な形象に日本人の精神構造をさぐる。四六判342頁 '78

29 盤上遊戯 増川宏一

祭具・占具としての発生を『死者の書』をはじめとする古代の文献にさぐり、形状・遊戯法を分類しつつその〈進化〉の過程を考察。〈遊戯者たちの歴史〉をも跡づける。四六判326頁 '78

30 筆 田淵実夫

筆の里・熊野に筆づくりの現場を訪ねて、筆匠たちの境涯と製筆の由来を克明に記録しつつ、筆の発生と変遷、種類、製筆法、さらには筆塚、筆供養にまで説きおよぶ。四六判204頁 '78

31 ろくろ 橋本鉄男

日本の山野を漂移しつづけ、高度の技術文化と幾多の伝説とをもたらした特異な旅職集団＝木地屋の生態を、その呼称、地名、伝承、文書等をもとに生き生きと描く。四六判460頁 '79

32 蛇 吉野裕子

日本古代信仰の根幹をなす蛇巫をめぐって、祭事におけるさまざまな蛇の「もどき」や各種の蛇の造型・伝承に鋭い考証を加え、忘れられたその呪性を大胆に暴き出す。四六判250頁 '79

33 鋏（はさみ） 岡本誠之

梃子の原理の発見から鋏の誕生に至る過程を推理し、日本鋏の特異な歴史的位置を明らかにするとともに、刀鍛冶等から転進した鋏職人たちの創意と苦闘の跡をたどる。四六判396頁 '79

34 猿 廣瀬鎮

嫌悪と愛玩、軽蔑と畏敬の交錯する日本人とサルとの関わりあいの歴史を、狩猟伝承や祭祀・風習、美術・工芸や芸能のなかに探り、日本人の動物観を浮彫りにする。四六判292頁 '79

35 **鮫** 矢野憲一

神話の時代から今日まで、津々浦々につたわるサメの伝承とサメをめぐる海の民俗を集成し、神饌、食用、薬用等に活用されてきたサメと人間のかかわりの変遷を描く。四六判２９２頁 '79

36 **枡** 小泉袈裟勝

米の経済の枢要をなす器として千年余にわたり日本人の生活の中に生きてきた枡の変遷をたどり、記録・伝承をもとにこの独特な計量器が果たした役割を再検討する。四六判３２２頁 '80

37 **経木** 田中信清

食品の包装材料として近年まで身近に存在した経木の起源を、こけら経や塔婆、木簡、屋根板等に遡って明らかにし、その製造・流通に携った人々の労苦の足跡を辿る。四六判２８８頁 '80

38 **色** 染と色彩 前田雨城

わが国古代の染色技術の復元と文献解読をもとに日本色彩史を体系づけ、赤・白・青・黒等におけるわが国独自の色彩感覚を探りつつ日本文化における色の構造を解明。四六判３２０頁 '80

39 **狐** 陰陽五行と稲荷信仰 吉野裕子

その伝承と文献を渉猟しつつ、中国古代哲学＝陰陽五行の原理の応用という独自の視点から、謎とされてきた稲荷信仰と狐との密接な結びつきを明快に解き明かす。四六判２３２頁 '80

40-Ⅰ **賭博Ⅰ** 増川宏一

時代、地域、階層を超えて連綿と行なわれてきた賭博。——その起源を古代の神判、スポーツ、遊戯等の中に探り、抑圧と許容の歴史を物語る。全Ⅲ分冊の〈総説篇〉。四六判２９８頁 '80

40-Ⅱ **賭博Ⅱ** 増川宏一

古代インド文学の世界からラスベガスまで、賭博の形態・用具・方法の時代的特質を明らかにし、夥しい禁令に賭博の不滅のエネルギーを見る。全Ⅲ分冊の〈外国篇〉。四六判４５６頁 '82

40-Ⅲ **賭博Ⅲ** 増川宏一

聞香、闘茶、笠附等、わが国独特の賭博を中心にその具体例を網羅し、方法の変遷に賭博の時代性を探りつつ禁令の改廃に時代の賭博観を追う。全Ⅲ分冊の〈日本篇〉。四六判３８８頁 '83

41-Ⅰ **地方仏Ⅰ** むしゃこうじ・みのる

古代から中世にかけて全国各地で作られた無銘の仏像を訪ね、素朴で多様なノミの跡に民衆の祈りと地域の願望を探る。宗教の伝播、文化の創造を考える異色の紀行。四六判２５６頁 '80

41-Ⅱ **地方仏Ⅱ** むしゃこうじ・みのる

紀州や飛騨を中心に草の根の仏たちを訪ねて、その相好と像容の魅力を探り、技法を比較考証して仏像彫刻史に位置づけつつ、中世地域社会の形成と信仰の実態に迫る。四六判２６０頁 '97

42 **南部絵暦** 岡田芳朗

田山・盛岡地方で「盲暦」として古くから親しまれてきた独得の絵解き暦を詳しく紹介しつつその全体像を復元する。その無類の生活暦は、南部農民の哀歓をつたえる。四六判２８８頁 '80

43 **野菜** 在来品種の系譜 青葉高

蕪、大根、茄子等の日本在来野菜をめぐって、その渡来・伝播経路、品種分布と栽培のいきさつを各地の伝承や古記録をもとに辿り、畑作文化の源流とその風土を描く。四六判３６８頁 '81

44 つぶて　中沢厚

弥生投弾、古代・中世の石戦と印地の様相、投石具の発達を展望しつつ、願かけの小石、正月つぶて、石こづみ等の習俗を辿り、石塊に託した民衆の願いや怒りを探る。四六判３３８頁 '81

45 壁　山田幸一

弥生時代から明治期に至るわが国の壁の変遷を壁塗＝左官工事の側面から辿り直し、その技術的復元・考証を通じて建築史・文化史における壁の役割を浮き彫りにする。四六判２９６頁 '81

46 簞笥（たんす）　小泉和子

近世における簞笥の出現＝箱から抽斗への転換に着目し、以降近現代に至るその変遷を社会・経済・技術の側面からあとづける。著者自身による簞笥製作の記録を付す。四六判３７８頁 '82

47 木の実　松山利夫

山村の重要な食糧資源であった木の実をめぐる各地の記録・伝承を集成し、その採集・加工における幾多の試みを実地に検証しつつ、稲作農耕以前の食生活文化を復元。四六判３８４頁 '82

48 秤（はかり）　小泉袈裟勝

秤の起源を東西に探るとともに、わが国律令制下における中国制度の導入、近世商品経済の発展に伴う秤座の出現、明治期近代化政策による洋式秤受容等の経緯を描く。四六判３２６頁 '82

49 鶏（にわとり）　山口健児

神話・伝説をはじめ遠い歴史の中の鶏を古今東西の伝承・文献に探り、特に我国の信仰・絵画・文学等に遺された鶏の足跡を追って、鶏をめぐる民俗の記憶を蘇らせる。四六判３４６頁 '83

50 燈用植物　深津正

人類が燈火を得るために用いてきた多種多様な植物との出会いと個々の植物の来歴、特性及びはたらきを詳しく検証しつつ「あかり」の原点を問いなおす異色の植物誌。四六判４４２頁 '83

51 斧・鑿・鉋（おの・のみ・かんな）　吉川金次

古墳出土品や文献・絵画をもとに、古代から現代までの斧・鑿・鉋を復元・実験し、労働体験によって生まれた民衆の知恵と道具の変遷を蘇らせる異色の日本木工具史。四六判３０４頁 '84

52 垣根　額田巌

大和・山辺の道に神々と垣との関わりを探り、各地に垣の伝承を訪ねて、寺院の垣、民家の垣、露地の垣など、風土と生活に培われた生垣の独特のはたらきと美を描く。四六判２３４頁 '84

53-Ⅰ 森林Ⅰ　四手井綱英

森林生態学の立場から、森林のなりたちとその生活史を辿りつつ、産業の発展と消費社会の拡大により刻々と変貌する森林の現状を語り、未来への再生のみちをさぐる。四六判３０６頁 '85

53-Ⅱ 森林Ⅱ　四手井綱英

森林と人間との多様なかかわりを包括的に語り、人と自然が共生するための森や里山をいかにして創出するか、森林再生への具体的な方策を提示する21世紀への提言。四六判３０８頁 '98

53-Ⅲ 森林Ⅲ　四手井綱英

地球規模で進行しつつある森林破壊の現状を実地に踏査し、森と人が共存する日本人の伝統的自然観を未来へ伝えるために、いま何が必要なのかを具体的に提言する。四六判３０４頁 '00

54 **海老**（えび） 酒向昇

人類との出会いからエビの科学、漁法、さらには調理法を語り、めでたい姿態と色彩にまつわる多彩なエビの民俗を、地名や人名、詩歌・文学、絵画や芸能の中に探る。四六判４２８頁 '85

55-Ⅰ **藁**（わら）Ⅰ 宮崎清

稲作農耕とともに二千年余の歴史をもち、日本人の全生活領域に生きてきた藁の文化を日本文化の原型として捉え、風土に根ざしたそのゆたかな遺産を詳細に検討する。四六判４００頁 '85

55-Ⅱ **藁**（わら）Ⅱ 宮崎清

床・畳から壁・屋根にいたる住居における藁の製作・使用のメカニズムを明らかにし、日本人の生活空間における藁の役割を見なおすとともに、藁の文化の復権を説く。四六判４００頁 '85

56 **鮎** 松井魁

清楚な姿態と独特な味覚によって、日本人の目と舌を魅了しつづけてきたアユ——その形態と分布、生態、漁法等を詳述し、古今のアユ料理や文芸にみるアユにおよぶ。四六判２９６頁 '86

57 **ひも** 額田巌

物と物、人と物とを結びつける不思議な力を秘めた「ひも」の謎を追って、民俗学的視点から多角的なアプローチを試みる。『結び』、『包み』につづく三部作の完結篇。四六判２５０頁 '86

58 **石垣普請** 北垣聰一郎

近世石垣の技術者集団「穴太」の足跡を辿り、各地城郭の石垣遺構の実地調査と資料・文献をもとに石垣普請の歴史的系譜を復元しつつ石工たちの技術伝承を集成する。四六判４３８頁 '87

59 **碁** 増川宏一

その起源を古代の盤上遊戯に探ると共に、定着以来二千年の歴史を時代の状況や遊び手の社会環境との関わりにおいて跡づける。逸話や伝説を排して綴る初の囲碁全史。四六判３６６頁 '87

60 **日和山**（ひよりやま） 南波松太郎

千石船の時代、航海の安全のために観天望気した日和山——多くは忘れられ、あるいは失われた船舶・航海史の貴重な遺跡を追って、全国津々浦々におよんだ調査紀行。四六判３８２頁 '88

61 **篩**（ふるい） 三輪茂雄

臼とともに人類の生産活動に不可欠な道具であった篩、箕（み）、笊（ざる）の多彩な変遷を豊富な図解入りでたどり、現代技術の先端に再生するまでの歩みをえがく。四六判３３４頁 '89

62 **鮑**（あわび） 矢野憲一

縄文時代以来、貝肉の美味と貝殻の美しさによって日本人を魅了し続けてきたアワビ——その生態と養殖、神饌としての歴史、漁法、螺鈿の技法からアワビ料理に及ぶ。四六判３４４頁 '89

63 **絵師** むしゃこうじ・みのる

日本古代の渡来画工から江戸前期の菱川師宣まで、時代の代表的絵師の列伝で辿る絵画制作の文化史。前近代社会における絵画の意味や芸術創造の社会的条件を考える。四六判２３０頁 '90

64 **蛙**（かえる） 碓井益雄

動物学の立場からその特異な生態を描き出すとともに、和漢洋の文献資料を駆使して故事・習俗・神事・民話・文芸・美術工芸にわたる蛙の多彩な活躍ぶりを活写する。四六判３８２頁 '89

65-Ⅰ 藍（あい）Ⅰ 風土が生んだ色　竹内淳子

全国各地の〈藍の里〉を訪ねて、藍栽培から染色・加工のすべてにわたり、藍とともに生きた人々の伝承を克明に描き、風土と人間が生んだ〈日本の色〉の秘密を探る。四六判４１６頁　'91

65-Ⅱ 藍（あい）Ⅱ 暮らしが育てた色　竹内淳子

日本の風土に生まれ、伝統に育てられた藍が、今なお暮らしの中で生き生きと活躍しているさまを、手わざに生きる人々との出会いを通じて描く。藍の里紀行の続篇。四六判４０６頁　'99

66 橋　小山田了三

丸木橋・舟橋・吊橋から板橋・アーチ型石橋まで、人々に親しまれてきた各地の橋を訪ねて、その来歴と築橋の技術伝承を辿り、土木文化の伝播・交流の足跡をえがく。四六判３１２頁　'91

67 箱　宮内悊

日本の伝統的な箱（櫃）と西欧のチェストを比較文化史の視点から考察し、居住・収納・運搬・装飾の各分野における箱の重要な役割とその多彩な文化を浮彫りにする。四六判３９０頁　'91

68-Ⅰ 絹Ⅰ　伊藤智夫

養蚕の起源を神話や説話に探り、伝来の時期とルートを跡づけ、記紀・万葉の時代から近世に至るまで、それぞれの時代・社会・階層が生み出した絹の文化を描き出す。四六判３０４頁　'92

68-Ⅱ 絹Ⅱ　伊藤智夫

生糸と絹織物の生産と輸出が、わが国の近代化にはたした役割を描くと共に、養蚕の道具、信仰や庶民生活にわたる養蚕と絹の民俗、さらには蚕の種類と生態におよぶ。四六判２９４頁　'92

69 鯛（たい）　鈴木克美

古来「魚の王」とされてきた鯛をめぐって、その生態・味覚から漁法、祭り、工芸、文芸にわたる多彩な伝承文化を語りつつ、鯛と日本人とのかかわりの原点をさぐる。四六判４１８頁　'92

70 さいころ　増川宏一

古代神話の世界から近現代の博徒の動向まで、さいころの役割を各時代・社会に位置づけ、木の実や貝殻のさいころから投げ棒型や立方体のさいころへの変遷をたどる。四六判３７４頁　'92

71 木炭　樋口清之

炭の起源から炭焼、流通、経済、文化にわたる木炭の歩みを歴史・考古・民俗の知見を総合して描き出し、独自で多彩な文化を育んできた木炭の尽きせぬ魅力を語る。四六判２９６頁　'93

72 鍋・釜（なべ・かま）　朝岡康二

日本をはじめ韓国、中国、インドネシアなど東アジアの各地を歩きながら鍋・釜の製作と使用の現場に立ち会い、調理をめぐる庶民生活の変遷とその交流の足跡を探る。四六判３２６頁　'93

73 海女（あま）　田辺悟

その漁の実際と社会組織、風習、信仰、民具などを克明に描くとともに海女の起源・分布・交流を探り、わが国漁撈文化の古層としての海女の生活と文化をあとづける。四六判２９４頁　'93

74 蛸（たこ）　刀禰勇太郎

蛸をめぐる信仰や多彩な民間伝承を紹介するとともに、その生態・分布・捕獲法・繁殖と保護・調理法などを集成し、日本人と蛸との知られざるかかわりの歴史を探る。四六判３７０頁　'94

75 **曲物**（まげもの） 岩井宏實

桶・樽出現以前から伝承され、古来最も簡便・重宝な木製容器として愛用された曲物の加工技術と機能・利用形態の変遷をさぐり、手づくりの「木の文化」を見なおす。 四六判３１８頁 '94

76-Ⅰ **和船Ⅰ** 石井謙治

江戸時代の海運を担った千石船（弁才船）について、その構造と技術、帆走性能を綿密に調査し、通説の誤りを正すとともに、海難と信仰、船絵馬等の考察にもおよぶ。 四六判４３６頁 '95

76-Ⅱ **和船Ⅱ** 石井謙治

造船史から見た著名な船を紹介し、遣唐使船や遣欧使節船、幕末の洋式船における外国技術の導入について論じつつ、船の名称と船型を海船・川船にわたって解説する。 四六判３１６頁 '95

77-Ⅰ **反射炉Ⅰ** 金子功

日本初の佐賀鍋島藩の反射炉と精練方＝理化学研究所、島津藩の反射炉と集成館＝近代工場群を軸に、日本の産業革命の時代における人と技術を現地に訪ねて発掘する。 四六判２４４頁 '95

77-Ⅱ **反射炉Ⅱ** 金子功

伊豆韮山の反射炉をはじめ、全国各地の反射炉建設にかかわった有名無名の人々の足跡をたどり、開国か攘夷かに揺れる幕末の政治と社会の悲喜劇をも生き生きと描く。 四六判２２６頁 '95

78-Ⅰ **草木布**（そうもくふ）**Ⅰ** 竹内淳子

風土に育まれた布を求めて全国各地を歩き、木綿普及以前に山野の草木を利用して豊かな衣生活文化を築き上げてきた庶民の知られざる知恵のかずかずを実地にさぐる。 四六判２８２頁 '95

78-Ⅱ **草木布**（そうもくふ）**Ⅱ** 竹内淳子

アサ、クズ、シナ、コウゾ、カラムシ、フジなどの草木の繊維から、どのようにして糸を採り、布を織っていたのか――聞書きをもとに忘れられた技術と文化を発掘する。 四六判２８２頁 '95

79-Ⅰ **すごろくⅠ** 増川宏一

古代エジプトのセネト、ヨーロッパのバクギャモン、中近東のナルド、中国の双陸などの系譜に日本の盤雙六を位置づけ、遊戯・賭博としてのその数奇なる運命を辿る。 四六判３１２頁 '95

79-Ⅱ **すごろくⅡ** 増川宏一

ヨーロッパの鵞鳥のゲームから日本中世の浄土双六、近世の華麗な絵双六、さらには近現代の少年誌の附録まで、絵双六の変遷を追って時代の社会・文化を読みとる。 四六判３９０頁 '95

80 **パン** 安達巖

古代オリエントに起ったパン食文化が中国・朝鮮を経て弥生時代の日本に伝えられたことを史料と伝承をもとに解明し、わが国パン食文化二〇〇〇年の足跡を描き出す。 四六判２６０頁 '96

81 **枕**（まくら） 矢野憲一

神さまの枕・大嘗祭の枕から枕絵の世界まで、人生の三分の一を共に過す枕をめぐって、その材質の変遷を辿り、伝説と怪談、俗信と民俗、エピソードを興味深く語る。 四六判２５２頁 '96

82-Ⅰ **桶・樽**（おけ・たる）**Ⅰ** 石村真一

日本、中国、朝鮮、ヨーロッパにわたる厖大な資料を集成してその豊かな文化の系譜を探り、東西の木工技術史を比較しつつ世界史的視野から桶・樽の文化を描き出す。 四六判３８８頁 '97

82-Ⅱ 桶・樽（おけ・たる）Ⅱ 石村真一

多数の調査資料と絵画・民俗資料をもとにその製作技術を復元し、東西の木工技術を比較考証しつつ、技術文化史の視点から桶・樽製作の実態とその変遷を跡づける。四六判372頁 '97

82-Ⅲ 桶・樽（おけ・たる）Ⅲ 石村真一

樹木と人間とのかかわり、製作者と消費者とのかかわりを通じて桶樽と生活文化の変遷を考察し、木材資源の有効利用という視点から桶樽の文化史的役割を浮彫にする。四六判352頁 '97

83-Ⅰ 貝Ⅰ 白井祥平

世界各地の現地調査と文献資料を駆使して、古来至高の財宝とされてきた宝貝のルーツとその変遷を探り、貝と人間とのかかわりの歴史を「貝貨」の文化史として描く。四六判386頁 '97

83-Ⅱ 貝Ⅱ 白井祥平

サザエ、アワビ、イモガイなど古来人類とかかわりの深い貝をめぐって、その生態・分布・地方名、装身具や貝貨としての利用法などを豊富なエピソードを交えて語る。四六判328頁 '97

83-Ⅲ 貝Ⅲ 白井祥平

シンジュガイ、ハマグリ、アカガイ、シャコガイなどをめぐって世界各地の民族誌を渉猟し、それらが人類文化に残した足跡を辿る。参考文献一覧／総索引を付す。四六判392頁 '97

84 松茸（まつたけ） 有岡利幸

秋の味覚として古来珍重されてきた松茸の由来を求めて、稲作文化と里山（松林）の生態系から説きおこし、日本人の伝統的生活文化の中に松茸流行の秘密をさぐる。四六判296頁 '97

85 野鍛冶（のかじ） 朝岡康二

鉄製農具の製作・修理・再生を担ってきた農鍛冶の歴史的役割を探り、近代化の大波の中で変貌する職人技術の実態をアジア各地のフィールドワークを通して描き出す。四六判280頁 '98

86 稲 品種改良の系譜 菅 洋

作物としての稲の誕生、稲の渡来と伝播の経緯から説きおこし、明治以降主として庄内地方の民間育種家の手によって飛躍的発展をとげたわが国品種改良の歩みを描く。四六判332頁 '98

87 橘（たちばな） 吉武利文

永遠のかぐわしい果実として日本の神話・伝説に特別の位置を占めて語り継がれてきた橘をめぐって、その育まれた風土とかずかずの伝承の中に日本文化の特質を探る。四六判286頁 '98

88 杖（つえ） 矢野憲一

神の依代としての杖や仏教の錫杖に杖と信仰とのかかわりを探り、人類が突きつつ歩んだその歴史と民俗を興味ぶかく語る。多彩な材質と用途を網羅した杖の博物誌。四六判314頁 '98

89 もち（糯・餅） 渡部忠世／深澤小百合

モチイネの栽培・育種から食品加工、民俗、儀礼にわたってそのルーツと伝承の足跡をたどり、アジア稲作文化という広範な視野からこの特異な食文化の謎を解明する。四六判330頁 '98

90 さつまいも 坂井健吉

その栽培の起源と伝播経路を跡づけるとともに、わが国伝来後四百年の経緯を詳細にたどり、世界に冠たる育種と栽培・利用法を築いた人々の知られざる足跡をえがく。四六判328頁 '99

91 珊瑚（さんご） 鈴木克美

海岸の自然保護に重要な役割を果たす岩石サンゴから宝飾品として知られる宝石サンゴまで、人間生活と深くかかわってきたサンゴの多彩な姿を人類文化史として描く。四六判３７０頁 '99

92-Ⅰ 梅Ⅰ 有岡利幸

万葉集、源氏物語、五山文学などの古典や天神信仰に表れた梅の足跡を克明に辿りつつ日本人の精神史に刻印された梅を浮彫にし、梅と日本人の二〇〇〇年史を描く。四六判２７４頁 '99

92-Ⅱ 梅Ⅱ 有岡利幸

その植生と栽培、伝承、梅の名所や鑑賞法の変遷から戦前の国定教科書に表れた梅まで、梅と日本人との多彩なかかわりを探り、桜との対比において梅の文化史を描く。四六判３３８頁 '99

93 木綿口伝（もめんくでん） 第2版 福井貞子

老女たちからの聞書を経糸とし、厖大な遺品・資料を緯糸として、母から娘へと幾代にも伝えられた手づくりの木綿文化を掘り起し、近代の木綿の盛衰を描く。増補版 四六判３３６頁 '00

94 合せもの 増川宏一

「合せる」には古来、一致させるの他に、競う、闘う、比べる等の意味があった。貝合せや絵合せ等の遊戯・賭博を中心に、広範な人間の営みを「合せる」行為に辿る。四六判３００頁 '00

95 野良着（のらぎ） 福井貞子

明治初期から昭和四〇年までの野良着を収集・分類・整理し、それらの用途と年代、形態、材質、重量、呼称などを精査して、働く庶民の創意にみちた生活史を描く。四六判２９２頁 '00

96 食具（しょくぐ） 山内昶

東西の食文化に関する資料を渉猟し、食法の違いを人間の自然に対するかかわり方の違いとして捉えつつ、食具を人間と自然をつなぐ基本的な媒介物として位置づける。四六判２９２頁 '00

97 鰹節（かつおぶし） 宮下章

黒潮からの贈り物・カツオの漁法から鰹節の製法や食法、商品としての流通までを歴史的に展望するとともに、沖縄やモルジブ諸島の調査をもとにそのルーツを探る。四六判３８２頁 '00

98 丸木舟（まるきぶね） 出口晶子

先史時代から現代の高度文明社会まで、もっとも長期にわたり使われてきた刳り舟に焦点を当て、その技術伝承を辿りつつ、森や水辺の文化の広がりと動態をえがく。四六判３２４頁 '01

99 梅干（うめぼし） 有岡利幸

日本人の食生活に不可欠の自然食品・梅干をつくりだした先人たちの知恵に学ぶとともに、健康増進に驚くべき薬効を発揮する、その知られざるパワーの秘密を探る。四六判３００頁 '01

100 瓦（かわら） 森郁夫

仏教文化と共に中国・朝鮮から伝来し、一四〇〇年にわたり日本の建築を飾ってきた瓦をめぐって、発掘資料をもとにその製造技術、形態、文様などの変遷をたどる。四六判３２０頁 '01

101 植物民俗 長澤武

衣食住から子供の遊びまで、幾世代にも伝承された植物をめぐる暮らしの知恵を克明に記録し、高度経済成長期以前の農山村の豊かな生活文化を愛惜をこめて描き出す。四六判３４８頁 '01

102 箸（はし） 向井由紀子／橋本慶子

そのルーツを中国，朝鮮半島に探るとともに，日本人の食生活に不可欠の食具となり，日本文化のシンボルとされるまでに洗練された箸の文化の変遷を総合的に描く。 四六判334頁 '01

103 採集 ブナ林の恵み 赤羽正春

縄文時代から今日に至る採集・狩猟民の暮らしを復元し，動物の生態系と採集生活の関連を明らかにしつつ，民俗学と考古学の両面から山に生かされた人々の姿を描く。 四六判298頁 '01

104 下駄 神のはきもの 秋田裕毅

古墳や井戸等から出土する下駄に着目し，下駄が地上と地下の他界を結ぶ聖なるはきものであったという大胆な仮説を提出，日本の神々の忘れられた側面を浮彫にする。 四六判304頁 '02

105 絣（かすり） 福井貞子

膨大な絣遺品を収集・分類し，絣産地を実地に調査して絣の技法と文様の変遷を地域別・時代別に跡づけ，明治・大正・昭和の手づくりの染織文化の盛衰を描き出す。 四六判310頁 '02

106 網（あみ） 田辺悟

漁網を中心に，網に関する基本資料を網羅して網の変遷と網をめぐる民俗を体系的に描き出し，網の文化を集成する。「網に関する小事典」「網のある博物館」を付す。 四六判316頁 '02

107 蜘蛛（くも） 斎藤慎一郎

「土蜘蛛」の呼称で畏怖される一方「クモ合戦」など子供の遊びとしても親しまれてきたクモと人間との長い交渉の歴史をその深層に遡って追究した異色のクモ文化論。 四六判320頁 '02

108 襖（ふすま） むしゃこうじ・みのる

襖の起源と変遷を建築史・絵画史の中に探りつつその用と美を浮彫にし，衝立・障子・屏風等と共に日本建築の空間構成に不可欠の建具となるまでの経緯を描き出す。 四六判270頁 '02

109 漁撈伝承（ぎょろうでんしょう） 川島秀一

漁師たちからの聞き書きをもとに，寄り物，船霊，大漁旗など，漁撈にまつわる〈もの〉の伝承を集成し，海の道によって運ばれた習俗や信仰の民俗地図を描き出す。 四六判334頁 '03

110 チェス 増川宏一

世界中に数億人の愛好者を持つチェスの起源と文化を，欧米における膨大な研究の蓄積を渉猟しつつ探り，日本への伝来の経緯から美術工芸品としてのチェスにおよぶ。 四六判298頁 '03

111 海苔（のり） 宮下章

海苔の歴史は厳しい自然とのたたかいの歴史だった――採取から養殖，加工，流通，消費に至る先人たちの苦難の歩みを史料と実地調査によって浮彫にする食物文化史。 四六判172頁 '03

112 屋根 檜皮葺と柿葺 原田多加司

屋根葺師一〇代の著者が，自らの体験と職人の本懐を語り，連綿として受け継がれてきた伝統の手わざを体系的にたどりつつ伝統技術の保存と継承の必要性を訴える。 四六判340頁 '03

113 水族館 鈴木克美

初期水族館の歩みを創始者たちの足跡を通して辿りなおし，水族館をめぐる社会の発展と風俗の変遷を描き出すとともにその未来像をさぐる初の〈日本水族館史〉の試み。 四六判290頁 '03

114 **古着**（ふるぎ）　朝岡康二

仕立てと着方、管理と保存、再生と再利用等にわたり衣生活の変容を近代の日常生活の変化として捉え直し、衣服をめぐるリサイクル文化が形成される経緯を描き出す。四六判２９２頁　'03

115 **柿渋**（かきしぶ）　今井敬潤

染料・塗料をはじめ生活百般の必需品であった柿渋の伝承を記録し、文献資料をもとにその製造技術と利用の実態を明らかにして、忘れられた豊かな生活技術を見直す。四六判２９４頁　'03

116-I **道 I**　武部健一

道の歴史を先史時代から説き起こし、古代律令制国家の要請によって駅路が設けられ、しだいに幹線道路として整えられてゆく経緯を技術史・社会史の両面からえがく。四六判２４８頁　'03

116-II **道 II**　武部健一

中世の鎌倉街道、近世の五街道、近代の開拓道路から現代の高速道路網までを通観し、道路を拓いた人々の手によって今日の交通ネットワークが形成された歴史を語る。四六判２８０頁　'03

117 **かまど**　狩野敏次

日常の煮炊きの道具であるとともに祭りと信仰に重要な位置を占めてきたカマドをめぐる忘れられた伝承を掘り起こし、民俗空間の壮大なコスモロジーを浮彫りにする。四六判２９２頁　'04

118-I **里山 I**　有岡利幸

縄文時代から近世までの里山の変遷を人々の暮らしと植生の変化の両面から跡づけ、その源流を記紀万葉に描かれた里山の景観や大和・三輪山の古記録・伝承等に探る。四六判２７６頁　'04

118-II **里山 II**　有岡利幸

明治の地租改正による山林の混乱、相次ぐ戦争による山野の荒廃、エネルギー革命、高度成長による大規模開発など、近代化の荒波に翻弄される里山の見直しを説く。四六判２７４頁　'04

119 **有用植物**　菅　洋

人間生活に不可欠のものとして利用されてきた身近な植物たちの来歴と栽培・育種・品種改良・伝播の経緯を平易に語り、植物と共に歩んだ文明の足跡を浮彫にする。四六判３２４頁　'04

120-I **捕鯨 I**　山下渉登

世界の海で展開された鯨と人間との格闘の歴史を振り返り、「大航海時代」の副産物として開始された捕鯨業の誕生以来四〇〇年にわたる盛衰の社会的背景をさぐる。四六判３１４頁　'04

120-II **捕鯨 II**　山下渉登

近代捕鯨の登場により鯨資源の激減を招き、捕鯨の規制・管理のための国際条約締結に至る経緯をたどり、グローバルな課題としての自然環境問題を浮き彫りにする。四六判３１２頁　'04

121 **紅花**（べにばな）　竹内淳子

栽培、加工、流通、利用の実際を現地に探訪して紅花とかかわってきた人々からの聞き書きを集成し、忘れられた〈紅花文化〉を復元しつつその豊かな味わいを見直す。四六判３４６頁　'04

122-I **もののけ I**　山内　昶

日本の妖怪変化、未開社会の〈マナ〉、西欧の悪魔やデーモンを比較考察し、名づけ得ぬ未知の対象を指す万能のゼロ記号〈もの〉をめぐる人類文化史を跡づける博物誌。四六判３２０頁　'04

122-Ⅱ ものと人間の文化史 ものの けⅡ　山内昶

日本の鬼、古代ギリシアのダイモン、中世の異端狩り・魔女狩り等々をめぐり、自然＝カオスと文化＝コスモスの対立の中で〈野生の思考〉が果たしてきた役割をさぐる。　四六判２８０頁 '04

123 染織（そめおり）　福井貞子

自らの体験と膨大な残存資料をもとに、糸づくりから織り、染めにわたる手づくりの豊かな生活文化を見直す。創意にみちた手わざのかずかずを復元する庶民生活誌。　四六判２９４頁 '05

124-Ⅰ 動物民俗Ⅰ　長澤武

神として崇められたクマやシカをはじめ、人間にとって不可欠の鳥獣や魚、さらには人間を脅かす動物など、多種多様な動物たちと交流してきた人々の暮らしの民俗誌。　四六判２６４頁 '05

124-Ⅱ 動物民俗Ⅱ　長澤武

動物の捕獲法をめぐる各地の伝承を紹介するとともに、全国で語り継がれてきた多彩な動物民話・昔話を渉猟し、暮らしの中で培われた動物フォークロアの世界を描く。　四六判２６６頁 '05

125 粉（こな）　三輪茂雄

粉体の研究をライフワークとする著者が、粉食の発見からナノテクノロジーまで、人類文明の歩みを〈粉〉の視点から捉え直した壮大なスケールの〈文明の粉体史観〉　四六判３０２頁 '05

126 亀（かめ）　矢野憲一

浦島伝説や「兎と亀」の昔話によって親しまれてきた亀のイメージの起源を探り、古代の亀卜の方法から、亀にまつわる信仰と迷信、鼈甲細工やスッポン料理におよぶ。　四六判３３０頁 '05

127 カツオ漁　川島秀一

一本釣り、カツオ漁場、船上の生活、船霊信仰、祭りと禁忌など、カツオ漁にまつわる漁師たちの伝承を集成し、黒潮に沿って伝えられた漁民たちの文化を掘り起こす。　四六判３７０頁 '05

128 裂織（さきおり）　佐藤利夫

木綿の風合いと強靭さを生かした裂織の技と美をすぐれたリサイクル文化として見なおす。東西文化の中継地・佐渡の古老たちからの聞書をもとに歴史と民俗をえがく。　四六判３０８頁 '05

129 イチョウ　今野敏雄

「生きた化石」として珍重されてきたイチョウの生い立ちと人々の生活文化とのかかわりの歴史をたどり、この最古の樹木に秘められたパワーを最新の中国文献にさぐる。　四六判３１２頁〔品切〕 '05

130 広告　八巻俊雄

のれん、看板、引札からインターネット広告までを通観し、いつの時代にも広告が人々の暮らしと密接にかかわって独自の文化を形成してきた経緯を描く広告の文化史。　四六判２７６頁 '06

131-Ⅰ 漆（うるし）Ⅰ　四柳嘉章

全国各地で発掘された考古資料を対象に科学的解析を行ない、縄文時代から現代に至る漆の技術と文化を跡づける試み。漆が日本人の生活と精神に与えた影響を探る。　四六判２７４頁 '06

131-Ⅱ 漆（うるし）Ⅱ　四柳嘉章

遺跡や寺院等に遺る漆器を分析し体系づけるとともに、絵巻物や文学作品の考証を通じて、職人や産地の形成、漆工芸の地場産業としての発展の経緯などを考察する。　四六判２１６頁 '06

132 まな板 石村眞一
日本、アジア、ヨーロッパ各地のフィールド調査と考古・文献・絵画・写真資料をもとにまな板の素材・構造・使用法を分類し、多様な食文化とのかかわりをさぐる。 四六判372頁 '06

133-Ⅰ 鮭・鱒（さけ・ます）Ⅰ 赤羽正春
鮭・鱒をめぐる民俗研究の前史から現在までを概観するとともに、原初的な漁法から商業的漁法にわたる多彩な漁法と用具、漁場と社会組織の関係などを明らかにする。 四六判292頁 '06

133-Ⅱ 鮭・鱒（さけ・ます）Ⅱ 赤羽正春
鮭漁をめぐる行事、鮭捕り衆の生活等を聞き取りによって再現し、人工孵化事業の発展とそれを担った先人たちの業績を明らかにするとともに、鮭・鱒の料理におよぶ。 四六判352頁 '06

134 遊戯 その歴史と研究の歩み 増川宏一
古代から現代まで、日本と世界の遊戯の歴史を概説し、内外の研究者との交流の中で得られた最新の知見をもとに、研究の出発点と目的を論じ、現状と未来を展望する。 四六判296頁 '06

135 石干見（いしひみ） 田和正孝編
沿岸部に石垣を築き、潮汐作用を利用して漁獲する原初的漁法を日・韓・台に残る遺構と伝承の調査・分析をもとに復元し、東アジアの伝統的漁撈文化を浮彫りにする。 四六判332頁 '07

136 看板 岩井宏實
江戸時代から明治・大正・昭和初期までの看板の歴史を生活文化史の視点から考察し、多種多様な生業の起源と変遷を多数の図版をもとに紹介する〈図説商売往来〉。 四六判266頁 '07

137-Ⅰ 桜Ⅰ 有岡利幸
そのルーツと生態から説きおこし、和歌や物語に描かれた古代社会の桜観から「花は桜木、人は武士」の江戸の花見の流行まで、日本人と桜のかかわりの歴史をさぐる。 四六判382頁 '07

137-Ⅱ 桜Ⅱ 有岡利幸
明治以後、軍国主義と愛国心のシンボルとして政治的に利用されてきた桜の近代史を辿るとともに、日本人の生活と共に歩んだ「咲く花、散る花」の栄枯盛衰を描く。 四六判400頁 '07

138 麴（こうじ） 一島英治
日本の気候風土の中で稲作と共に育まれた麴菌のすぐれたはたらきの秘密を探り、醸造化学に携わった人々の足跡をたどりつつ醱酵食品と日本人の食生活文化を考える。 四六判244頁 '07

139 河岸（かし） 川名登
近世初頭、河川水運の隆盛と共に物流のターミナルとして賑わい、船旅や遊廓などをもたらした河岸（川の港）の盛衰を河岸に生きる人々の暮らしの変遷としてえがく。 四六判300頁 '07

140 神饌（しんせん） 岩井宏實／日和祐樹
土地に古くから伝わる食物を神に捧げる神饌儀礼に祭りの本義を探り、近畿地方主要神社の伝統的儀礼をつぶさに調査して、豊富な写真と共にその実際を明らかにする。 四六判374頁 '07

141 駕籠（かご） 櫻井芳昭
その様式、利用の実態、地域ごとの特色、車の利用を抑制する交通政策との関連から駕籠かきたちの風俗までを明らかにし、日本交通史の知られざる側面に光を当てる。 四六判294頁 '07

142 **追込漁**（おいこみりょう） 川島秀一

沖縄の島々をはじめ、日本各地で今なお行なわれている沿岸漁撈を実地に精査し、魚の生態と自然条件を知り尽した漁師たちの知恵と技を見直しつつ漁業の原点を探る。 四六判３６８頁 '08

143 **人魚**（にんぎょ） 田辺悟

ロマンとファンタジーに彩られて世界各地に伝承される人魚の実像をもとめて東西の人魚誌を渉猟し、フィールド調査と膨大な資料をもとに集成したマーメイド百科。 四六判３５２頁 '08

144 **熊**（くま） 赤羽正春

狩人たちからの聞き書きをもとに、かつては神として崇められた熊と人間との精神史的な関係をさぐり、熊を通して人間の生存可能性にもおよぶユニークな動物文化史。 四六判３８４頁 '08

145 **秋の七草** 有岡利幸

『万葉集』で山上憶良がうたいあげて以来、千数百年にわたり秋を代表する植物として日本人にめでられてきた七種の草花の知られざる伝承を掘り起こす植物文化誌。 四六判３０６頁 '08

146 **春の七草** 有岡利幸

厳しい冬の季節に芽吹く若菜に大地の生命力を感じ、春の到来を祝い新年の息災を願う「七草粥」などとして食生活の中に巧みに取り入れてきた古人たちの知恵を探る。 四六判２７２頁 '08

147 **木綿再生** 福井貞子

自らの人生遍歴と木綿を愛する人々との出会いを織り重ねて綴り、優れた文化遺産としての木綿衣料を紹介しつつ、リサイクル文化としての木綿再生のみちを模索する。 四六判２６６頁 '09

148 **紫**（むらさき） 竹内淳子

今や絶滅危惧種となった紫草（ムラサキ）を育てる人びと、伝統の紫根染を今に伝える人びとを全国にたずね、貝紫染の始原を求めて吉野ヶ里におよぶ「むらさき紀行」。 四六判３２４頁 '09

149-I **杉I** 有岡利幸

その生態、天然分布の状況から各地における栽培・育種、利用にいたる歩みを弥生時代から今日までの人間の営みの中で捉えなおし、わが国林業史を展望しつつ描き出す。 四六判２８２頁 '10

149-II **杉II** 有岡利幸

古来神の降臨する木として崇められるとともに生活のさまざまな場面で活用され、絵画や詩歌に描かれてきた杉の文化をたどり、さらに「スギ花粉症」の原因を追究する。 四六判２７８頁 '10

150 **井戸** 秋田裕毅（大橋信弥編）

弥生中期になぜ井戸は突然出現するのか。飲料水など生活用水ではなく、祭祀用の聖なる水を得るためだったのではないか。目的や構造の変遷、宗教との関わりをたどる。 四六判２６０頁 '10

151 **楠**（くすのき） 矢野憲一／矢野高陽

語源と字源、分布と繁殖、文学や美術における楠から医薬品としての利用、キューピー人形や樟脳の船まで、楠と人間の関わりの歴史を辿りつつ自然保護の問題に及ぶ。 四六判３３４頁 '10

152 **温室** 平野恵

温室は明治時代に欧米から輸入された印象があるが、じつは江戸時代半ばから「むろ」という名の保温設備があった。絵巻や小説、遺跡などより浮かび上がる歴史。 四六判３１０頁 '10

153 **檜**（ひのき） 有岡利幸

建築・木彫・木材工芸に最良の材としてわが国の〈木の文化〉に重要な役割を果たしてきた檜。その生態から保護・育成・生産・流通・加工までの変遷をたどる。 四六判３２０頁 '11

154 **落花生** 前田和美

南米原産の落花生が大航海時代にアフリカ経由で世界各地に伝播していく歴史をたどるとともに、日本で栽培を始めた先覚者や食文化との関わりを紹介する。 四六判３１２頁 '11

155 **イルカ**（海豚） 田辺悟

神話・伝説の中のイルカ、イルカをめぐる信仰から、漁撈伝承、食文化の伝統と保護運動の対立までを幅広くとりあげ、ヒトと動物との関係はいかにあるべきかを問う。 四六判３３０頁 '11

156 **輿**（こし） 櫻井芳昭

古代から明治初期まで、千二百年以上にわたって用いられてきた輿の種類と変遷を探り、天皇の行幸や斎王群行、姫君たちの輿入れにおける使用の実態を明らかにする。 四六判２５２頁 '11

157 **桃** 有岡利幸

魔除けや若返りの呪力をもつ果実として神話や昔話に語り継がれ、近年古代遺跡から大量出土して祭祀との関連が注目される桃。日本人との多彩な関わりを考察する。 四六判３２８頁 '12

158 **鮪**（まぐろ） 田辺悟

古文献に描かれ記されたマグロを紹介し、漁法・漁具から運搬と流通・消費、漁民たちの暮らしと民俗・信仰までを探りつつ、マグロをめぐる食文化の未来にもおよぶ。 四六判３５０頁 '12

159 **香料植物** 吉武利文

クロモジ、ハッカ、ユズ、セキショウ、ショウノウなど、日本の風土で育った植物から香料をつくりだす人びとの営みを現地に訪ね、伝統技術の継承・発展を考える。 四六判２９０頁 '12

160 **牛車**（ぎっしゃ） 櫻井芳昭

牛車の盛衰を交通史や技術史との関連で探り、絵巻や日記・物語等に描かれた牛車の種類と構造、利用の実態を明らかにして、読者を平安の「雅」の世界へといざなう。 四六判２２４頁 '12

161 **白鳥** 赤羽正春

世界各地の白鳥処女説話を博捜し、古代以来の人々が抱いた〈鳥への想い〉を明らかにするとともに、その源流を、白鳥をトーテムとする中央シベリアの白鳥族に探る。 四六判３６０頁 '12